住房和城乡建设部"十四五"规划教材
教育部高等学校建筑电气与智能化专业
教学指导分委员会规划推荐教材

建筑智能计算机控制（第二版）

于军琪　司轶芳　郭春燕　编著

中国建筑工业出版社

图书在版编目(CIP)数据

建筑智能计算机控制 / 于军琪，司轶芳，郭春燕编著. -- 2版. -- 北京：中国建筑工业出版社，2024. 12. -- (住房和城乡建设部"十四五"规划教材)(教育部高等学校建筑电气与智能化专业教学指导分委员会规划推荐教材). -- ISBN 978-7-112-30272-7

Ⅰ. TU855

中国国家版本馆CIP数据核字第2024RV8266号

《建筑智能计算机控制（第二版）》是在新一轮科技革命与产业变革背景下，在建筑智能计算机控制新技术层出不穷、行业新工科人才需求愈加迫切、新质生产力发展驱动下再版编写而成。本书再版时吸收了承担的教育部新工科教改项目研究成果，突出了"人工智能+"的教材内容特色，突出了智慧城市、建筑"双碳"目标建设的行业优势、技术理论与智能、绿色建筑深度融合，为培养建筑电气与智能化等新型优秀人才打下基础。

本教材包含概论篇、理论篇、技术篇、应用篇，共7章。注重基础理论的阐述，突出控制算法、接口与通道，通信网络、系统设计与应用等重点内容；并佐以建筑智能化行业应用的新案例，具体剖析建筑智能化工程中计算机控制系统的研究、设计与开发的方法与技术，突出理论性、技术性、系统性、新工科性等特征。

本教材可作为建筑电气与智能化专业教材，也可作为智慧城市、智能建筑等行业研发人员与工程技术人员参考资料。

为了更好地支持相应课程的教学，我们向采用本书作为教材的教师提供课件，有需要者可与出版社联系。

建工书院：http://edu.cabplink.com

邮箱：jckj@cabp.com.cn 电话：（010）58337285

责任编辑：胡欣蕊 聂 伟
责任校对：芦欣甜

住房和城乡建设部"十四五"规划教材
教育部高等学校建筑电气与智能化专业教学指导分委员会规划推荐教材

建筑智能计算机控制（第二版）

于军琪 司轶芳 郭春燕 编著

*

中国建筑工业出版社出版、发行（北京海淀三里河路9号）
各地新华书店、建筑书店经销
北京科地亚盟排版公司制版
北京君升印刷有限公司印刷

*

开本：787毫米×1092毫米 1/16 印张：19¼ 字数：476千字
2024年8月第二版 2024年8月第一次印刷
定价：49.00元（赠教师课件）
ISBN 978-7-112-30272-7
（43080）

版权所有 翻印必究
如有内容及印装质量问题，请与本社读者服务中心联系
电话：（010）58337283 QQ：2885381756
（地址：北京海淀三里河路9号中国建筑工业出版社604室 邮政编码：100037）

出 版 说 明

党和国家高度重视教材建设。2016年，中办国办印发了《关于加强和改进新形势下大中小学教材建设的意见》，提出要健全国家教材制度。2019年12月，教育部牵头制定了《普通高等学校教材管理办法》和《职业院校教材管理办法》，旨在全面加强党的领导，切实提高教材建设的科学化水平，打造精品教材。住房和城乡建设部历来重视土建类学科专业教材建设，从"九五"开始组织部级规划教材立项工作，经过近30年的不断建设，规划教材提升了住房和城乡建设行业教材质量和认可度，出版了一系列精品教材，有效促进了行业部门引导专业教育，推动了行业高质量发展。

为进一步加强高等教育、职业教育住房和城乡建设领域学科专业教材建设工作，提高住房和城乡建设行业人才培养质量，2020年12月，住房和城乡建设部办公厅印发《住房和城乡建设部关于申报高等教育职业教育住房和城乡建设领域学科专业"十四五"规划教材的通知》（建办人函〔2020〕656号），开展了住房和城乡建设部"十四五"规划教材选题的申报工作。经过专家评审和部人事司审核，512项选题列入住房和城乡建设领域学科专业"十四五"规划教材（简称规划教材）。2021年9月，住房和城乡建设部印发了《住房和城乡建设部关于印发高等教育职业教育住房和城乡建设领域学科专业"十四五"规划教材选题的通知》（建人函〔2021〕36号），以下简称为《通知》。为做好"十四五"规划教材的编写、审核、出版等工作，《通知》要求：(1) 规划教材的编著者应依据《住房和城乡建设领域学科专业"十四五"规划教材申请书》（以下简称《申请书》）中的立项目标、申报依据、工作安排及进度，按时编写出高质量的教材；(2) 规划教材编著者所在单位应履行《申请书》中的学校保证计划实施的主要条件，支持编著者按计划完成书稿编写工作；(3) 高等学校土建类专业课程教材与教学资源专家委员会、全国住房和城乡建设职业教育教学指导委员会、住房和城乡建设部中等职业教育专业指导委员会应做好规划教材的指导、协调和审稿等工作，保证编写质量；(4) 规划教材出版单位应积极配合，做好编辑、出版、发行等工作；(5) 规划教材封面和书脊应标注"住房和城乡建设部'十四五'规划教材"字样和统一标识；(6) 规划教材应在"十四五"期间完成出版，逾期不能完成的，不再作为《住房和城乡建设领域学科专业"十四五"规划教材》。

住房和城乡建设领域学科专业"十四五"规划教材的特点：一是重点以修订教育部、住房和城乡建设部"十二五""十三五"规划教材为主；二是严格按照专业标准规范要求编写，体现新发展理念；三是系列教材具有明显特点，满足不同层次和类型的学校专业教学要求；四是配备了数字资源，适应现代化教学的要求。规划教材的出版凝聚了作者、主审及编辑的心血，得到了有关院校、出版单位的大力支持，教材建设管理过程有严格保障。希望广大院校及各专业师生在选用、使用过程中，对规划教材的编写、出版质量进行反馈，以促进规划教材建设质量不断提高。

住房和城乡建设部"十四五"规划教材办公室
2021年11月

序

  自 20 世纪 80 年代智能建筑出现以来，智能建筑技术迅猛发展，其内涵不断创新丰富，外延不断扩展渗透，成为世界范围内教育界和工业界的研究热点。21 世纪以来，随着我国国民经济的快速发展，新型工业化、信息化、城镇化的持续推进，智能建筑产业不但完成了"量"的积累，更是实现了"质"的飞跃，已成为现代建筑业的"龙头"，为绿色、节能、可持续发展和"碳达峰、碳中和"目标的实现做出了重大的贡献。智能建筑技术已延伸到建筑结构、建筑材料、建筑设备、建筑能源以及建筑全生命周期的运维服务等方面，促进了"绿色建筑""智慧城市"日新月异的发展。国家"十四五"规划纲要提出，要推动绿色发展，促进人与自然和谐共生。智能建筑产业结构逐步向绿色低碳转型，发展绿色节能建筑、助力实现碳中和已经成为未来建筑行业实现可持续发展的共同目标。建筑电气与智能化专业承载着建筑电气与智能建筑行业人才培养的重任，肩负着现代建筑业的未来，且直接关系到国家"碳达峰、碳中和"目标的实现，其重要性愈加凸显。教育部高等学校土木类专业教学指导委员会、建筑电气与智能化专业教学指导分委员会十分重视教材在人才培养中的基础性作用，多年来积极推进专业教材建设高质量发展，取得了可喜的成绩，为提升新时期专业人才服务国家发展战略的能力，进一步推进建筑电气与智能化专业建设和发展，贯彻《住房和城乡建设部关于申报高等教育、职业教育住房和城乡建设领域学科专业"十四五"规划教材的通知》（建办人函〔2020〕656 号）精神，建筑电气与智能化专业教学指导分委员会依据专业标准和规范，组织编写建筑电气与智能化专业"十四五"规划教材，以适应和满足建筑电气与智能化专业教学和人才培养需求。该系列教材的出版目的是为培养专业基础扎实、实践能力强、具有创新精神的高素质人才。真诚希望使用本规划教材的广大读者多提宝贵意见，以便不断完善与优化教材内容。

教育部高等学校土木类专业教学指导委员会副主任委员
建筑电气与智能化专业教学指导分委员会主任委员 方潜生

第二版前言

新一轮科技革命和产业变革，促进了信息技术与建筑业的不断深入融合，在"互联网＋"、人工智能、大数据与云计算等技术驱动下，建筑智能化水平向更高、更新阶段发展，催生了建筑业信息化（BIM技术）、智能建筑、智能建造、智慧城市等新产业、新业态，建筑电气与智能化专业人才培养与教育教学面临新工科人才需求；同时，围绕建筑领域"双碳"目标的实现、"推动能耗双控逐步转向碳排放双控"的新要求，建筑智能计算机控制理论与技术是实现以上目标必不可少的内容。本教材主动响应建筑领域新工科人才培养及节能降碳先进技术的迫切需求，确定新思路、研究新内容、解决新问题，进行了本教材再版的研究与编写。

本教材汲取了全国兄弟院校师生多年使用过程中反馈的宝贵意见与建议，吸收编者主持的教育部第二批新工科研究与实践项目"'人工智能＋'模式的建筑电气与智能化专业改造升级"理论与实践成果，应用案例中强化建筑物中计算机能耗监测、节能控制、低碳运行等特征，落实党的二十大报告中"加快节能降碳先进技术研发和推广应用"的号召，着力培养大学生的"工匠精神"与爱国情怀。教材内容分为建筑智能计算机控制的概论篇、理论篇、技术篇、应用篇4篇，包含绪论、计算机控制理论基础、数字控制器设计、输入/输出通道与接口技术、控制系统的可靠性与抗干扰技术、建筑智能控制网络技术、建筑智能计算机控制系统设计与应用共7章。教材既注重基础理论的阐述，又突出控制算法、接口与通道、通信网络、系统设计与应用等重点内容；最后佐以建筑智能化行业应用的新案例，具体剖析建筑智能化工程中计算机控制系统的研究、设计与开发的方法与技术，突出教材理论性、技术性、系统性、新工科性等特征。本教材既利于建筑电气与智能化专业人才培养，又利于智慧城市、智能建筑等相关行业研发人员与工程技术人员学习参考。

本教材为住房和城乡建设部"十四五"规划教材，教育部高等学校建筑电气与智能化专业教学指导分委员会规划推荐教材；整个编写过程中，得到本专业教学指导委员会多位专家的指导与帮助，并提出宝贵意见与建议，在此深表感谢！苏州科技大学付保川教授百忙之中详细审阅了全部书稿，并提出了宝贵的意见和建议，在此表示衷心感谢！也对提供相关编写资料的设计师、工程师，以及参考文献的作者一并表示深深的感谢！

本教材分为4篇，共7章，第1章、第6章、第7章由于军琪编写，第2章、第3章由司轶芳编写，第4章、第5章由郭春燕编写，全书由于军琪、司轶芳负责统稿。

由于建筑智能计算机控制理论与技术正处于快速发展期，新技术似"雨后春笋"般层出不穷，限于编者水平，不能穷尽所有最新技术，书中难免有不妥或错误之处，敬请广大读者和同行专家批评指正。

第一版前言

随着现代建筑技术与信息技术的不断融合,以及"互联网+"、人工智能、大数据等技术应用,促进了建筑智能化技术的更新与发展,由于其具有新兴、划时代、跨学科等特点,行业对具有实践能力与创新精神、高素质的专业人才渴求非常迫切。建筑电气与智能化专业承载着培养智能建筑高级专门人才的重任,急需本专业的优质教材,才能圆满完成人才培养目标。"建筑智能计算机控制"教材正是以建筑智能化行业中具有普遍应用、共性的计算机控制理论与技术为内容,以建筑智能计算机控制概论、理论、技术、应用为大类,主要包含绪论、计算机控制理论基础、数字控制器设计、输入/输出通道与接口技术、控制系统的可靠性与抗干扰技术、建筑智能控制网络技术、建筑智能计算机控制系统设计与应用等章节。教材既注重基础理论的阐述,又突出了控制算法、接口与通道、通信网络、系统设计与应用等内容;考虑到读者对象与教材用途,最后佐以建筑智能化行业实际案例,具体剖析实际建筑智能化工程中计算机控制系统的研究、设计与开发的方法与技术。本教材力争理论联系实践,突出教材的理论性、技术性、系统性等综合特征,力争做到既利于建筑电气与智能化专业人才培养,又利于建筑智能化行业工程技术与研发人员参考。

本教材为住房城乡建设部土建类学科专业"十三五"规划教材,高校建筑电气与智能化学科专业指导委员会规划推荐教材。在编写过程中,得到专业指导委员会多位专家的指导与帮助,并提出宝贵意见与建议,在此深表感谢!苏州科技大学付保川教授百忙中详细审阅了全部书稿,并提出了许多宝贵的意见和建议,在此表示衷心的感谢!也对提供相关编写资料的设计师、工程师以及参考文献作者一并表示深深的感谢!

本教材分为4篇,共7章,第1、6、7章由西安建筑科技大学于军琪编写,第2、3章由西安建筑科技大学司轶芳编写,第4、5章由西安建筑科技大学郭春燕编写,全书由于军琪、司轶芳负责统稿。

由于建筑智能计算机控制理论与技术正处于快速发展期,新技术似"雨后春笋"般层出不穷,限于编者水平,不能穷尽所有最新技术,书中难免有不妥或错误之处,敬请广大读者和同行批评指正。

目 录

概 论 篇

第1章 绪论 ... 2
1.1 建筑智能化概述 ... 2
1.2 计算机控制概述 ... 2
1.2.1 计算机控制的产生及应用 ... 3
1.2.2 计算机控制系统结构 ... 4
1.2.3 控制用计算机分类 ... 5
1.3 计算机控制系统的分类 ... 5
1.3.1 按计算机控制规律分类 ... 5
1.3.2 按计算机控制功能和系统构成分类 ... 6
1.4 建筑智能计算机控制 ... 11
1.4.1 建筑电气计算机控制 ... 11
1.4.2 建筑设备计算机控制 ... 11
1.4.3 绿色、节能建筑计算机控制 ... 12
思考题 ... 14

理 论 篇

第2章 计算机控制理论基础 ... 16
2.1 计算机控制系统的信号 ... 16
2.1.1 计算机控制系统信号形式 ... 16
2.1.2 采样及理想采样信号 ... 16
2.1.3 采样信号的保持 ... 18
2.2 Z变换 ... 20
2.2.1 Z变换定义 ... 21
2.2.2 Z变换方法 ... 22
2.2.3 Z变换的性质和定理 ... 24
2.2.4 Z反变换方法 ... 27
2.3 离散时间系统描述 ... 32
2.3.1 差分方程 ... 32
2.3.2 差分方程求解 ... 35

  2.3.3 Z 变换法求解 ································ 36
 2.4 脉冲传递函数 ································ 38
  2.4.1 脉冲传递函数的定义 ································ 38
  2.4.2 脉冲传递函数的求取 ································ 39
  2.4.3 开环脉冲传递函数 ································ 41
  2.4.4 闭环脉冲传递函数 ································ 42
 2.5 离散时间系统特性分析 ································ 48
  2.5.1 S 平面与 Z 平面的映射 ································ 48
  2.5.2 稳定性分析 ································ 49
  2.5.3 动态特性分析 ································ 56
  2.5.4 稳态误差分析 ································ 61
 思考题 ································ 66

第 3 章 数字控制器设计 ································ 68
 3.1 数字控制器连续化设计 ································ 68
  3.1.1 连续域—离散化设计原理 ································ 68
  3.1.2 模拟 PID 控制算法原理 ································ 75
  3.1.3 数字 PID 控制器设计 ································ 76
  3.1.4 数字 PID 控制器参数的整定 ································ 77
  3.1.5 数字 PID 控制器算法的改进 ································ 80
 3.2 数字控制器离散化设计 ································ 85
  3.2.1 数字控制器的离散化设计步骤 ································ 85
  3.2.2 最少拍数字控制器的设计 ································ 86
  3.2.3 最少拍数字控制器的一般设计方法 ································ 90
  3.2.4 最少拍无纹波控制器的设计 ································ 93
 3.3 纯滞后系统数字控制器设计 ································ 97
  3.3.1 达林算法 ································ 97
  3.3.2 施密斯预估补偿控制算法 ································ 101
 3.4 串级控制算法 ································ 105
  3.4.1 数字 PID 串级控制算法的结构和原理 ································ 105
  3.4.2 串级副回路微分先行串级控制算法 ································ 107
 3.5 前馈—反馈控制算法 ································ 108
  3.5.1 前馈控制的结构和原理 ································ 109
  3.5.2 前馈—反馈控制结构 ································ 109
  3.5.3 数字前馈—反馈控制算法 ································ 109
 3.6 智能控制算法——模糊控制 ································ 111
  3.6.1 模糊控制器结构 ································ 111
  3.6.2 模糊控制器工作原理 ································ 112

- 3.7 数字控制器的工程实现 ………………………………………………… 119
  - 3.7.1 给定值和被控量处理 ……………………………………………… 120
  - 3.7.2 偏差处理 …………………………………………………………… 121
  - 3.7.3 控制算法 …………………………………………………………… 122
  - 3.7.4 控制量处理 ………………………………………………………… 122
  - 3.7.5 自动/手动处理 ……………………………………………………… 123
- 思考题 …………………………………………………………………………… 124

技 术 篇

第4章 输入/输出通道与接口技术 …………………………………………… 128
- 4.1 输入/输出通道概述 ………………………………………………………… 128
  - 4.1.1 输入/输出通道分类 ………………………………………………… 128
  - 4.1.2 输入/输出信息类型 ………………………………………………… 129
- 4.2 数字量输入/输出通道 ……………………………………………………… 129
  - 4.2.1 数字量输入通道 …………………………………………………… 129
  - 4.2.2 数字量输出通道 …………………………………………………… 131
- 4.3 模拟量输入通道 …………………………………………………………… 133
  - 4.3.1 模拟量输入通道组成 ……………………………………………… 133
  - 4.3.2 信号调理 …………………………………………………………… 134
  - 4.3.3 I/V变换 …………………………………………………………… 137
  - 4.3.4 多路转换器 ………………………………………………………… 138
  - 4.3.5 采样/保持器原理 …………………………………………………… 138
  - 4.3.6 A/D转换器及其接口技术 ………………………………………… 141
- 4.4 模拟量输出通道 …………………………………………………………… 144
  - 4.4.1 模拟量输出通道结构 ……………………………………………… 144
  - 4.4.2 D/A转换器及其接口技术 ………………………………………… 145
  - 4.4.3 单极性与双极性D/A转换电压输出电路 ………………………… 149
  - 4.4.4 V/I变换 …………………………………………………………… 149
  - 4.4.5 功率放大与驱动电路 ……………………………………………… 151
- 4.5 总线接口技术 ……………………………………………………………… 152
  - 4.5.1 总线接口概述 ……………………………………………………… 152
  - 4.5.2 接口技术 …………………………………………………………… 153
  - 4.5.3 并行接口总线 ……………………………………………………… 157
  - 4.5.4 串行接口总线 ……………………………………………………… 158
- 4.6 数据处理技术 ……………………………………………………………… 163
  - 4.6.1 误差修正 …………………………………………………………… 163
  - 4.6.2 标度变换 …………………………………………………………… 166

4.6.3　线性化处理 168
　　4.6.4　报警处理 169
4.7　典型 I/O 接口板卡 170
思考题 172

第5章　控制系统的可靠性与抗干扰技术 174
5.1　可靠性的基本概念 174
　　5.1.1　可靠性定义 174
　　5.1.2　可靠性设计的一般原则 174
　　5.1.3　硬件可靠性设计 175
　　5.1.4　软件可靠性设计 176
5.2　硬件抗干扰技术 178
　　5.2.1　屏蔽技术 179
　　5.2.2　过程通道抗干扰技术 179
　　5.2.3　主机抗干扰技术 183
　　5.2.4　系统供电与接地技术 184
5.3　软件抗干扰技术 187
　　5.3.1　数字滤波技术 187
　　5.3.2　开关量的软件抗干扰技术 189
　　5.3.3　系统启动自检 190
　　5.3.4　指令冗余技术 191
　　5.3.5　软件陷阱技术 191
思考题 192

第6章　建筑智能控制网络技术 193
6.1　建筑智能控制网络历史与现状 193
6.2　LonWorks 技术 194
　　6.2.1　LonWorks 控制网络结构 194
　　6.2.2　LonTalk 协议 196
　　6.2.3　LonWorks 控制网络的应用开发 197
6.3　BACnet 技术 200
　　6.3.1　BACnet 体系结构 201
　　6.3.2　BACnet 服务对象 204
　　6.3.3　BACnet 标准特点 209
6.4　其他控制网络技术 210
　　6.4.1　CAN 总线技术 210
　　6.4.2　Modbus 总线技术 212
　　6.4.3　建筑智能物联网技术 215
思考题 220

应 用 篇

第7章 建筑智能计算机控制系统设计与应用 ······ 222
7.1 设计步骤 ······ 222
7.1.1 系统总体规划 ······ 222
7.1.2 硬件设计 ······ 223
7.1.3 软件设计 ······ 224
7.1.4 系统调试和运行 ······ 225
7.2 建筑智能计算机控制系统设计实例 ······ 227
7.2.1 建筑供配电计算机监控系统 ······ 227
7.2.2 机场能源站巡检机器人计算机控制系统 ······ 244
7.3 建筑智能计算机控制系统应用案例 ······ 250
7.3.1 建筑物能耗计算机监管系统 ······ 250
7.3.2 某机场能源站供暖低碳节能运行优化控制系统 ······ 269
7.3.3 群智能计算机控制系统 ······ 278
思考题 ······ 291
附录 常见Z变换表 ······ 292
参考文献 ······ 294

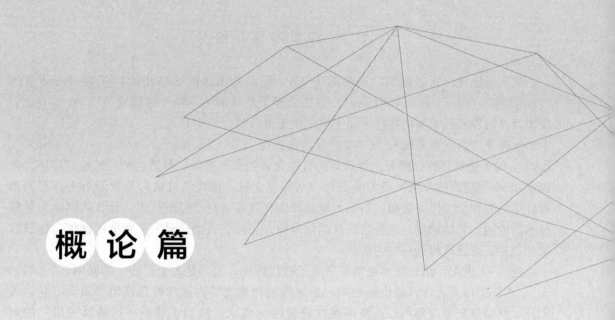

概论篇

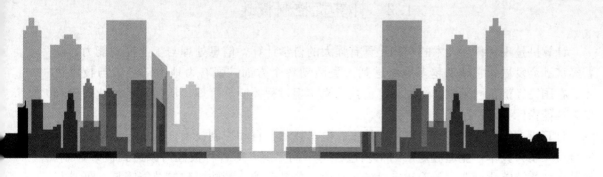

第 1 章 绪　　论

1.1　建筑智能化概述

建筑智能化（智能建筑）概念源于 1984 年在美国康涅狄格州哈特福德市所建成的"都市大厦"（City Palace Building），它是世界上公认的第一幢"智能建筑"，该智能化大楼将计算机控制技术与信息技术用于建筑供配电系统、照明系统、空调系统、安防系统等中，业内通常将以上系统称为"楼宇自动化系统 BAS（Building Automation System）"。BAS 实现了建筑运行、服务、管理等的智能化，创造了高效、舒适、便利的建筑环境。我国在 1990 年建成的北京发展大厦是第一座智能建筑，该建筑被认为是我国第一幢有明确设计定位的智能大楼。然而，早期的建筑智能化其实是自动控制技术、计算机网络与通信技术的应用，科学地说，应是建筑自动化范畴；当然，自动化是人工智能的前提，建筑自动化也是实现建筑智能化的前提。

进入 21 世纪，信息技术蓬勃发展成了时代特征，尤其是人工智能、物联网、"互联网＋"、大数据以及云计算的快速发展，建筑智能化概念的内涵和外延发生了重大变化。人们开始从信息资源的角度，重新审视建筑智能化需求，提出了建筑"可持续发展"的概念，建筑真正进入智能化发展阶段，建筑智能化的应用不仅能够营造安全、舒适、智能的建筑环境，同时从可持续发展的角度，还顺应了绿色、节能、低碳以及更高层次的人与自然和谐发展等需求。

综上所述，建筑智能化的根本特征是"智能"，是以信息技术为基础，综合计算机控制、人工智能等领域的先进技术，具有自主学习与自动控制的功能，实现具有可持续性、安全、高效、舒适、环保的人工建筑环境，实现建筑价值的最大化。因此，计算机控制作为建筑智能化系统中的主要技术，是实现以上目标的重要支撑，本教材重点围绕建筑智能计算机控制的理论与技术进行系统、完整地阐述。

1.2　计算机控制概述

计算机是现代科学技术的产物，具有强大的科学计算、信息处理与工业控制能力，随着经济社会发展，它越来越多地渗透到人类活动各个方面，强有力地推动科学与技术进步。在国民经济不同领域，借助计算机技术来实现过程控制与管理，从而满足行业发展和更高性能指标要求，已成为必然趋势。

计算机控制综合了传感器与检测技术、电子技术、自动控制技术、网络与通信技术等复合交叉学科技术，能适应复杂的工艺过程与不同工况，对各种被控对象达到良好控制。尤其在建筑智能化行业，随着建筑设备自动化、公共安防、消防、建筑节能降耗、低碳目标实现等技术发展需要,计算机控制技术成为实现建筑智能化的必要技术,应用越来越深入,并不断提升行业技术水平与满足实际需要。计算机控制技术已成为从事建筑智能化等相关行业科技、研发、管理等人员必须掌握的一门专门技术。

1.2.1 计算机控制的产生及应用

1946年2月14日,世界上第一台电子数字计算机ENIAC(Electronic Numerical Integrator and Calculator)在美国宾夕法尼亚大学诞生,从此开启了其迅速应用的历程。由于计算机的独特优势,在20世纪50年代初,相关研究人员就已经提出了将计算机用于航天和航空系统控制的设想,但由于当时计算机体积庞大、功耗高、可靠性不稳定而作罢。自20世纪50年代中期开始,专业技术人员陆续开展将计算机用于工业过程控制的尝试,并于1956年3月,美国得克萨斯州的一个炼油厂和美国的TRW航空公司合作进行了计算机过程控制系统研究,该控制系统包括26个流量参数、72个温度参数、3个压力参数、3个成分参数,控制目标使反应器的压力最小;通过确定5个反应器供料的最佳配比,根据催化剂活性测量结果来控制热水的流量以及确定最优循环控制。经过3年的努力,一个采用RW-300计算机控制的聚合装置系统在1959年成功问世。从此,计算机控制技术在工业控制中得到了迅速发展。

计算机控制系统的发展历程可划分为4个阶段:

(1) 创始早期(1955—1962年):早期的计算机使用电子管,体积庞大,价格昂贵,工作可靠性差,只能从事一些简单的操作指导和设定值控制,即对生产过程的运行数据进行采集存储处理,显示生产过程运行状况来指导操作人员工作,包括指导改变模拟调节器的设定值。在此阶段,控制器仍然使用常规模拟控制装置。

(2) 直接数字控制时期(1962—1967年):1962年,英国帝国化学工业公司(Imperial Chemical Industries Ltd,简称ICI)利用计算机直接控制过程变量,完全取代了原来的模拟控制器。该计算机控制系统检测了224个变量,直接控制了129个阀门的动作。采用这种计算机控制系统,系统输入与输出皆为数字量,称为直接数字控制(Direct Digital Control,简称DDC)。采用DDC控制方式,尽管一次性投资较大,但扩展性好,增加一个控制回路成本低;如果采用模拟控制器,其成本则随着控制回路数目的增加而呈线性增加;采用DDC控制使中央控制室集中、简单,方便了操作员工作,具有控制灵活的优点,若要改变计算机控制算法时,则只需要改变其软件程序即可。它的出现是计算机控制技术的重大变革,并促进了计算机控制理论的发展。

(3) 小型计算机控制时期(1967—1972年):自20世纪60年代伊始,随着微电子技术、软件技术等发展,计算机技术也得到了快速发展,主要特征为:体积越来越小,运算速度越来越高,工作更加可靠,价格更加便宜。到了20世纪60年代后半期,出现了各种类型的适合工业过程控制的专用小型计算机,从而使计算机控制系统的应用规模与范围不断扩大,在工业过程控制中的数量得到迅速增长。

(4) 微型计算机控制时期(1972年至今):随着微电子器件集成度不断提高,1972年出现了集成度高、体积小、价格便宜、使用方便的微型计算机,使计算机控制进入了崭新的阶段,计算机控制系统结构与配置更加适宜生产过程的要求。

由此可见,计算机技术与工业过程控制技术两者不断发展,创新了不同类型的应用系统。当计算机价格比较昂贵时,主要采用由一台计算机控制完成多种任务的集中式控制结构;微型计算机出现后,便出现了分布式控制系统(DCS:Distributed Control System)结构,使控制过程风险分散,系统可靠性显著提高。1975年世界上几个著名的计算机和仪表控制公司,如美国的Honeywell公司、日本的横河公司等都相继推出了各自的DCS产品。

20世纪80年代以来,随着超大规模集成电路技术(VLSI)飞速发展,计算机向超小型化、软件固化和控制智能化方向发展,同时测量仪表、执行装置等自动化仪表也向智能化方向发展。20世纪80年代中后期,出现了现场总线控制系统(FCS:Fieldbus Control System)。FCS具有全开放、全数字化、互操作性和彻底分散等特点,并易于同上层管理级以及互联网实现连接,构成多级网络控制系统;相比于传统控制系统,FCS可靠性更高,设计、安装、调试、使用、维护更简便,目前FCS已成为当今计算机控制系统新潮流。

1.2.2 计算机控制系统结构

计算机控制系统是采用计算机作为控制器的系统,如图1-1所示为计算机控制系统结构框图,分为硬件系统和软件系统。硬件系统包括计算机、输入/输出接口、过程通道(输入通道和输出通道)、外围设备(人机交互设备和通信设备等),软件系统包括系统软件和应用软件。

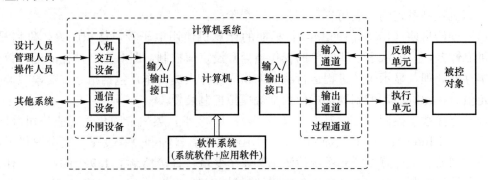

图1-1 计算机控制系统结构框图

计算机控制系统中,计算机是信息处理的核心单元,通常包括微处理器和存储器。输入/输出接口完成计算机与过程通道、外围设备的连接。

计算机控制过程通道包括输入通道和输出通道,输入通道将反馈单元的电信号转换为计算机能接收的数字信号,输出通道将接口电路输出的数字信号转换为执行单元能够接收的模拟信号。过程通道是有别于其他计算机系统的一个重要组成部分。

外围设备(也称外部设备)包括人机交互设备、通信设备等。人机交互设备,如显示器、键盘、触摸屏、操作台等,用于与各种人员的信息交互。设计人员可输入控制算法、开发监控界面等;管理人员可管理和维护系统的运行;操作人员可输入操作指令、观察测试数据等。通信设备,如调制解调器、网络通信设备等,可用来与其他系统进行信息通信,以便对系统进一步扩展和远程操作控制。

系统软件包括操作系统以及为方便使用计算机本身而提供的软件系统,如实时数据库系统、计算机语言编译系统等;应用软件包括控制程序、人机接口程序、组态软件、监控软件等。

被控对象包括对象的结构及其数学模型,对象的结构描述了对象的组成及相互关系,对象的数学模型描述了其动态特性。反馈单元由各种传感器和变送器等检测机构组成,用于检测被控对象的状态,如温度、压力、流量、位移、开关状态等,并将这些状态信息转换为电信号,输入计算机控制系统中的过程通道,故反馈单元也称检测单元。执行单元由各种电机、传动机构、电磁阀、加热器、声光设备等执行机构组成,执行单元接收计算机控制系统中输出通道的电信号,然后转换为可对被控对象控制的物理能量,如热能、光能、机械能等。

随着控制网络技术、现场总线技术和嵌入式计算机技术的发展,计算机控制系统的结构也发生了变化,计算机控制系统结构呈现网络化、系统化、集成化特征。

1.2.3　控制用计算机分类

在计算机控制系统中,计算机是工业控制用计算机,可选用的工业控制用计算机种类比较多,主要包括:可编程逻辑控制器(PLC)、工控机(IPC)、单片机、数字信号处理器(DSP)、智能调节器等。在实际工程中,选择何种工业控制用计算机,应根据工艺要求、控制规模、控制特点和控制任务来确定。

(1) 可编程逻辑控制器(PLC):这是一种专为工业环境下应用而设计的计算机控制器,采用可编程存储器,用来在其内部存储操作指令,并通过数字式或模拟式输入/输出接口,控制各种机械设备或生产过程。PLC及其外部设备,都按易于与工业控制系统连成一个整体、易于扩充其功能的原则设计,具有可靠性高、编程容易、功能完善、扩展灵活、安装调试方便等特点。

(2) 工控机(IPC):工控机是一种专门面向工业控制、采用标准总线和开放式体系结构的计算机,配置丰富的外围接口产品,如模拟量输入/输出模板、数字量输入/输出模板等。工控机具有可靠性高、可维护性好、环境适应性强、控制实时性好、输入/输出通道完善、软件丰富等特点。

(3) 单片机:单片机是将计算机的CPU、存储器、I/O接口和总线制作在一块芯片上的单片计算机,具有体积小、功能全、价格低、软件丰富、开发应用方便等特点。

(4) 数字信号处理器(DSP):具有比单片机更快的处理速度,用来快速实现各种数字信号处理算法。DSP内部采用程序和数据分开的哈佛结构,具有专门的硬件乘法器。

(5) 智能调节器:智能调节器是一种数字化的过程控制仪表,以微处理器或单片微型计算机为核心,具有数据通信功能,能完成生产过程1~4个回路的直接数字控制任务,在集散控制系统得到了广泛应用。智能调节器不仅可接收4~20mA DC电流信号输入值,还具有异步通信接口RS-422/485、RS-232等功能,可与上位机联接成主从式通信网络,发送接收各种过程参数和控制信号,智能调节器在我国工业控制领域得到了广泛应用。

1.3　计算机控制系统的分类

计算机控制系统的分类方法很多,本书仅介绍两种常用的分类方法。

1.3.1　按计算机控制规律分类

计算机控制规律是自动控制理论与离散控制理论相结合的产物,它的发展离不开自动控制理论与计算机技术的发展。计算机控制技术按所采取的控制规律的不同,可分为如下几种类型:

(1) 常规数字控制：常规数字控制主要基于数字控制器的连续化设计技术和离散化设计技术。对于大多数系统都是根据给定值与输出值之间偏差的比例、积分、微分进行的反馈控制，是工业上适用面较广、目前仍得到广泛应用的控制规律。

(2) 纯滞后控制：在过程控制中，若含有纯滞后的环节，较容易引起系统超调和持续的振荡。针对纯滞后被控对象提出了补偿控制算法，如施密斯（Smith）预估补偿控制，但由于模拟仪表功能的限制，该控制方法一直无法在工程中实现，直到计算机引入控制领域，人们利用计算机可以方便地实现纯滞后补偿控制。

(3) 串级控制：串级控制是在单回路 PID 控制基础上发展起来的一种控制技术。当系统中同时有几个因素影响一个被控量时，如果只控制其中一个因素，将难以满足系统的控制性能。串级控制针对上述情况，在原控制回路中，增加一个或几个控制回路，用以控制可能引起被控量变化的其他因素。

(4) 前馈—反馈控制：反馈控制总是在偏差产生以后才进行控制，存在滞后性，特别是系统中存在严重滞后因素时，波动比较大。前馈控制则是按扰动量进行控制，当系统出现扰动时，前馈控制按扰动量直接产生校正作用，以抵消扰动影响。前馈控制是一个开环系统，因此在实际过程控制中，很少单独采用前馈控制方案，常采用前馈与反馈相结合的控制结构，既能发挥前馈控制对扰动的补偿作用，又能保留反馈控制对偏差的控制作用。

(5) 解耦控制：对于一个多变量控制系统，各变量之间往往是互相影响的，给控制系统的设计带来复杂和难度。解耦控制主要是通过设计解耦补偿装置，使各控制器只对各自相应的被控量施加控制作用，从而消除回路之间的相互影响。能对多变量控制系统施加解耦控制的前提是系统的闭环传递函数矩阵是一个对角矩阵。

(6) 现代控制：是指采用状态空间模型来设计控制系统的控制算法。在经典控制理论中，用传递函数来设计和分析单输入单输出系统，传递函数模型只能反映系统的输出变量和输入变量之间的关系，而不能了解系统内部的变化情况。在现代控制论中，用状态空间模型来设计和分析多输入多输出系统。状态空间理论的建立，来自许多数学家的努力，其中卡尔曼把状态空间理论应用于控制理论中，产生了现代控制技术。

(7) 先进控制：先进控制算法是随着人工智能的出现和发展而发展起来的，主要包括模糊控制技术、神经网络控制技术、专家控制技术、预测控制技术、自适应控制技术等。主要用来解决传统控制技术难以解决的控制问题，代表着控制技术最新的发展方向。目前先进控制技术仍处于不断发展和完善阶段。

1.3.2 按计算机控制功能和系统构成分类

这是一种被广泛接受的常见分类方法，具体分为：计算机操作指导控制系统、计算机直接数字控制系统、计算机监督控制系统、集散控制系统、现场总线控制系统和无线控制系统。

1. 计算机操作指导控制系统

计算机操作指导控制系统（OGC：Operation Guide Control）的基本功能是监测与操作指导，其构成如图 1-2 所示。监测是由计算机通过输入通道构成的外围设备，实时地采集被控对象运行参数，经运行处理（数字滤波、非线性补偿、误差修正、量程转换等）后，以数字或图形曲线等形式，通过显示器实时显示，向操作人员提供全面地反映被控对象运行工况的信息，使操作人员能够对被控对象运行工况全面监视。当被控对象重要参数偏离正常值时，计算机发出报警信号，提醒操作人员进行紧急操作，以确保被控对象安全、正常工作。计算机给出的操作指导信息有两种，一种是计算机按照预先建立的数学模型和控制优化算法，通过计算给出相应控制命令由显示器显示输出，控制命令执行与否由操作人员凭经验决定；另一种是计算机按照预先设定的操作顺序，根据被控对象实际工况和流程，逐条输出操作信息，用以指导操作。

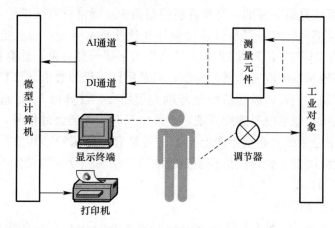

图 1-2　计算机操作指导控制系统构成

2. 计算机直接数字控制系统

计算机直接数字控制（DDC：Direct Digital Control）系统是计算机在工业应用中最普遍和最基本的一种方式。在控制系统中，计算机取代模拟控制器，直接对被控对象进行控制。计算机直接数字控制系统结构如图 1-3 所示。

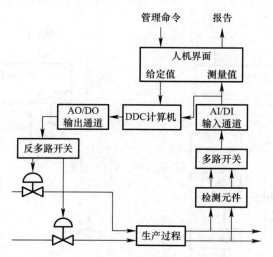

图 1-3　计算机直接数字控制系统结构

计算机 DDC 系统利用计算机的数值计算和逻辑推理能力，通过软件不仅可以实现常规的反馈控制、前馈控制以及串级控制等控制方案，而且可以方便灵活地实现模拟控制器难以实现的各种先进、复杂的控制算法，如最优控制、自适应控制、多变量控制、模型预测控制以及智能控制等，从而可以获得更好的控制性能。

计算机通过输入通道进行实时数据采集，并按已给定的控制规律进行实时决策，产生控制指令，通过输出通道，对生产过程（或被控设备）实现直接控制。由于这种系统中的计算机直接参与生产过程的控制，所以要求实时性好、可靠性高和环境适应性强。这种计算机DDC系统已成为当前计算机控制系统的主要控制形式，它的主要优点是灵活性大，价格便宜，能用数字运算形式对多个回路实现控制。

计算机DDC系统是最重要的一类计算机控制系统，通常它直接影响控制目标的实现。计算机DDC系统性能的优劣不仅与计算机硬件和软件技术有关，而且更主要的是它涉及很多控制理论问题。本书将计算机DDC系统列作为主要研究对象。计算机DDC系统在系统结构上，同模拟控制系统没有本质的区别，只是用计算机的数值计算替代模拟电子线路来实现各种控制算法。但是，就系统中信号的类型而言，计算机DDC系统和模拟控制系统有很大差别。模拟控制系统是连续系统，系统中只有一种类型的信号，即连续信号。计算机DDC系统是混合系统，系统中既有连续信号又有离散信号，其他类型的计算机控制系统也是如此。由此决定了处理模拟控制系统的数学描述、分析和设计的理论与方法不能直接用于计算机控制系统。

3. 计算机监督控制系统

计算机监督控制系统（SCC：Supervisory Computer Control），是由计算机DDC系统加监督级构成的，其结构如图1-4（a）所示。针对某一生产过程的状态，监督计算机根据运行工况的数据和预先给定的数学模型及性能目标函数，按照预先确定的优化算法或监督规则，通过计算机的计算和推理判断，为计算机DDC系统提供最优设定值，或修改计算机DDC系统控制规律中的某些参数或某些控制约束条件等，使控制系统整体性能指标更好，工作更可靠。计算机SCC系统还有一种由模拟调节器实现控制的结构形式，如图1-4（b）所示。

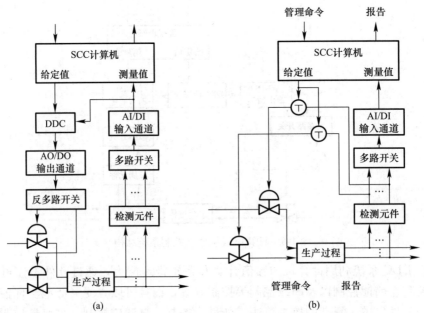

图1-4 计算机监督控制系统
(a) 结构；(b) 由模拟调节器实现控制

4. 集散控制系统

集散控制系统（DCS：Distributed Control System）也称分布式控制系统。随着工业生产过程规模的扩大和综合管理与控制要求的提高，人们开始应用以多台计算机为基础的分散型控制系统。该系统是运用计算机通信技术，由多台计算机通过通信网互相连接而成的控制系统，因而它具有网络分布结构。DCS采用分而自治和综合协调的设计思想，将控制系统分成若干个独立的局部子系统，用以完成被控过程的自动控制任务，采用分散控制、集中操作、分级管理控制和综合协调的原则进行设计，其结构图如图1-5所示。

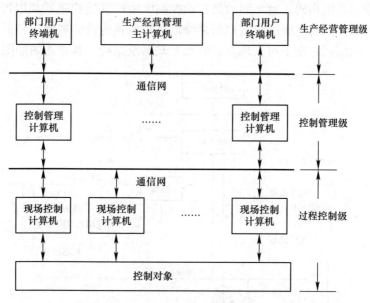

图1-5 DCS结构

DCS将工业企业的生产过程控制、监督、协调与各项生产经营管理工作融为一体，DCS中各子系统协调有序地进行，从而实现管理、控制一体化。系统功能自下而上分为过程控制级（或装置级）、控制管理级（或车间级）、生产经营管理级（或企业级）等，每级由一台或数台计算机构成，各级之间通过通信网连接。其中过程控制级由若干现场控制计算机（又称现场控制单元/站）对各个生产装置直接进行数据采集和控制，实现数据采集和DDC功能；控制管理级对各个现场控制计算机的工作进行监督、协调和优化；生产经营管理级执行对全厂各个生产管理部门的监督、协调和综合优化管理，主要包括生产调度、计划管理、辅助决策以及生产经营活动信息数据的统计和综合分析等。

DCS具有整体安全性，可靠性高，系统功能丰富多样，系统设计、安装、维护、扩展方便灵活，生产经营活动的信息数据获取、传递和处理快捷及时，操作、监视简便等优点。DCS可以实现工业企业管理、控制一体化，提高工业企业的综合自动化水平，增强生产经营的灵活性和综合管理的动态优化能力，从而可以使工业企业获取更大的经济和社会效益。

5. 现场总线控制系统

集散控制系统在一定程度上实现了分散控制的要求，可以用多个基本控制器作为现场控制器分担整个系统的控制功能，分散了危险性，但是现场控制器本身仍然是小型集中式系统，一旦现场控制器出现故障，影响面仍然较大；现场控制器和现场设备之间仍然存在长距离模拟量传输、抗干扰能力较差的缺点；而且各厂商生产的 DCS 标准不同，不能互联，增加了使用维护成本。

现场总线控制系统（FCS：Fieldbus Control System）的核心是现场总线，是建立在网络基础上的高级分布式控制系统。从本质上说，现场总线是一种数字通信协议，是连接智能现场设备和自动化系统的数字式、全分散、双向传输、多分支结构的通信网络。其总体结构与集散控制系统相同，所不同的是自动控制级中的现场控制器利用智能化仪表实现了彻底的分散控制，同时克服了集散控制系统需要模拟量传输的缺点，使系统的可靠性大大加强，在统一的国际标准下可实现真正开放互联系统结构，其结构图如图 1-6 所示。

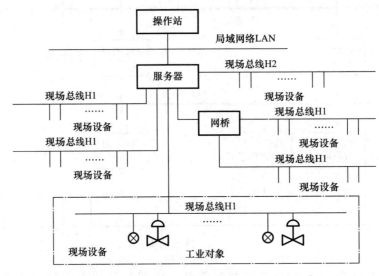

图 1-6　FCS 结构

6. 无线控制系统（WCS）

无线控制系统（WCS：Wireless Control System）是随着无线通信技术发展起来的一种新型控制系统，以无线介质的通信方式，使控制系统的数据采集、控制信息发送等更加方便、灵活，尤其对空间位置复杂的设备控制具有显著的优越性。无线控制系统一般由现场设备无线发射器、无线接收器、控制模块和应用软件等组成，它也是物联网技术中的重要内容；无线接收器接收到现场设备发射的无线信号，由无线发射器转发给控制模块，最后由控制模块完成相应控制。

如图 1-7 所示是一种新型的采用无中心、扁平化的无线控制网络结构的建筑智能化系统，以 CPN（Computing Process Node）为核心节点进行标准化设计，CPN 节点之间依照空间关系或管网关系连接形成网络，支持网络分布式并行计算。每一个建筑空间单元或机电设备对应一个"智能节点"，即一个 CPN。CPN 负责管控相应的建筑空间单元或目标建筑的机电设备，支持 Wi-Fi、蓝牙和 Zigbee 等无线通信协议，具有构建自组织、自愈合的分布式无线通信网络的能力，能方便地对建筑物中单元与机电设备进行优化控制。

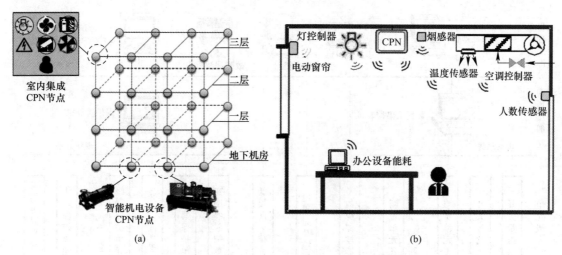

图 1-7 基于 CPN 节点的无线控制系统示意图
(a) 建筑无中心平台网络结构；(b) 室内集成 CPN 节点

1.4 建筑智能计算机控制

建筑智能计算机控制是实现智能、节能、绿色的可持续建筑的重要支撑，也是在建筑行业落实党的二十大报告中指出的"加快节能降碳先进技术研发和推广应用""实施全面节约战略，推进各类资源节约集约利用"重要举措；建筑智能计算机控制的应用主要有如下几个方面。

1.4.1 建筑电气计算机控制

建筑供配电系统是建筑电气的核心内容，也是整个建筑物的动力系统，为建筑空调系统、给水排水系统、照明系统、电梯系统、消防及安防系统等提供正常运转所需的电力能源。建筑供配电系统由高压及低压配电系统、变电站（配电站）和用电设备组成。电源进线电压多采用 10kV，电能经高压配电所后，由高压配电所将电能分送给各终端变电所。经配电变压器将 10kV 高压降为一般用电设备所需的电压（220V/380V），然后由低压配电线路将电能分送给各用电设备。

供配电计算机控制系统系统结构示意图如图 1-8 所示，主要由管理层和现场层两大部分组成。管理层是建筑电气计算机控制的核心，由监控主机、通信控制机和工程师机组成；现场层完成变电所综合自动化控制功能，由数据采集控制机和保护管理机及所属各功能单元组成。

1.4.2 建筑设备计算机控制

建筑设备自动化系统是根据需求设置的。从建筑安全性出发，需设置火灾自动报警与联动控制系统以及安全防范系统，安全防范系统包括防盗报警系统、闭路电视监视系统、出入口控制系统、电梯群控系统、应急广播与应急照明系统等，从而确保大楼内人员生命与财产的安全，确保计算机网络中信息资源的安全。从建筑舒适性出发，需设置建筑设备监控系统，实现对温度、相对湿度、照度及卫生度等环境指标的控制，使入住者获得生理与心理两方面的舒适，使工作具有高效率与高创造力。通过对建筑物内大量机电设备的全

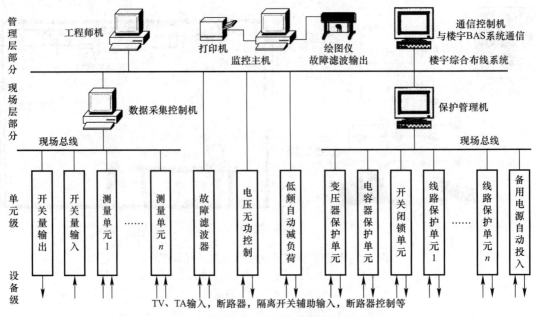

图 1-8 建筑供配电计算机控制系统结构图
TA—电流互感器；TV—电压互感器

面监控管理，实现多种能量监管，达到节能、高效和延长设备使用寿命的目的。从工作上的高效性和便捷性出发，需设置方便快捷和多样化的通信网络系统和办公自动化系统，以创造一个迅速获取信息、加工信息的良好办公环境，达到高效率工作的目的。

最早的建筑设备自动化系统是气动控制系统。当计算机出现后，建筑设备自动化系统引入了计算机控制技术。20 世纪 80 年代早期，计算机技术和微处理器有了突破性的发展，产生了计算机 DDC 技术。计算机 DDC 技术在 BA 中的应用极大地提高了建筑设备的效率，并优化了建筑设备的运行和维护。随着数据通信技术的发展，在现场总线技术和计算机网络技术的带动下，产生了各种以计算机 DDC 技术为基础的 BA 分布式控制系统。这种分布式系统是当今智能建筑设备自动化系统的基础，如图 1-9 所示。

利用计算机网络和接口技术将分散在各子系统中不同区域、不同用途的现场直接数字控制（DDC）连接起来，通过联网实现各子系统与中央监控管理级计算机之间及子系统之间相互的信息通信，达到分散控制、集中管理的功能模式。系统组成主要包括中央操作站、分布式现场控制器、通信网络和现场就地仪表。其中，通信网络包括网络控制器、连接器、调制解调器、通信线路；现场仪表包括传感器、变送器、执行机构、调节阀、接触器等。

1.4.3 绿色、节能建筑计算机控制

绿色、节能建筑就是在建筑全生命周期内，最大限度地节约资源（节能、节地、节水、节材）、保护环境和减少污染，为人们提供健康、舒适和高效的工作与生活空间，与自然和谐的建筑，它已成为现代建筑业发展的一个方向。绿色建筑倡导绿色、节能和可持续发展，将低碳环保技术、节能控制技术、智能信息技术应用于建筑各个方面，将最新的理念、先进的技术用于解决生态节能与环境舒适问题。

建筑的绿色节能离不开先进的计算机控制技术，而建筑可持续性管理系统则是实现建

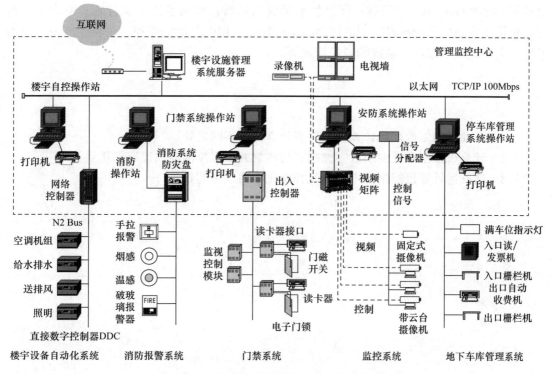

图1-9 建筑设备计算机控制系统结构图

筑绿色、节能的有效方法之一。建筑可持续性管理系统是运用现代控制技术、计算机技术、网络通信技术,结合科学有效的管理方法、策略,对建筑内部环境参数、机电设施运行状况、能源使用情况进行监测、节能控制与管理,为人们提供一个安全、可靠、舒适、环保、高效、节能的生活与工作环境。因此,计算机控制是现代建筑中创造舒适环境、实现节能的重要手段。

人们对现代建筑的多样化服务需求日益提高,越来越重视生活工作条件和环境的舒适性、设施运行的安全高效性和管理服务的完善性,而建筑环境监控系统也成为解决问题、满足需求的一个不可缺少的重要组成部分。可以利用计算机控制技术及相关优化算法实现:(1)室内温/湿度控制;(2)最小新风量(CO_2浓度)控制;(3)室内照度控制;(4)焓值控制;(5)有害污染物排放浓度实时监测报警等。

在现代建筑中,空调、照明、电梯、水泵等设施的运行建立在设备的用能之上。计算机监控系统还可以对建筑内用能设施(如用电、用气、用水、用煤、用油、冷热源等)进行全面监测、计量。所有实时监测的各用能计量数据按不同种类、不同区域进行归类、计算、存储,并进行能耗分析、评估,在需要时可利用现代负荷预测方法,提供用电负荷的预测、空调新风量需求预测、空调环境温/湿度控制预测等,并建立能耗数据与相关机电设备的互联。通过对建筑内各用能设施的监测计量,及时发现设备运行的问题及用能薄弱环节,有助于对系统进行分析评估,从而通过管理手段,全面降低建筑设施的能源消耗和运行成本。

在对建筑内各用能设施进行全面监测的基础上,运用计算机控制技术及相关优化算法还可以实现节能控制管理,如:空调冷/热源系统设施的最优投运控制及空调水泵的变流量控制；设备的最佳启/停控制；优化供水系统的运行；照明系统节能管理；电力系统监控，包括变电站中各配电设施配电回路的运行状态、用电负荷的监控；可再生能源（风力发电、太阳能光伏发电）系统的监控管理等。

思 考 题

1.1　简要说明工业控制计算机与普通计算机的不同之处。

1.2　计算机控制系统中的数字控制器与传统的模拟控制器相比有何优点？

1.3　试阐述计算机控制技术在建筑智能化中的应用前景。

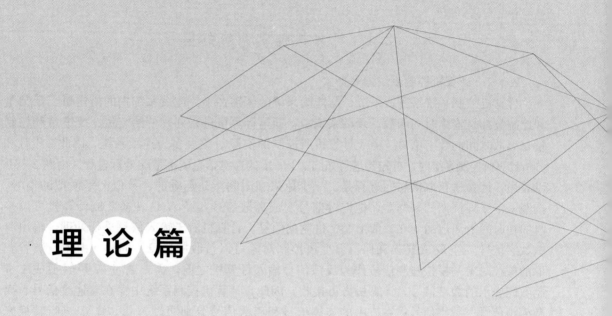

理论篇

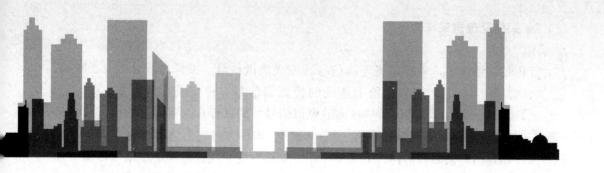

第 2 章 计算机控制理论基础

2.1 计算机控制系统的信号

2.1.1 计算机控制系统信号形式

计算机控制系统是离散系统,与连续系统的区别在于:连续系统中的给定量、反馈量和控制量都是连续时间函数;离散系统中,通过计算机进行处理的给定量、反馈量和控制量是离散时间的数字信号。由于计算机所控制的实际对象大多为连续系统,因此在设计和分析计算机控制系统时,首先要进行如图 2-1 所示的连续信息的离散化处理过程。由图 2-1 可以看出,计算机获取信息的过程是:一个原来在时间上是连续的、数值上是模拟的信号,按照一定采样周期的采样器,把连续信号变成离散信号,经 A/D 转换变成计算机可以接收的在时间上离散的、在数值上是二进制的信号。计算机对于输入信息进行处理,输出离散数字信号,经 D/A 转换和保持器变成控制对象可以接收的信息。同样,由测量装置获取的被控对象的模拟检测信号作为反馈信号输入计算机之前,需要通过 A/D 转换成二进制数码表示的数字信号,计算机方可接收。因此,计算机控制系统中存在着连续信号、离散模拟信号、数字信号;系统中的连续信号和离散信号分别通过 A/D、D/A 进行转换来实现计算机对实际对象的监测与控制。

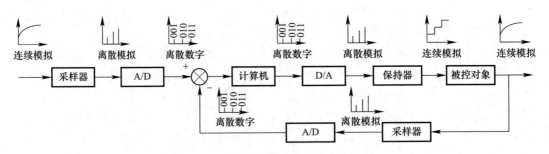

图 2-1 计算机控制系统信息变换过程

2.1.2 采样及理想采样信号

1. 采样

在计算机控制系统中,采样是将连续信号转变成离散信号。采样过程如图 2-2 所示,按一定的时间间隔 T,把时间和幅值上连续的模拟量信号,转变成在时刻 0, T, $1T$, $2T$, $\cdots$, kT 上的一连串脉冲输出信号(离散模拟信号)的过程称为采样过程。连续信号 $f(t)$ 通过采样开关后变成一组脉冲序列 $f^*(t)$,"*"表示在时间上是离散的。

执行采样动作的开关称为采样开关或采样器。采样宽度 τ 代表采样一个信号所需要的时间(即采样开始到结束时间),相邻两次采样之间间隔 T 称为采样周期,通常比采样宽

度 τ 大得多。采样信号 $f^*(t)$ 在时间上是离散的模拟量，但在采样宽度内幅值连续，因此采样信号是一个离散的模拟信号。

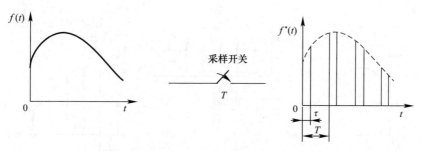

图 2-2　采样过程

当 $T \gg \tau$ 时，有限宽度的脉冲序列可以近似看成理想脉冲序列，如图 2-3 所示。

图 2-3　理想采样过程

理想采样间隔大小可以是随机的，也可以按规定规律变化。若计算机控制系统中各点采样周期都相同，则称为单速率采样系统；若一个系统中有几种采样周期，则称为多速率采样系统。本书讨论的采样信号都是指均匀采样。

2. 理想采样信号

图 2-3 所示的理想采样信号可以看成是连续信号 $f(t)$ 调制一组脉冲序列 $\delta_T(t)$ 的幅度调制脉冲信号，如图 2-4 所示，其中，$\delta_T(t)$ 为单位脉冲周期函数。

因此，理想采样信号的时域数学描述如式（2-1）所示：

$$\delta_T(t) = \sum_{n=-\infty}^{+\infty} \delta_T(t-nT) = \cdots + \delta(t+2T) + \delta(t+T) + \delta(t) \\ + \delta(t-T) + \delta(t-2T) \cdots \tag{2-1}$$

$f(t)$ 由 $t=0$ 时刻开始，则：

$$\begin{aligned} f^*(t) &= f(t)\delta_T(t) \\ &= f(t)\delta(t) + f(t)\delta(t-T) + f(t)\delta(t-2T) + \cdots \\ &= f(0)\delta(t) + f(T)\delta(t-T) + f(2T)\delta(t-2T) + \cdots \end{aligned} \tag{2-2}$$

式（2-2）不仅描述了采样信号的基本特征，更重要的是给出了被采样的连续信号 $f(t)$ 和采样信号 $f^*(t)$ 在时域中的关系。由式（2-2）不难理解，理想采样信号 $f^*(t)$ 可以看作是连续信号 $f(t)$ 对单位脉冲序列 $\delta_T(t)$ 调制的结果，理想采样过程可以看作是脉冲调制过程，连续信号 $f(t)$ 为调制信号，单位脉冲序列 $\delta_T(t)$ 为载波信号，理想采样开关就是单位脉冲发生器，每隔时间 T 瞬时接通一次，就相当于产生一个单位脉冲。

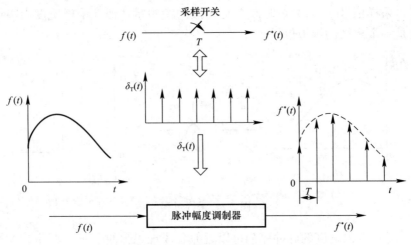

图 2-4 理想采样示意图

由图 2-4 和式（2-2）可以看出，连续信号 $f(t)$ 与其采样信号 $f^*(t)$ 在时域中的特征有很大差别，体现在：

（1）采样信号 $f^*(t)$ 损失了连续信号 $f(t)$ 采样时刻之间的变化信息；

（2）损失信息的多少与采样周期 T 和连续信号 $f(t)$ 的变化速度快慢有关。

对于同一信号 $f(t)$，采样周期 T 取得小，损失信息少；对于相同的采样周期 T，信号的变化速度慢，损失的信息少；反之，$f(t)$ 变化速度快，损失的信息多。因此，采样信号 $f^*(t)$ 和连续信号 $f(t)$ 的信息关系要满足采样定理（即香农采样定理）。

3. 采样定理

如果对一个具有有限频谱的连续信号 $f(t)$ 进行连续采样，当采样频率满足下式关系，即：

$$\omega_s \geqslant 2\omega_{max} \tag{2-3}$$

则采样信号 $f^*(t)$ 能无失真地复现原来的连续信号 $f(t)$。

式中 ω_{max}——连续信号 $f(t)$ 的最高频率；

ω_s——采样频率，等于 $\dfrac{2\pi}{T}$。

采样定理描述了离散信号唯一复现原信号所必需的最低采样频率。实际应用中，常取 $\omega_s \geqslant (5 \sim 10)\omega_{max}$，甚至更高值。

2.1.3 采样信号的保持

1. 保持器

计算机作为控制系统的信息处理装置，信息处理的结果输出一般有两种方式，一种是直接数字输出，就是直接以数字形式输出；另一种是需要把数字信号转换成模拟信号输出。将计算机输出的数字控制信号转换成模拟信号必须经过 D/A 转换，变成连续的模拟控制信号方可作用于控制对象，以实现控制或调节功能。D/A 转换是 A/D 转换的逆过程，其中包括两个转换过程，数字量到模拟量转换和离散序列信号到连续信号转换。D/A 转换是将数字信号的数字量幅值转换为模拟量幅值，其转换特性可以认为是线性的和即时的，离散信号到连续信号的转换，称为采样的逆过程，又称为信号恢复过程，由保持器来完成。

保持器的作用表现在两个方面：一是由于采样信号仅在采样开关闭合时刻有输出，而在其余时刻输出为零，所以在两次采样开关闭合的中间时刻，存在一个采样信号如何进行保持的问题，从数学上来讲，就是解决两个采样点之间的插值问题；二是保持器还要完成一部分滤波器的作用。

从保持器的特性来看，它是一种在时域内的外推装置，具有常值、线性、二次函数（抛物线）形外推规律的保持器。能够物理实现的保持器都必须按现在时刻或过去时刻的采样值实行外推，而不能按将来采样值来进行外推。

例如，在相邻两个采样时刻 kT 和 $(k+1)T$ 之间的信号 $f(t)$，必须用 $f(t)$ 在 $(k+1)T$ 以前的 kT，$(k-1)T$，$(k-2)T$，…，等采样时刻的数值来估计。数学上两点之间的函数可以用下述幂级数展开式表示：

$$f_k(t) = f(kT) + f'(kT)(t-kT) + \frac{f''(kT)}{2!}(t-kT)^2 + \cdots \tag{2-4}$$

$$f_k(t) = f(t) \quad kT \leqslant t < (k+1)T \tag{2-5}$$

$$f'(kT) = \frac{\mathrm{d}f(t)}{\mathrm{d}t}\Big|_{t=kT} \tag{2-6}$$

$$f''(kT) = \frac{\mathrm{d}^2 f(t)}{\mathrm{d}t^2}\Big|_{t=kT} \tag{2-7}$$

式（2-6）、式（2-7）的计算可用 $f(kT)$，$f[(k-1)T]$，…来估计。一阶导数、二阶导数的一种简单估计式为：

$$f'(kT) = \frac{f(kT) - f[(k-1)T]}{T} \tag{2-8}$$

$$f''(kT) = \frac{f'(kT) - f'[(k-1)T]}{T} = \frac{f(kT) - 2f[(k-1)T] + f[(k-2)T]}{T^2} \tag{2-9}$$

依此类推。

从这些导数近似表达式中可见，导数阶次越高，所需的延迟脉冲的数目越多。延迟数目越多，估计精度就越高，但时间延迟对反馈系统的稳定性有严重影响。为此，目前常利用式（2-4）的第一项来重构信号，由于它是多项式中零阶项，所以通常称为零阶外推插值。又因为在区间 $kT \leqslant t < (k+1)T$ 内保持不变，故又称为零阶保持器（Zero Order Holder），常用 ZOH 来表示。若利用式（2-4）前两项来估计 $f(t)$，这种装置通常称为一阶外推插值（或一阶保持），它在数字仿真时常会用到。

2. 零阶保持器

零阶保持器时域方程为：

$$f_k(t) = f(kT) \quad kT \leqslant t < (k+1)T \tag{2-10}$$

由式（2-10）可以看出，零阶保持器是按常数外推的，而且只依赖现时刻 kT 的序列值 $f(kT)$ 外推，当下一时刻 $(k+1)T$ 到来时，就换成下一时刻的序列值 $f[(k+1)T]$ 继续外推。离散信号序列的每个值 $f(kT)$，$k=0,1,2,\cdots$ 经零阶保持器外推后都将持续保持一个采样周期 T。对应的零阶保持器输出是一个方波，其幅值等于对应的序列值 $f(kT)$，宽度为一个采样周期 T。离散信号通过零阶保持器外推后就恢复成阶梯形连续信号 $f_h(t)$，如图 2-5 所示。

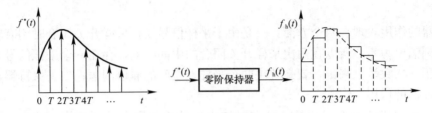

图 2-5　零阶保持器的输入输出信号

若零阶保持器的输入为单位脉冲函数 $\delta(t)$，其输出必在一个采样周期 T 内保持为常数 1 的方波信号，其脉冲过渡函数 $g_{h0}(t)$ 如图 2-6 所示。

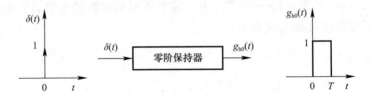

图 2-6　零阶保持器脉冲过渡函数

其脉冲过渡函数为：

$$g_{h0}(t) = 1(t) - 1(t-T) \tag{2-11}$$

式中，$1(t)$ 为单位阶跃函数。

对式（2-11）求拉普拉斯氏变换，即零阶保持器的传递函数为：

$$G_{h0}(s) = L[g_{h0}(t)] = \frac{1 - e^{-Ts}}{s} \tag{2-12}$$

2.2　Z 变换

研究一个实际的物理系统，首先要解决它的数学模型和分析工具问题。计算机控制系统是一种采样控制系统，即离散系统。这种系统是在连续控制系统之后发展起来的。因此，离散控制系统的研究方法有很多与连续系统相对应。表 2-1 列出了线性连续控制系统与线性离散控制系统的研究方法对照表。

两种控制系统研究方法对照表　　　　表 2-1

线性连续控制系统	线性离散控制系统
拉普拉斯变换	Z 变换
微分方程	差分方程
传递函数	脉冲传递函数
状态方程	离散状态方程

Z 变换是分析离散系统的重要数学工具，它包含许多类似于拉普拉斯变换性质的数学变换。与拉普拉斯变换的主要区别是，它并不对连续函数 $f(t)$ 进行计算，而是对离散函数 $f^*(t)$ 进行计算。

2.2.1　Z变换定义

连续信号 $f(t)$ 通过理想采样开关采样后，采样信号 $f^*(t)$ 的表达式为：

$$f^*(t) = f(0)\delta(t) + f'(T)\delta(t-T) + f(2T)\delta(t-2T) + \cdots$$

$$f^*(t) = \sum_{k=0}^{\infty} f(kT)\delta(t-kT) \tag{2-13}$$

因为 $\delta(t-kT)$ 的拉氏变换为 $L[\delta(t-kT)] = e^{-kTs}$，式（2-13）拉普拉斯变换为：

$$F^*(s) = L[f^*(t)] = \sum_{k=0}^{\infty} f(kT)e^{-kTs} \tag{2-14}$$

从式（2-14）式明显看出，$F^*(s)$ 是 s 的超越函数，因此，用拉普拉斯变换这一数学工具，无法使问题简化，为此，引入另一复变量 "z"，令：

$$z = e^{Ts} \tag{2-15}$$

即 $s = \dfrac{1}{T}\ln z$，式中，z 为复数变量，T 为采样周期。

代入式（2-14），得：

$$F(z) = \sum_{k=0}^{\infty} f(kT)z^{-k} = f(0) + f(T)z^{-1} + f(2T)z^{-2} + \cdots \tag{2-16}$$

式（2-16）定义为采样信号 $f^*(t)$ 或 $f(kT)$ 离散序列的 Z 变换，通常以 $F(z) = Z[f^*(t)]$ 表示，并称其为 $f^*(t)$ 的 Z 变换。由于 Z 变换只是对采样序列进行的变换，不同的连续函数，只要他们的采样序列相同，则其 Z 变换相同。

式（2-16）是 $f^*(t)$ 的单边 Z 变换。若式（2-16）中流动变量 k 从 $-\infty \to +\infty$，则称为双边 Z 变换。由于控制系统中研究的信号都是从研究时刻 $t=0$ 开始算起，所以使用的都是单边 Z 变换，这里简称 Z 变换。

$F(z)$ 是 z 的无穷幂级数之和，式中一般项的物理意义是，$f(kT)$ 表示时间序列的强度，z^{-k} 表示时间序列出现的时刻，相对时间的起点，延迟了 k 个采样周期。

因此，$F(z)$ 既包含了信号幅值的信息，又包含了时间信息。式（2-13）、式（2-14）和式（2-16）分别是采样信号在时域、S 域和 Z 域的表达式。可见，时域中的 $\delta(t-kT)$、S 域中的 e^{-kTs} 及 Z 域中的 z^{-k} 均表示信号延迟了 k 拍（k 个采样周期）。因此，Z 变换中 z^{-1} 代表信号滞后一个采样周期，或滞后一拍。表示 $f^*(t)$ 的 Z 变换式符号有多种，如 $F(z)$、$Z[f^*(t)]$、$f^*(s)|_{s=\frac{1}{T}\ln z}$、$Z[f(t)]$、$Z[F(s)]$、$Z[F^*(s)]$ 等，它们都表示同一个概念，都是指对脉冲序列函数的 Z 变换。

在实际应用中，所遇到的采样信号的 Z 变换幂级数在收敛域内都对应有一个闭合形式，其表达式是一个 "z" 的有理式：

$$F(z) = \frac{K(z^m + d_{m-1}z^{m-1} + \cdots + d_1 z + d_0)}{z^n + c_{n-1}z^{n-1} + \cdots + c_1 z + c_0} \tag{2-17}$$

若用 z^n 同除分子和分母，可得 "z^{-1}" 的有理分式，即：

$$F(z) = \frac{K(z^{-n+m} + \cdots + d_1 z^{-n+1} + d_0 z^{-n})}{1 + c_{n-1}z^{-1} + \cdots + c_1 z^{-n+1} + c_0 z^{-n}} \tag{2-18}$$

在讨论系统动态特性时，Z 变换式写成因子形式更为有用，式（2-18）可以改写成：

$$F(z)=\frac{KN(z)}{D(z)}=\frac{K(z-z_1)\cdots(z-z_m)}{(z-p_1)\cdots(z-p_n)} \tag{2-19}$$

式中，z_1，…，z_m；p_1，…，p_n 分别称为 $F(z)$ 的零点和极点。

2.2.2 Z变换方法

1. 级数求和法

利用 Z 变换定义式（2-16），直接计算级数和，写出闭合形式。

【例 2.1】 求单位脉冲函数的 Z 变换。

表达式 $f(t)=\delta(t)=\begin{cases}1 & t=0 \\ 0 & t\neq 0\end{cases}$

解：因为 $\delta(kT)=\begin{cases}1 & k=0 \\ 0 & k\neq 0\end{cases}$

根据 Z 变换定义：

$$F(z)=Z[\delta(t)]=\sum_{k=0}^{\infty}\delta(kT)z^{-k}=1$$

【例 2.2】 求单位阶跃函数的 Z 变换。

表达式为：$f(t)=\begin{cases}1(t)=1 & t\geq 0 \\ 0 & t<0\end{cases}$

解：因为 $f(0)=1$，由 Z 变换的定义可知

$$F(z)=Z[1(t)]=\sum_{k=0}^{\infty}1\cdot z^{-k}=\sum_{k=0}^{\infty}z^{-k}$$
$$=1+z^{-1}+z^{-2}+z^{-3}+\cdots$$

该级数为等比级数，依级数求和公式，当 $|z|>1$，该级数收敛，并可写成如下闭合形式：

$$F(z)=Z[1(t)]=\sum_{k=0}^{\infty}1\cdot z^{-k}=\sum_{k=0}^{\infty}z^{-k}=\frac{1}{1-z^{-1}}=\frac{z}{z-1}$$

在实际求 Z 变换时，变量 z 是个假设算子，不必确定使 $F(z)$ 收敛时 z 的范围，只要知道有这个范围存在就足够了。用这种方法求时间函数 $f(t)$ 的 Z 变换 $F(z)$，除了 $F(z)$ 的极点外，在整个 Z 平面都是成立的。

【例 2.3】 求单位斜坡函数的 Z 变换。

表达式为 $f(t)=\begin{cases}t & t\geq 0 \\ 0 & t<0\end{cases}$

解：$\qquad f(kT)=kT \quad k=0,1,2,\cdots$

由 Z 变换的定义可知：

$$F(z)=Z[t]=\sum_{k=0}^{\infty}f(kT)z^{-k}=\sum_{k=0}^{\infty}kTz^{-k}=T(z^{-1}+2z^{-2}+3z^{-3}+\cdots)$$
$$=T\frac{z^{-1}}{(1-z^{-1})^2}=\frac{Tz}{(z-1)^2}$$

实际应用时可能遇到各种复杂函数，不可能采用上述方法进行推导计算。前人已通过各种方法针对常用函数进行了计算，求出了相应的 $F(z)$，并列出了表格。工程人员应用时，根据已知函数直接查表即可，见本书附录：常见 Z 变换表。

2. 拉氏变换式的 Z 变换

当被求函数变量为 s 时，即求拉氏变换式 $F(s)$ 的 Z 变换，其含义是将拉氏变换式所代表的连续函数进行采样，然后求其 Z 变换。为此，首先应通过拉氏反变换求得连续函数 $f(t)$，然后对它的采样序列做 Z 变换。通常，在给定 $F(s)$ 后，应利用 S 域中的部分分式展开法，将 $F(s)$ 分解为简单因式，进而得到简单的时间函数之和，然后对各时间函数进行 Z 变换。例如：

$$F(s) = \frac{1}{s(s+1)} = \frac{1}{s} - \frac{1}{s+1}$$

$$f(t) = L^{-1}[F(s)] = 1(t) - e^{-t} \qquad t \geqslant 0$$

因此，$F(z) = Z[1(t) - e^{-t}] = \frac{1}{1-z^{-1}} - \frac{1}{1-e^{-T}z^{-1}} = \frac{(1-e^{-T})z^{-1}}{(1-z^{-1})(1-e^{-T}z^{-1})} = \frac{(1-e^{-T})z}{(z-1)(z-e^{-T})}$

注：对于复杂的 $F(s)$ 进行部分分式展开是较麻烦的，但 $F(s)$ 部分分式展开也可以利用 MATLAB 软件中的符号语言工具箱进行计算。

【例 2.4】 已知 $F(s) = \dfrac{s+2}{s(s+1)^2(s+3)}$，通过部分分式展开法求 $F(z)$。

在使用 MATLAB 进行部分分式分解时，可写出如下程序：

```
F=sym('(s+2)/(s*(s+1)^2*(s+3))');    % 传递函数 F(s)进行符号定义
[numF,denF]=numden(F);                % 提取分子和分母
pnumF=sym2poly(numF);                 % 将分子转化为一般多项式
pdenF=sym2poly(denF);                 % 将分母转化为一般多项式
[R,P,K]=residue(pnumF,pdenF);         % 部分分式展开
```

运行结果

```
R=
    0.0833
   -0.7500
   -0.5000
    0.6667

P=
   -3.0000
   -1.0000
   -1.0000
        0
```

上述程序运行求得部分分式分解结果为：

$$F(s) = 0.0833 \frac{1}{s+3} - 0.7500 \frac{1}{s+1} - 0.5000 \frac{1}{(s+1)^2} + 0.6667 \frac{1}{s}$$

根据上述分解结果，通过查表变换，最终完成 Z 变换：

$$F(z)=0.0833\frac{z}{z-\mathrm{e}^{-3T}}-0.7500\frac{z}{z-\mathrm{e}^{-T}}-0.5000\frac{Tz\mathrm{e}^{-T}}{(z-\mathrm{e}^{-T})^2}+0.6667\frac{z}{z-1}$$

2.2.3 Z变换的性质和定理

和拉普拉斯变换一样，Z变换由其定义出发也可以导出一系列关于Z变换的性质和定理，这些性质和定理对扩大Z变换应用具有重要价值。假定$f(t)$的Z变换$F(z)$存在，且对于$t<0$时$f(t)=0$，Z变换性质如下所述。

1. 乘以常数（齐次性定理）

如果$f(t)$的Z变换为$F(z)$，则：

$$Z[af(t)]=aZ[f(t)]=aF(z) \tag{2-20}$$

式中，a是一个常数。

证明：由Z变换定义：

$$Z[af(t)]=\sum_{k=0}^{\infty}af(kT)z^{-k}=a\sum_{k=0}^{\infty}f(kT)z^{-k}=aF(z)$$

2. 线性定理

由Z变换的定义可知，Z变换是线性变换，即$F_1(z)=Z[f_1(t)]$，$F_2(z)=Z[f_2(t)]$。如果$f(t)=af_1(t)+bf_2(t)$，其中a、b为任意常数，则它的Z变换为：

$$F(z)=aF_1(z)+bF_2(z) \tag{2-21}$$

证明：根据Z变换定义：

$$F(z)=\sum_{k=0}^{\infty}[af_1(kT)+bf_2(kT)]z^{-k}=a\sum_{k=0}^{\infty}f_1(kT)z^{-k}+b\sum_{k=0}^{\infty}f_2(kT)z^{-k}$$
$$=aZ[f_1(t)]+bZ[f_2(t)]=aF_1(z)+bF_2(z)$$

3. 实位移定理（时移定理）

若$t<0$时，$f(t)=0$，且$F(z)=Z[f(t)]$，则：

右位移（延迟）定理：$\quad Z[f(t-nT)]=z^{-n}F(z) \tag{2-22}$

左位移（超前）定理：$\quad Z[f(t+nT)]=z^n\left[F(z)-\sum_{k=0}^{n-1}f(kT)z^{-k}\right] \tag{2-23}$

式中，n为零或正整数。

证明：首先证明式（2-22）：

$$Z[f(t-nT)]=\sum_{k=0}^{\infty}f(kT-nT)z^{-k}=z^{-n}\sum_{k=0}^{\infty}f(kT-nT)z^{-(k-n)} \tag{2-24}$$

令$m=k-n$，代入式（2-24），则有：

$$Z[f(t-nT)]=z^{-n}\sum_{m=-n}^{\infty}f(mT)z^{-m}$$

因为$m<0$时，$f(mT)=0$，因此可以将求和的下限由$m=-n$改为$m=0$。则：

$$Z[f(t-nT)]=z^{-n}\sum_{m=0}^{\infty}f(mT)z^{-m}=z^{-n}F(z)$$

因此，Z变换式$F(z)$乘以z^{-n}，相当于时间函数$f(t)$延迟nT。

右位移nT的函数$f(t-nT)$的含义如图2-7所示，表示$f(k-n)$相对时间起点延迟n个采样周期。该定理还表明$F(z)$经过z^{-n}的纯滞后环节，相当于其时间特性向后移动n步。

现证明式（2-23）。

$$Z[f(t+nT)] = \sum_{k=0}^{\infty} f(kT+nT)z^{-k} = z^n \sum_{k=0}^{\infty} f(kT+nT)z^{-(k+n)}$$
$$= z^n \left[\sum_{k=0}^{\infty} f(kT+nT)z^{-(k+n)} + \sum_{k=0}^{n-1} f(kT)z^{-k} - \sum_{k=0}^{n-1} f(kT)z^{-k} \right]$$
$$= z^n \left[\sum_{k=0}^{\infty} f(kT)z^{-k} - \sum_{k=0}^{n-1} f(kT)z^{-k} \right]$$
$$= z^n \left[F(z) - \sum_{k=0}^{n-1} f(kT)z^{-k} \right]$$

该性质表明，超前 n 拍（一个采样周期 T 称为一拍）的信号 $f(t+nT)$ 的 Z 变换不是简单地将 $f(t)$ 的 Z 变换 $F(z)$ 乘以 n 拍超前因子 z^n，还必须减去 $z^n \sum_{k=0}^{n-1} f(kT)z^{-k}$，这是因为 $f^*(t+nT)$ 的第一个采样值为 $f(nT)$，即 $t=0$ 时的采样值，而 $f^*(t)$ 的采样值为 $f(0)$。只有当 $f^*(t)$ 的前 n 拍采样值 $f(0)$，

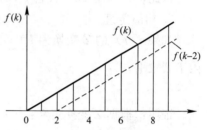

图 2-7 右位移定理的时域图形描述

$f(T), \cdots, f(nT-T)$ 均为零时，才和延迟 n 拍信号 $f(t-nT)$ 的 Z 变换有相似的表达式，即：

$$F(z) = Z[f^*(t+nT)] = z^n F(z)$$

左位移 nT 的函数 $f(t+nT)$ 的含义如图 2-8 所示，它表示 $f(k+n)$ 相对时间起点超前 n 个采样周期出现。该定理还表明 $F(z)$ 经过 z^n 的超前环节，相当于其时间特性向前移动 n 步。

【例 2.5】求图 2-9 所示函数的 Z 变换。

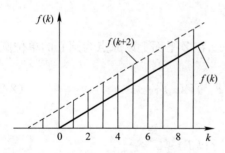

图 2-8 左位移定理的时域图形描述

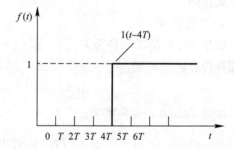

图 2-9 延迟 4 个采样周期的单位阶跃函数

解：图 2-9 所示函数为：

$$f(t) = 1(t-4T)$$

由式（2-22）可知：

$$F(z) = z^{-4} Z[1(t)] = z^{-4} \frac{1}{1-z^{-1}} = \frac{z^{-4}}{1-z^{-1}}$$

【例 2.6】求 $f(t+2T)$ 的 Z 变换 $F(z)$。

解：$Z[f(t+2T)] = z^2\left[F(z) - \sum_{k=0}^{2-1} f(kT)z^{-k}\right] = z^2[F(z) - f(0) - f(T)z^{-1}]$
$= z^2 F(z) - z^2 f(0) - zf(T)$

4. 复位移定理

如果 $f(t)$ 的 Z 变换为 $F(z)$，则 $e^{-at}f(t)$ 的 Z 变换为：

$$Z[e^{-at}f(t)] = F(ze^{aT}) \tag{2-25}$$

证明：$Z[e^{-at}f(t)] = \sum_{k=0}^{\infty} f(kT)e^{-akT}z^{-k} = \sum_{k=0}^{\infty} f(kT)(ze^{aT})^{-k} = F(ze^{aT})$

因此，只要用 ze^{aT} 代替 $F(z)$ 中的 z 就可以得出 $e^{-at}f(t)$ 的 Z 变换。

5. 初值定理

如果 $f(t)$ 的 Z 变换为 $F(z)$，且 $\lim_{z\to\infty} F(z)$ 存在，则 $f(t)$ 或 $f(k)$ 的初值 $f(0)$ 可由下式求出：

$$f(0) = \lim_{z\to\infty} F(z) \tag{2-26}$$

证明：根据 Z 变换定义：

$$F(z) = \sum_{k=0}^{\infty} f(kT)z^{-k} = f(0) + f(T)z^{-1} + f(2T)z^{-2} + \cdots$$

当 $z\to\infty$ 时，除第一项外，其余各项都变为零，所以式（2-26）成立。

【例 2.7】如果 $f(t)$ 的 Z 变换为 $F(z) = \dfrac{(1-e^{-T})z^{-1}}{(1-z^{-1})(1-e^{-T}z^{-1})}$，求 $f(t)$ 的初值 $f(0)$。

解：利用初值定理：

$$f(0) = \lim_{z\to\infty} F(z) = \lim_{z\to\infty} \frac{(1-e^{-T})z^{-1}}{(1-z^{-1})(1-e^{-T}z^{-1})} = 0$$

注意到 $F(z)$ 是相应于 $f(t) = 1 - e^{-t}$ 的 Z 变换，因而 $f(0) = 0$，这和初值定理得到的结果相同。

6. 终值定理

如果 $f(t)$ 的 Z 变换为 $F(z)$，而 $(1-z^{-1})F(z)$ 在 Z 平面上以原点为圆心的单位圆上和圆外没有极点，则：

$$\lim_{k\to\infty} f(kT) = \lim_{z\to 1}[(1-z^{-1})F(z)] \tag{2-27}$$

证明：根据 Z 变换定义：

$$Z[f(t)] = F(z) = \sum_{k=0}^{\infty} f(kT)z^{-k}$$

$$Z[f(t-T)] = z^{-1}F(z) = \sum_{k=0}^{\infty} f(kT-T)z^{-k}$$

因此：$F(z) - z^{-1}F(z) = \sum_{k=0}^{\infty} f(kT)z^{-k} - \sum_{k=0}^{\infty} f(kT-T)z^{-k}$

当 $z\to 1$ 时，上式两边取极限，则有：

$$\lim_{z\to 1}[F(z) - z^{-1}F(z)] = \lim_{z\to 1}\left[\sum_{k=0}^{\infty} f(kT)z^{-k} - \sum_{k=0}^{\infty} f(kT-T)z^{-k}\right]$$

因为 $k<0$ 时 $f(kT) = 0$，所以，上式为：

$$\lim_{z\to 1}(1-z^{-1})F(z) = \lim_{z\to 1}\left[\sum_{k=0}^{\infty}f(kT)z^{-k} - \sum_{k=0}^{\infty}f(kT-T)z^{-k}\right]$$

$$= \sum_{k=0}^{\infty}f(kT) - \sum_{k=0}^{\infty}f(kT-T)$$

$$= [f(0)-f(-T)] + [f(T)-f(0)] + [f(2T)-f(T)] + \cdots$$

$$+ [f(kT)-f(kT-T)] = \lim_{k\to\infty}f(kT) = f(\infty)$$

必须注意，终值定理成立的条件是，$F(z)$ 全部极点均在 Z 平面的单位圆内或最多有一个极点在 $z=1$ 处，实际上即是要求 $(1-z^{-1})F(z)$ 在单位圆上和圆外没有极点，即脉冲函数序列应当是收敛的，否则求出的终值是错误的。如函数 $F(z)=\dfrac{z}{z-2}$，其对应的脉冲序列函数为 $f(k)=2^k$，当 $k\to\infty$ 时是发散的，直接应用终值定理得：

$$f(k)\bigg|_{k\to\infty} = \lim_{z\to 1}(1-z^{-1})\frac{z}{z-2} = 0$$

与实际情况相矛盾。这是因为函数 $F(z)$ 不满足终值定理条件所致。

应用终值定理可以很方便地从 $f(t)$ 的 Z 变换中确定 $f(kT)$ 当 $k\to\infty$ 时的特性，这在研究系统的稳定特性时非常方便。

【例 2.8】已知 $F(z)=\dfrac{1}{1-z^{-1}} - \dfrac{1}{1-\mathrm{e}^{-aT}z^{-1}}$，其中 $a>0$，用终值定理求 $f(\infty)$ 的值。

解：$f(\infty) = \lim_{z\to 1}(1-z^{-1})\left(\dfrac{1}{1-z^{-1}} - \dfrac{1}{1-\mathrm{e}^{-aT}z^{-1}}\right) = \lim_{z\to 1}\left(1 - \dfrac{1-z^{-1}}{1-\mathrm{e}^{-aT}z^{-1}}\right) = 1$

$F(z)$ 是 $f(t)=1-\mathrm{e}^{-at}$ 的 Z 变换。将 $t=\infty$ 代入 $f(t)$ 中，则有：

$$f(\infty) = \lim_{t\to\infty}(1-\mathrm{e}^{-at}) = 1$$

计算结果与用终值定理求出的 $f(\infty)$ 是一样的。

2.2.4 Z 反变换方法

Z 反变换与 Z 变换过程相反，就是将 Z 域函数 $F(z)$ 变换为时间序列 $f(k)$ 或采样信号 $f^*(t)$。如前所述，Z 变换仅仅是描述采样时刻的特性，所以 Z 反变换直接求得的只是时间序列（采样点）信号 $f(k)$。当事先已知 $F(z)$ 对应的采样周期 T 时，就可以按照已知采样周期 T 确定所求得的时间序列 $f(kT)$，即 $f^*(t)$。

$F(z)$ 的 Z 反变换记为：

$$Z^{-1}[F(z)] = f(k) \qquad (2-28)$$

式中，Z^{-1} 表示 Z 反变换符号。

值得注意的是，如果函数 $f(t)$ 的 Z 变换为 $F(z)$，则 $F(z)$ 的反变换就不一定必须等于 $f(t)$。

如图 2-10 所示，单位阶跃函数 $f_1(t)$ 与另一函数 $f_2(t)$ 的 Z 变换有相同的表达式 $F(z)=1/(1-z^{-1})$，显然 $f_1(t)\neq f_2(t)$。由此可见，Z 变换式 $F(z)$ 只与它的 Z 反变换 $f(kT)$（采样点）之间有一一对应的关系，而与时间连续函数

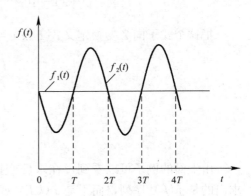

图 2-10 两个不同的时间函数 $f_1(t)$ 和 $f_2(t)$

$f(t)$ 之间无一一对应关系。

求 Z 反变换的方法很多，常用的基本方法有下列三种：幂级数展开法（长除法）、部分分式展开法和反演积分法（留数法）。在使用这些方法时，通常设定当 $k<0$ 时，$f(k)$ 或 $f(kT)$ 等于零。

1. 幂级数展开法（长除法）

由 Z 变换的定义式（2-16）可知：

$$F(z)=\sum_{k=0}^{\infty}f(kT)z^{-k}=f(0)+f(T)z^{-1}+f(2T)z^{-2}+\cdots+f(kT)z^{-k}+\cdots$$

观察上式，只要用某种方法将要作 Z 反变换的 $F(z)$ 展开成 z^{-1} 幂级数形式，即可获得 $F(z)$ 对应的时间序列 $f(kT)$。

若 $F(z)$ 是以 z^{-1} 或 z 的有理分式形式时，即：

$$F(z)=\frac{N(z)}{D(z)}=\frac{b_0+b_1z^{-1}+\cdots+b_nz^{-n}}{1+a_1z^{-1}+\cdots+a_nz^{-n}} \tag{2-29}$$

可以直接将分子除以分母把 $F(z)$ 展开成 z^{-1} 的幂级数。

【例 2.9】已知 $F(z)=\dfrac{10z+5}{(z-1)(z-0.2)}$ 求 $f(k)$，$k=0$，1，2，…

解：首先将 $F(z)$ 写成 z^{-1} 多项式之比：

$$F(z)=\frac{10z^{-1}+5z^{-2}}{1-1.2z^{-1}+0.2z^{-2}}$$

分母去除分子得：

$$\begin{array}{r}
10z^{-1}+17z^{-2}+18.4z^{-3}+\cdots \\
1-1.2z^{-1}+0.2z^{-2} \overline{)10z^{-1}+5z^{-2}} \\
\underline{10z^{-1}-12z^{-2}+2z^{-3}} \\
17z^{-2}-2z^{-3} \\
\underline{17z^{-2}-20.4z^{-3}+3.4z^{-4}} \\
18.4z^{-3}-3.4z^{-4} \\
\underline{18.4z^{-3}-22.08z^{-4}+3.68z^{-5}} \\
18.68z^{-4}-3.68z^{-5}
\end{array}$$

$$F(z)=10z^{-1}+17z^{-2}+18.4z^{-3}+\cdots$$

把这个式子同 Z 变换定义式 $F(z)=\sum\limits_{k=0}^{\infty}f(kT)z^{-k}$ 比较，可以得到：

$$f(0)=0$$
$$f(1)=10$$
$$f(2)=17$$
$$f(3)=18.4$$
$$\vdots$$

由上面的例子可以看到，在求反变换时，并不知道采样周期 T 的数值，因而反变换求出的是 $f(k)$ 序列，而不是 $f(kT)$ 或 $f^*(t)$ 序列。若给定 $F(z)$ 对应的采样周期 T，则 $F(z)$ 对应的采样信号为：

第 2 章 计算机控制理论基础

$$f^*(t) = 10\delta(t-T) + 17\delta(t-2T) + 18.4\delta(t-3T) + \cdots$$

一般来说，长除法所得为无穷多项式，实际应用时，取其有限项就可以了。这种方法应用简单，主要缺点是难以得到采样函数的闭合表达式。

2. 部分分式法

若 $F(z)$ 较复杂，可能无法直接从表格中求得它的原函数 $f^*(t)$。此时应首先进行部分分式展开，以使展开式的各项能从表中查到。Z 变换式 $F(z)$ 通常是 z 的有理分式，对此，可以将 $F(z)/z$ 展开成部分分式，然后各项乘以 z，再查表，这样做是因为表中绝大部分 Z 变换式的分子中均含有 z 因子。

【例 2.10】 求 $F(z) = \dfrac{0.5z}{(z-1)(z-0.5)}$ 的反变换。

解：将 $F(z)$ 除以 z，并展开为部分分式，得：

$$\frac{F(z)}{z} = \frac{1}{z-1} - \frac{1}{z-0.5}$$

上式两边乘以 z，得：

$$F(z) = \frac{z}{z-1} - \frac{z}{z-0.5} = \frac{1}{1-z^{-1}} - \frac{1}{1-0.5z^{-1}}$$

由 Z 变换表可以直接查出：

$$Z^{-1}\left(\frac{1}{1-z^{-1}}\right) = 1(k) = 1, \quad k = 0, 1, 2, \cdots$$

$$Z^{-1}\left(\frac{1}{1-0.5z^{-1}}\right) = (0.5)^k \quad k = 0, 1, \cdots$$

式中，$1(k)$ 为单位阶跃序列。

所以 $f(k) = 1(k) - (0.5)^k \quad k = 0, 1, 2, \cdots$

本例中，如果将 $F(z)$ 直接展成部分分式，则有：

$$F(z) = \frac{0.5z}{(z-1)(z-0.5)} = \frac{1}{z-1} - \frac{0.5}{z-0.5} = \frac{z^{-1}}{1-z^{-1}} - \frac{0.5z^{-1}}{1-0.5z^{-1}}$$

注意，在 Z 变换表中查不出 $\dfrac{z^{-1}}{1-z^{-1}}$ 的反变换。然而，利用位移定理可以发现：

$$Z^{-1}\left[\frac{z^{-1}}{1-z^{-1}}\right] = Z^{-1}\left[z^{-1}\left(\frac{1}{1-z^{-1}}\right)\right] = \begin{cases} 0 & k=0 \\ 1(k) & k \geqslant 1 \end{cases}$$

$$Z^{-1}\left[\frac{z^{-1}0.5}{1-0.5z^{-1}}\right] = Z^{-1}\left[z^{-1}\left(\frac{0.5}{1-0.5z^{-1}}\right)\right] = \begin{cases} 0 & k=0 \\ 0.5(0.5)^{k-1} & k \geqslant 1 \end{cases}$$

因此：

$$f(k) = \begin{cases} 0 & k=0 \\ 1(k) - 0.5(0.5)^{k-1} & k = 1, 2, \cdots \end{cases}$$

又可以写成： $f(k) = 1(k) - (0.5)^k \qquad k = 0, 1, 2, \cdots$

这和前面得到的结果是一样的。

【例 2.11】 求下式的 Z 反变换。

$$F(z) = \frac{-3z^2 + z}{z^2 - 2z + 1} = \frac{z - 3z^2}{(z-1)^2}$$

解：该式的部分分式展开，可以利用 MATLAB 的符号语言工具箱进行计算，程序如下：

```
Fz=sym('(-3*z^2+z)/(z^2-2*z+1)');      % 进行符号定义
F=Fz/'z';
[numF,denF]=numden(F);                  % 提取分子分母
pnumF=sym2poly(numF);                   % 将分子转化为一般多项式
pdenF=sym2poly(denF);                   % 将分母转化为一般多项式
[R,P,K]=residue(pnumF,pdenF);           % 部分分式展开
```

运行程序可得 $\dfrac{F(z)}{z}$ 的部分分式展开式为：

$$\frac{F(z)}{z}=-\frac{2}{(z-1)^2}-\frac{3}{z-1}$$

进一步可得：

$$F(z)=-\frac{2z}{(z-1)^2}-\frac{3z}{z-1}$$

由此，通过查表可得：

$$f(k)=-2k-3u(k)$$

其中：

$$u(k)=\begin{cases}1 & k\geqslant 0\\ 0 & k<0\end{cases}$$

采样信号为：

$$f^*(t)=\sum_{k=0}^{\infty}[-2k-3u(k)]\delta(t-kT)$$

3. 反演积分法（留数法）

反演积分法也称留数法，是求 Z 反变换的最基本方法，它可以求得 $F(z)$ 对应的时间序列 $f(k)$ 的表达式。$f(k)$ 等于 $F(z)z^{k-1}$ 的全部极点留数之和。

$$f(k)=\sum_{i=1}^{n}\text{Res}[F(z)z^{k-1}]_{z=p_i} \quad k\geqslant 0 \tag{2-30}$$

式中　　n——$F(z)z^{k-1}$ 的极点数；

Res——留数符号。

在计算留数时，如果 $F(z)z^{k-1}$ 含有简单极点 p_i 时，相应的留数为：

$$K=\lim_{z\to p_i}[(z-p_i)F(z)z^{k-1}] \tag{2-31}$$

如果 $F(z)z^{k-1}$ 含有 q 重极点 p_j，则该极点的留数为：

$$K=\frac{1}{(q-1)!}\lim_{z\to p_j}\frac{d^{q-1}}{dz^{q-1}}[(z-p_j)^q F(z)z^{k-1}] \tag{2-32}$$

本书中，讨论的是单边 Z 变换，即 $k<0$ 时 $f(k)=0$。

【例 2.12】用留数法求 $F(z)=\dfrac{(1-\mathrm{e}^{-aT})z}{(z-1)(z-\mathrm{e}^{-aT})}$ 的反变换 $f(kT)$。

解：

$$F(z)z^{k-1}=\frac{(1-\mathrm{e}^{-aT})z^k}{(z-1)(z-\mathrm{e}^{-aT})}$$

当 $k=0, 1, 2, \cdots$ 时，$F(z)z^{k-1}$ 有两个简单极点 $p_1=1$ 和 $p_2=\mathrm{e}^{-aT}$。由式（2-31）可得：

$$f(kT) = \sum_{i=1}^{2} \operatorname*{Res}_{z=p_i} \left[\frac{(1-\mathrm{e}^{-aT})z^k}{(z-1)(z-\mathrm{e}^{-aT})}\right] = K_1 + K_2$$

其中：
$$K_1 = \lim_{z \to 1}\left[\frac{(z-1)(1-\mathrm{e}^{-aT})z^k}{(z-1)(z-\mathrm{e}^{-aT})}\right] = 1$$

$$K_2 = \lim_{z \to \mathrm{e}^{-aT}}\left[(z-\mathrm{e}^{-aT})\frac{(1-\mathrm{e}^{-aT})z^k}{(z-1)(z-\mathrm{e}^{-aT})}\right] = -\mathrm{e}^{-akT}$$

因此：
$$f(kT) = K_1 + K_2 = 1 - \mathrm{e}^{-akT} \quad k=0, 1, 2, \cdots$$

【例 2.13】 求 $F(z) = \dfrac{z^2}{(z-1)^2(z-\mathrm{e}^{-aT})}$ 的反变换 $f(kT)$。

解：
$$F(z)z^{k-1} = \frac{z^{k+1}}{(z-1)^2(z-\mathrm{e}^{-aT})}$$

$k=0, 1, 2, \cdots$ 时，$F(z)z^{k-1}$ 含有二重极点 $p_1=p_2=1$ 以及一个简单极点 $p_3=\mathrm{e}^{-aT}$。因而

$$f(kT) = \sum_{i=1}^{2} \operatorname*{Res}_{z \to p_i}\left[\frac{z^{k+1}}{(z-1)^2(z-\mathrm{e}^{-aT})}\right] = K_1 + K_2$$

$$K_1 = \frac{1}{(2-1)!}\lim_{z \to 1}\frac{\mathrm{d}}{\mathrm{d}z}\left[(z-1)^2 \frac{z^{k+1}}{(z-1)^2(z-\mathrm{e}^{-aT})}\right]$$

$$= \lim_{z \to 1}\frac{\mathrm{d}}{\mathrm{d}z}\left[\frac{z^{k+1}}{(z-\mathrm{e}^{-aT})}\right] = \lim_{z \to 1}\frac{(k+1)z^k(z-\mathrm{e}^{-aT})-z^{k+1}}{(z-\mathrm{e}^{-aT})^2} = \frac{k}{1-\mathrm{e}^{-aT}} - \frac{\mathrm{e}^{-aT}}{(1-\mathrm{e}^{-aT})^2}$$

$$K_2 = \lim_{z \to \mathrm{e}^{-aT}}\left[(z-\mathrm{e}^{-aT})\frac{z^{k+1}}{(z-1)^2(z-\mathrm{e}^{-aT})}\right] = \frac{\mathrm{e}^{-a(k+1)T}}{(1-\mathrm{e}^{-aT})^2}$$

所以，
$$f(kT) = K_1 + K_2 = \frac{k}{1-\mathrm{e}^{-aT}} - \frac{\mathrm{e}^{-aT}}{(1-\mathrm{e}^{-aT})^2} + \frac{\mathrm{e}^{-a(k+1)T}}{(1-\mathrm{e}^{-aT})^2}$$

$$= \frac{k}{1-\mathrm{e}^{-aT}} - \frac{\mathrm{e}^{-aT}(1-\mathrm{e}^{-akT})}{(1-\mathrm{e}^{-aT})^2} \quad k=0, 1, 2, \cdots$$

需要指出，当 $F(z)$ 的 z 有理分式的分子中无 z 公因子时，用式（2-30）计算出 $F(z)$ 的对应时间序列通项表示式 $f(k)$，只适合 $k>0$ 的情况，而不能表示 $k=0$ 时刻序列值 $f(0)$。$f(0)$ 的值应由初值定理确定或令 $k=0$ 再用式（2-30）来计算。这是因为，对于这样的 $F(z)$，当 $k=0$ 时，式（2-30）中的被积函数为 $F(z)z^{-1}$，它比 $k>0$ 时的被积函数 $F(z)z^{k-1}$ 多一个 $z=0$ 的极点。所以 $f(0)$ 应和 $k>0$ 的通项 $f(k)$ 分别计算。

由初值定理可以推断，当 $F(z)$ 的分母阶数 n 和分子阶数 m 相等时，$F(z)$ 对应的初始序列值 $f(0) \neq 0$，应为一有界常数；当 $n-m=d>0$ 时，相应时间序列 $f(k)$ 的前 d 项均为零，即 $f(0)=f(1)=\cdots=f(d-1)=0$。现举例说明这种情况。

【例 2.14】 已知 $F(z) = \dfrac{10}{(z-1)(z-2)}$，用留数法求 $F(z)$ 的反变换。

解：
$$F(z)z^{k-1} = \frac{10z^{k-1}}{(z-1)(z-2)}$$

由上式可以看出，当 $k=0$ 时，$F(z)z^{k-1} = \dfrac{10}{z(z-1)(z-2)}$，含有三个简单极点 $p_1=$

0，$p_2=1$，$p_3=2$。

但是 $k \geqslant 1$ 时，$F(z)z^{k-1} = \dfrac{10z^{k-1}}{(z-1)(z-2)}$ 只有两个极点 $p_1=1$，$p_2=2$。因此必须分别求 $f(0)$ 以及 $f(k)(k \geqslant 1)$。

(1) 求 $f(0)$ 的值。

$$f(0) = \sum_{i=1}^{3} \operatorname*{Res}_{z = p_i} \left[\frac{10}{z(z-1)(z-2)} \right] = K_1 + K_2 + K_3$$

$$K_1 = \lim_{z \to 0} \left[z \frac{10}{z(z-1)(z-2)} \right] = 5$$

$$K_2 = \lim_{z \to 1} \left[(z-1) \frac{10}{z(z-1)(z-2)} \right] = -10$$

$$K_3 = \lim_{z \to 2} \left[(z-2) \frac{10}{z(z-1)(z-2)} \right] = 5$$

因而：$\qquad f(0) = K_1 + K_2 + K_3 = 5 - 10 + 5 = 0$

(2) 求 $k \geqslant 1$ 时的 $f(k)$

$$f(k) = \sum_{i=1}^{2} \operatorname*{Res}_{z \to p_i} \left[\frac{10z^{k-1}}{(z-1)(z-2)} \right] = K_1 + K_2$$

其中：

$$K_1 = \lim_{z \to 1} \left[(z-1) \frac{10z^{k-1}}{(z-1)(z-2)} \right] = -10$$

$$K_2 = \lim_{z \to 2} \left[(z-2) \frac{10z^{k-1}}{(z-1)(z-2)} \right] = 10 \times 2^{k-1}$$

因而，$f(k) = K_1 + K_2 = -10 + 10(2)^{k-1} = 10 \times (2^{k-1} - 1)$ $k = 1, 2, \cdots$

综合以上（1）、（2）计算结果：

$$f(k) = \begin{cases} 0 & k = 0 \\ 10(2^{k-1} - 1) & k \geqslant 1 \end{cases}$$

2.3 离散时间系统描述

2.3.1 差分方程

1. 离散时间系统

离散时间系统（简称离散系统），就是其输入和输出信号均为离散信号的物理系统，其动态性能可以用差分方程描述。在数学上离散系统可以抽象为一种由系统的离散输入信号 $r(k)$ 到系统的离散输出 $c(k)$（$k = 0, \pm 1, \pm 2, \cdots$）的数学变换或映射。若将这种变换或映射以符号 $G[\cdot]$ 表示，则离散系统可表示为：

$$c(k) = G[r(k)] \tag{2-33}$$

图 2-11 离散系统框图

离散系统框图如图 2-11 所示，其中 $r(k)$ 和 $c(k)$ 分别表示系统的输入和输出在 kT 时刻的数值（T 为采样周期）。

(1) 线性离散系统

如果离散系统的输入信号到输出信号的变换关系满足叠加原理、齐次性原理，即当输入信号为 $r(k) = ar_1(k) + br_2(k)$ 时，其中 a, b 为任意常数，系统相应的输出信号可表示为：

$$c(k)=G[r(k)]=aG[r_1(k)]+bG[r_2(k)] \tag{2-34}$$

则该系统就称为线性离散系统。若不满足叠加原理、齐次性原理，就是非线性离散系统。

（2）时不变离散系统

输入信号到输出信号之间的变换关系不随时间变化而变化的离散系统，即时不变离散系统应满足如下关系：若 $c(k)=G[r(k)]$，那么当系统输入信号为 $r(k-n)$ 时，则相应输出信号为：

$$c(k-n)=G[r(k-n)], \quad n=0, \pm 1, \pm 2, \cdots \tag{2-35}$$

时不变离散系统又称为定常离散系统。

（3）线性时不变离散系统

系统的输入信号到输出信号之间的变换关系既满足叠加原理、齐次性原理，同时其变换关系又不随时间变化而变化的离散系统，称为线性时不变离散系统。工程中大多数计算机控制系统可以近似为线性时不变离散系统来处理，所以本书以后的论述仅限于线性时不变离散系统。

2. 差分方程

连续系统的动态过程，在时域中用微分方程来描述，因此微分方程是描述连续系统动态过程的工具；离散系统的动态过程，则用差分方程描述，差分方程是描述离散系统动态过程的工具。针对离散时间动态系统，在平衡点附近线性化后，可以近似地用线性常系数差分方程来描述。

（1）差分的定义

连续函数 $f(t)$，采样后为 $f(kT)$，为方便起见，以后常写为 $f(kT)=f(k)$，现定义：

一阶前向差分：

$$\Delta f(k)=f(k+1)-f(k) \tag{2-36}$$

二阶前向差分：

$$\begin{aligned}\Delta^2 f(k)&=\Delta f(k+1)-\Delta f(k)=[f(k+2)-f(k+1)]-[f(k+1)-f(k)]\\&=f(k+2)-2f(k+1)+f(k)\end{aligned} \tag{2-37}$$

类似地，n 阶前向差分定义为：

$$\Delta^n f(k)=\Delta^{n-1}f(k+1)-\Delta^{n-1}f(k) \tag{2-38}$$

在以后的应用中，还常使用后向差分，定义为：

一阶后向差分：

$$\nabla f(k)=f(k)-f(k-1) \tag{2-39}$$

二阶后向差分：

$$\nabla^2 f(k)=\nabla f(k)-\nabla f(k-1)=f(k)-2f(k-1)+f(k-2) \tag{2-40}$$

类似地，n 阶后向差分定义为：

$$\nabla^n f(k)=\nabla^{n-1}f(k)-\nabla^{n-1}f(k-1) \tag{2-41}$$

（2）差分方程

线性时不变连续系统的基本数学描述是常系数线性微分方程；相应的，线性时不变离散系统的基本数学描述是常系数线性差分方程。如图 2-12 所示，其中图 2-12（a）是连续系统，它可以用下述微分方程描述：

$$\frac{d^2c(t)}{dt^2} + a\frac{dc(t)}{dt} + bc(t) = kr(t) \tag{2-42}$$

图 2-12（b）是离散系统，输入与输出信号均被采样，不能再用微分方程来描述采样信号。$c(k)$ 与 $r(k)$ 之间的关系用差分方程来表示。

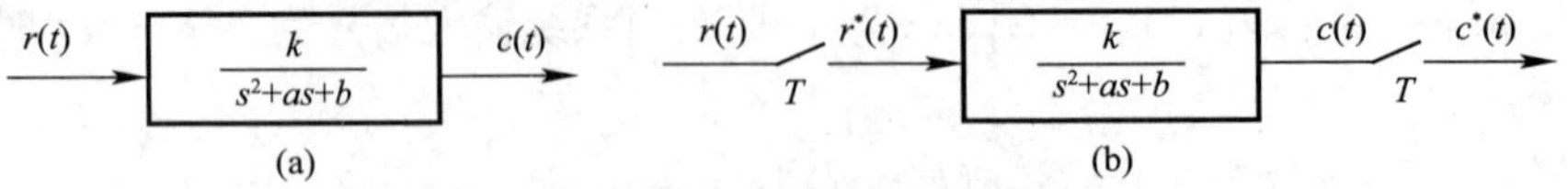

图 2-12 离散系统的差分表示
(a) 连续系统；(b) 采样离散系统

为此，式（2-42）中的二阶微分可用二阶差分代替：

$$\frac{d^2c(t)}{dt^2} = \Delta^2 c(t) = c(k+2) - 2c(k+1) + c(k)$$

一阶微分用一阶差分代替：

$$\frac{dc(t)}{dt} = c(k+1) - c(k)$$

$c(t)$，$r(t)$ 分别用 $c(k)$ 及 $r(k)$ 代替，式（2-42）变为：

$$[c(k+2) - 2c(k+1) + c(k)] + a[c(k+1) - c(k)] + bc(k) = kr(k)$$
$$c(k+2) + (a-2)c(k+1) + (1-a+b)c(k) = kr(k)$$
$$c(k+2) + a_1 c(k+1) + a_2 c(k) = kr(k) \tag{2-43}$$

在式（2-43）中，除了因变量序列 $c(k)$ 外，还包含有它的移位序列 $c(k+i)$，这种方程称为差分方程。从该方程中可以看到，系统的输出序列不仅与当前时刻的输入序列 $r(k)$ 有关，还与输出的超前序列 $c(k+1)$、$c(k+2)$ 等有关。

对于一般的离散系统，输出序列与输入序列之间可以用方程描述如下：

$$c(k+n) + a_1 c(k+n-1) + a_2 c(k+n-2) + \cdots + a_n c(k)$$
$$= b_0 r(k+m) + b_1 r(k+m-1) + \cdots + b_m r(k) \tag{2-44}$$

式（2-44）即为描述离散系统的非齐次 n 阶前向差分方程。由于 a_i，b_i 均为常数，且 $c(k)$ 与 $c(k+i)$，$r(k)$ 与 $r(k+i)$ 之间的关系是线性的，故称该方程为线性常系数差分方程。与微分方程类似，式中 n 为差分方程的阶次，它是最高差分与最低差分之差，m 是输入信号的阶次，通常 $m \leqslant n$。方程的阶次和系数是由具体物理系统结构及特性决定。

差分方程还可用后向差分表示：

$$c(k) + a_1 c(k-1) + a_2 c(k-2) + \cdots + a_n c(k-n)$$
$$= b_0 r(k) + b_1 r(k-1) + b_2 r(k-2) + \cdots + b_m r(k-m) \tag{2-45}$$

式（2-45）即为描述离散系统的非齐次 n 阶后向差分方程。

工程上差分方程都是采用标准形式，如式（2-44）和式（2-45）形式。前向差分方程和后向差分方程，并无本质区别。前向差分方程多用于描述非零初始值的离散系统，而后向差分多用于描述全零初始值的离散系统。若不考虑系统初始值，就系统输入与输出关系而言两者完全等价，可以相互转换。

(3) 差分方程性质

由式（2-45）可以看出，某一单输入单输出的线性时不变离散系统，在某一采样时刻的

系统输出值 $c(k)$ 不仅与当前时刻的输入值 $r(k)$ 有关,而且与过去时刻的输入值 $r(k-1)$,$r(k-2)$,…和输出值 $c(k-1)$,$c(k-2)$,…有关。

对于 n 阶差分方程,$a_n \neq 0$,其余系数 a_1,…a_{n-1} 都有可能为零。若 $a_n=0$,就相当于方程的阶次降为 $n-1$ 阶。若 $b_0=0$,则相应离散系统有一拍(即一个采样周期 T)的延迟,即系统在 k 时刻输出 $c(k)$ 只与 k 以前各时刻的输入 $r(k-i)$,$i=1,2,\cdots,m$ 有关,而与当前时刻的输入值 $r(k)$ 无关。若 $b_0=b_1=\cdots=b_l=0$,则相应离散系统存在 $l+1$ 拍延迟,即系统当前时刻的输出 $c(k)$ 只与 $(k-l)$ 以前时刻的输入 $(k-l-1)$,…,$(k-l-m)$ 有关。

对于有因果关系的物理系统,方程中总是 $m \leqslant n$。若 $m>n$ 表明方程描述的离散系统的输出信号超前于输入信号,即输入信号尚未作用于系统,其对应的输出信号就已经出现,或者说系统当前时刻的输出 $c(k)$ 与未来时刻输入值 $r(k+i)$,$i>0$ 有关。

将式(2-44)的两边右移 n 拍,即:
$$c(k)+a_1 c(k-1)+a_2 c(k-2)+\cdots+a_n c(k-n)$$
$$=b_0 r(k+m-n)+b_1 r(k+m-n-1)+\cdots+b_m r(k-n) \qquad (2-46)$$

式(2-46)右边第一项为 $b_0 r(k+m-n)$,令 $m-n=d$,即有 $b_0 r(k+d)$ 项,说明当前的输出 $c(k)$ 与未来输入 $r(k+d)$ 有关,即不是因果关系。这种情况在现实的物理系统中是不可能出现的。

当 $m<n$,表明相应的系统存在延迟,若 $n-m=d$,则相应的输出相对于输入有 d 拍延迟。

2.3.2 差分方程求解

差分方程的基本问题是寻求它的解。差分方程求解,就是在系统初始值(即系统输入、输出的初始值)和输入序列已知的条件下,求解差分方程描述的系统在任何时刻的输出序列值。

差分方程解的形式与微分方程解相似,非齐次差分方程的解是由通解加特解组成的。通解表示方程描述的离散系统在输入为零情况下(即无外界作用)由系统非零初始值所引起的自由运动,它反映系统本身所固有的动态特性;特解表示方程描述的离散系统在外界输入作用下所产生的强迫运动,它既与系统本身的动态特性有关,又与外界输入作用有关,但与系统初始值无关。

求解线性时不变差分方程有三种基本方法,即经典解法、计算机迭代法以及 Z 变换法。用经典解法求解差分方程的解析解是困难的,但利用计算机通过递推迭代求取它的有限项的数值解却是极为容易的。

高阶差分方程不论前向或后向差分方程,都是一种递推算法,任何差分方程都可以用递推算法求解。现对一般 n 阶前向差分方程递推求解予以说明,为便于计算,将 n 阶前向差分方程改写为:

$$c(k+n)=-a_1 c(k+n-1)-a_2 c(k+n-2)-\cdots-a_n c(k)+b_0 r(k+m)+\cdots+b_m r(k)$$
$$=-\sum_{i=1}^{n} a_i c(k+n-i)+\sum_{i=0}^{m} b_i r(k+m-i) \qquad (2-47)$$

只要知道输出序列初始值 $c(0)$,$c(1)$,…,$c(n-1)$ 和任何时刻的输入序列 $r(i)$,$i=0,1,2,\cdots$,那么系统任何时刻的输出序列 $c(k)$,$k \geqslant n$,都可以由式(2-47)逐步递推计算出来。

【例2.15】求下列差分方程的解 $c(k)$。

$$c(k)+c(k-1)=r(k)-r(k-1), \quad k \geqslant 0$$

式中，$r(k)=\begin{cases}1, & k\text{ 偶数}\\ 0, & k\text{ 奇数}\end{cases}$ 且 $c(-1)=r(-1)=0$

解：(1) 令 $k=0,1,2,\cdots$，一步一步迭代解差分方程。

$$c(0)=-c(-1)+r(0)-r(-1)=0+1-0=1$$
$$c(1)=-c(0)+r(1)-r(0)=-1+0-1=-2$$
$$c(2)=-c(1)+r(2)-r(1)=2+1-0=3$$
$$c(3)=-c(2)+r(3)-r(2)=-3+0-1=-4$$
$$c(4)=-c(3)+r(4)-r(3)=4+1-0=5$$
$$\vdots$$

(2) 利用 MATLAB 语言编程

```
c(1)=0,r(1)=0;                    % 定义初值，MATLAB 语言数组编号由 1 开始，
                                    这里 c(1)=0,r(1)=0 表示实际 c(-1)=
                                    0,r(-1)=0。
for i=2:n                          % n 为要计算 c(k)的拍数，根据需要设置。
    r(i)=1-r(i-1);                 % 输入 r(k)=｛1, k 偶数
                                              0, k 奇数
    c(i)=-c(i-1)+r(i)-r(i-1);      % 用迭代式计算 c(k)的值。
end
```

以上程序计算出 $c(k)$ 的值，$k \geqslant 0$（$k=i-2$）。

$$c(0)=1$$
$$c(1)=-2$$
$$c(2)=3$$
$$c(4)=-4$$
$$c(5)=5$$
$$\vdots$$

对于 n 阶差分方程，必须具有 $c_0 \sim c_{n-1}$ 的初始条件，利用计算机完成迭代计算是非常容易的。虽然差分方程的迭代算法计算简明，不需要更多的数学知识，但它只能计算出有限个序列值，在一般情况下，得不到方程解的解析表达式，即系统输出序列的一般项表达式。通常，这种数值求解方法只能求得 k 的有限项，难以得到 $c(k)$ 解的闭合形式。

与用拉普拉斯变换求解微分方程类似，差分方程的另一个求解方法是利用 Z 变换法求解。

2.3.3 Z 变换法求解

Z 变换法求解差分方程，是将差分方程变为以 z 为变量的代数方程，再进行求解，然后使用 Z 反变换可求得其解，其步骤如下：

(1) 利用 Z 变换性质和定理对差分方程两边分别进行 Z 变换，将差分方程变换为代数方程；

(2) 代入系统初始值,通过同类项合并、整理,得到输出 Z 变换 $C(z)$ 的表达式;

(3) 对已知的输入序列进行 Z 变换,并将其 Z 变换代入 $C(z)$ 的表达式中,使 $C(z)$ 成为确定的 Z 函数;

(4) 对 $C(z)$ 进行 Z 反变换,求得相应的输出序列 $c(k)$ 的表达式。

【例 2.16】试用 Z 变换方法求解差分方程。
$$c(k) + c(k-1) = r(k) - r(k-1), k \geq 0$$

差分方程输入 $r(k) = \begin{cases} 1, & k \text{ 偶数} \\ 0, & k \text{ 奇数} \end{cases}$,且 $c(-1) = r(-1) = 0$。

解:利用 Z 变换的实位移定理对式两边求 Z 变换,得:
$$C(z) + z^{-1}C(z) = R(z) - z^{-1}R(z)$$

即:
$$C(z) = \frac{z-1}{z+1} R(z)$$

因为输入:
$$r(k) = \begin{cases} 1, & k \text{ 偶数} \\ 0, & k \text{ 奇数} \end{cases}$$

所以:
$$R(z) = 1 + z^{-2} + z^{-4} + \cdots = \frac{1}{1-z^{-2}} = \frac{z^2}{z^2-1}$$

因而:
$$C(z) = \frac{z-1}{z+1} \cdot \frac{z^2}{z^2-1} = \frac{z^2}{(z+1)^2}$$

用反演积分法求 $C(z)$ 的反变换 $c(k)$:
$$C(z)z^{k-1} = \frac{z^{k+1}}{(z+1)^2}$$

上式含有 $p = -1$ 二重极点,所以:
$$c(k) = \lim_{z \to -1} \frac{\mathrm{d}}{\mathrm{d}z}(z^{k+1}) = \lim_{z \to -1} [(k+1)z^k] = (k+1)(-1)^k \quad k = 0, 1, 2, \cdots$$

$$c(0) = 1$$
$$c(1) = -2$$
$$c(2) = 3$$
$$c(3) = -4$$
$$\vdots$$

上例中,没有给出初始值,因而对后向差分方程作 Z 变换。如果给出输出的初始值,则应对前向差分方程求 Z 变换。

【例 2.17】试用 Z 变换方法求解差分方程。
$$c(k) + c(k-1) = r(k) - r(k-1), k \geq 0$$

差分方程输入:$r(k) = \begin{cases} 1 & k \text{ 偶数} \\ 0 & k \text{ 奇数} \end{cases}$,且 $c(0) = 2$。

解:因为本例中只给出了一个初始值 $c(0) = 2$,因此前移一步,写成前向差分方程的形式:
$$c(k+1) + c(k) = r(k+1) - r(k)$$

对上式两边作 Z 变换,得:
$$zC(z) - zc(0) + C(z) = zR(z) - zr(0) - R(z)$$

代入初始值 $c(0)=2, r(0)=1$，整理得：

$$C(z) = \frac{z-1}{z+1}R(z) + \frac{z}{z+1}$$

上式右边第一项为差分方程的特解 Z 变换，表示系统在外界输入作用下的强迫运动；右边第二项为差分方程的通解 Z 变换，表示系统由初始值引起的自由运动。显然，上式右边两项的分母多项式就是差分方程的特征多项式。

由 $R(z) = \dfrac{z^2}{z^2-1}$，得：

$$C(z) = \frac{z-1}{z+1} \cdot \frac{z^2}{z^2-1} + \frac{z}{z+1} = \frac{z(2z+1)}{(z+1)^2}$$

用反演积分法求上式的 Z 反变换：

$$C(z)z^{k-1} = \frac{(2z+1)z^k}{(z+1)^2}$$

上式右边表达式含有 $z=-1$ 二重极点，因此：

$$c(k) = \lim_{z \to -1} \frac{d}{dz}\left[(z+1)^2 \frac{z^k(2z+1)}{(z+1)^2}\right]$$

$$c(k) = \lim_{z \to -1}(k+2)z^k = (k+2)(-1)^k \quad k=0,1,2,\cdots$$

$$c(0) = 2$$
$$c(1) = -3$$
$$\vdots$$

由差分方程的解表达式可以求出 $c(0)=2$，即为本例给出的初始值。

2.4 脉冲传递函数

连续系统中，使用拉普拉斯变换将微分方程转换为代数方程，得到了连续系统的传递函数，研究系统输入/输出之间动态关系与特性，它为连续时间系统的分析和设计带来了极大的方便。针对离散系统，使用 Z 变换方法得到描述离散系统的脉冲传递函数，从而研究离散系统输入/输出之间动态关系与特性。

2.4.1 脉冲传递函数的定义

脉冲传递函数又称离散传递函数（或者 Z 传递函数），与连续时间系统传递函数类似。线性离散控制系统中，在初始值为零的条件下，一个系统（或环节）输出序列的 Z 变换 $C(z)$ 与输入序列的 Z 变换 $R(z)$ 之比，称为该系统（或环节）的脉冲传递函数，如式 (2-48) 所示：

$$G(z) = \frac{C(z)}{R(z)} \tag{2-48}$$

若已知系统的脉冲传递函数 $G(z)$，系统输出量的 Z 变换可表示为：

$$C(z) = G(z)R(z) \tag{2-49}$$

上述关系如图 2-13（a）所示。通过 Z 反变换，即可求得输出的采样信号：

$$c^*(t) = Z^{-1}[C(z)] = Z^{-1}[G(z)R(z)] \tag{2-50}$$

针对离散时间系统，输入信号 $r(t)$ 经采样后为 $r^*(t)$，其 Z 变换为 $R(z)$，但其输出为

连续信号 $c(t)$。为了使用脉冲传递函数表示，可在输出端虚设一个与输入开关同步动作的采样开关，如图 2-13（b）中虚线所示，便可得到输出采样信号 $c^*(t)$ 及其 Z 变换 $C(z)$，然后可求得其脉冲传递函数。

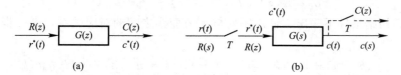

图 2-13 脉冲传递函数

脉冲传递函数是描述离散时间系统动态特性的一种数学形式，它只与系统本身固有特性有关，而与外部输入形式无关。此外，离散时间系统脉冲传递函数和连续时间系统传递函数一样，仅适用于线性时不变系统，而不适用于非线性和时变系统。

2.4.2 脉冲传递函数的求取

离散时间系统的脉冲传递函数可以由描述离散系统的差分方程通过 Z 变换求出或由离散系统的单位脉冲响应序列通过 Z 变换求出。

1. 由离散系统差分方程求脉冲传递函数

设离散系统的差分方程为：

$$c(k+n)+a_1c(k+n-1)+a_2c(k+n-2)+\cdots+a_nc(k)$$
$$=b_0r(k+m)+b_1r(k+m-1)+\cdots+b_mr(k) \tag{2-51}$$

令该系统输入/输出初始值均为零，即 $c(i)=0$，$i=0,1,2,\cdots,n-1$；$r(i)=0$，$i=0,1,2,\cdots,m-1$，利用前向实位移定理，对上式两边作 Z 变换，得：

$$z^nC(z)+a_1z^{n-1}C(z)+\cdots+a_nC(z)$$
$$=b_0z^mR(z)+b_1z^{m-1}R(z)+\cdots+b_mR(z) \tag{2-52}$$

整理后，便得到输出 Z 变换与输入 Z 变换之比，即脉冲传递函数为：

$$G(z)=\frac{C(z)}{R(z)}=\frac{b_0z^m+b_1z^{m-1}+\cdots+b_m}{z^n+a_1z^{n-1}+\cdots+a_n} \tag{2-53}$$

对于后向差分方程：

$$c(k)+a_1c(k-1)+a_2c(k-2)+\cdots+a_nc(k-n)$$
$$=b_0r(k)+b_1r(k-1)+b_2r(k-2)+\cdots+b_mr(k-m) \tag{2-54}$$

由于后向差分方程只描述初始值为零的系统，所以不必考虑初始值，直接利用实位移延迟定理对方程中各项作 Z 变换，得：

$$C(z)+a_1z^{-1}C(z)+\cdots+a_nz^{-n}C(z)$$
$$=b_0R(z)+b_1z^{-1}R(z)+\cdots+b_mz^{-m}R(z) \tag{2-55}$$

整理后，得相应的脉冲传递函数为：

$$G(z)=\frac{C(z)}{R(z)}=\frac{b_0+b_1z^{-1}+\cdots+b_mz^{-m}}{1+a_1z^{-1}+\cdots+a_nz^{-n}} \tag{2-56}$$

由上式可以看出，脉冲传递函数有两种形式：一种是复变量 z 的有理分式形式；另一种是复变量 z^{-1} 的有理分式形式。这两种形式是等价的，可以相互转换。

脉冲传递函数也可以转换为相应的差分方程，假设给定脉冲传递函数 $G(z)$ 如式（2-56），首先化成如下方程：

$$z^n C(z) + a_1 z^{n-1} C(z) + \cdots + a_n C(z)$$
$$= b_0 z^m R(z) + b_1 z^{m-1} R(z) + \cdots + b_m R(z)$$

再利用零初始条件下输出、输入序列与其 Z 变换之间的对应关系，进一步得到相应的差分方程为：

$$c(k+n) + a_1 c(k+n-1) + a_2 c(k+n-2) + \cdots + a_n c(k)$$
$$= b_0 r(k+m) + b_1 r(k+m-1) + \cdots + b_m r(k)$$

若给定的脉冲传递函数 $G(z)$ 如式（2-56）所示是 z^{-1} 的有理分式形式，通过类似操作，同样可以将其转化为式（2-54）所示的后向差分方程。

2. 脉冲传递函数与单位脉冲响应序列的相互转换

在连续系统中，传递函数可以看作是系统输入为单位脉冲时，所对应的脉冲输出响应的拉普拉斯变换。在离散系统中，脉冲传递函数也可以看作是系统输入为单位脉冲时，它的脉冲输出响应的 Z 变换。离散时间系统单位脉冲响应序列是与连续系统的单位脉冲响应函数相对应的一个重要概念，是离散时间系统特性的一种描述形式，在系统建模、系统分析和设计中具有重要作用。

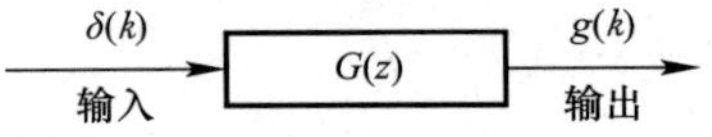

图 2-14 离散时间系统单位脉冲响应

离散时间系统单位脉冲输出响应序列是指离散时间系统在初始静止状态下，在输入为离散单位脉冲 $\delta(k)$ 的作用下所产生的输出序列 $g(k)$，如图 2-14 所示。

由脉冲传递函数定义：

$$G(z) = Z[g(k)] / Z[\delta(k)]$$

因为单位脉冲的 Z 变换为：

$$Z[\delta(k)] = 1$$

所以：

$$G(z) = Z[g(k)]$$

因此，系统或环节的脉冲传递函数 $G(z)$ 为线性离散系统对 $\delta(k)$ 输入时相应输出 $g(k)$ 序列的 Z 变换。由此，还可以导出：

$$g(k) = Z^{-1}[G(z)]$$

因此，如果某一控制系统的传递函数为 $G(s)$，那么该系统的脉冲传递函数可依据下列步骤求出：

（1）用拉氏反变换求 $g(t)$；
（2）将 $g(t)$ 按采样周期 T 离散化，得 $g(kT)$；
（3）应用定义求出脉冲传递函数，即：

$$G(z) = \sum_{k=0}^{\infty} g(kT) z^{-k}$$

将上述过程简记为：

$$G(z) = Z[G(s)] \tag{2-57}$$

并称为求传递函数 $G(s)$ 所对应的 Z 变换。

与连续系统传递函数类似，脉冲传递函数完全表征了系统或环节的输入与输出之间的特性，并且也只由系统或环节本身的结构参数决定，与输入信号无关。

2.4.3 开环脉冲传递函数

1. 两个串联环节之间有采样开关

图 2-15 中，$r(t)$ 表示时域连续信号，$r^*(t)$ 表示 $r(t)$ 的采样信号，$R(s)$ 表示 $r(t)$ 的拉氏变换，$R^*(s)$ 表示采样信号 $r^*(t)$ 的拉氏变换，$R(z)=Z[r^*(t)]$ 或 $R(z)=Z[R(s)]$。带有"*"号的信号为离散信号。

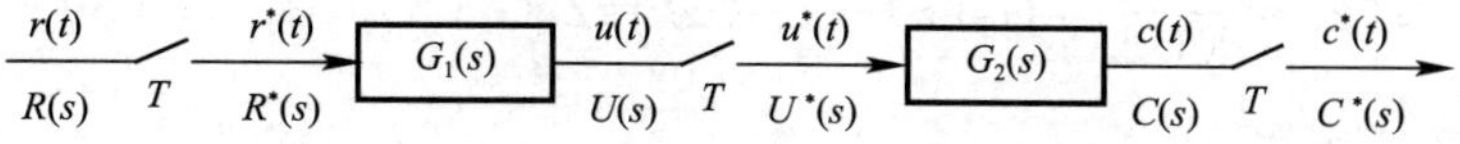

图 2-15 两个串联环节之间有采样开关

由图 2-15 可知：

$$U(s)=G_1(s)R^*(s)$$

$$C(s)=G_2(s)U^*(s)$$

对以上两式取"*"，即离散化，得：

$$U^*(s)=G_1^*(s)R^*(s)$$

$$C^*(s)=G_2^*(s)U^*(s)$$

将 $U^*(s)$ 代入 $C^*(s)$ 的表达式，则：

$$C^*(s)=G_2^*(s)U^*(s)=G_1^*(s)G_2^*(s)R^*(s)$$

对方程两边进行 Z 变换，得：

$$C(z)=G_1(z)G_2(z)R(z) \tag{2-58}$$

因而，输出 $c^*(t)$ 与输入 $r^*(t)$ 之间的脉冲传递函数为：

$$\frac{C(z)}{R(z)}=G_1(z)G_2(z) \tag{2-59}$$

类似地，n 个环节串联，且它们之间均有采样开关隔开，则可得：

$$G(z)=G_1(z)G_2(z)\cdots G_n(z)=\prod_{i=1}^{n}G_i(z) \tag{2-60}$$

式中，$G_i(z)=Z[G_i(s)]$。

2. 两个串联环节之间无采样开关

由图 2-16 可以看出 $C(s)=G_1(s)G_2(s)R^*(s)=G_1G_2(s)R^*(s)$

式中，$G_1G_2(s)=G_1(s)G_2(s)$

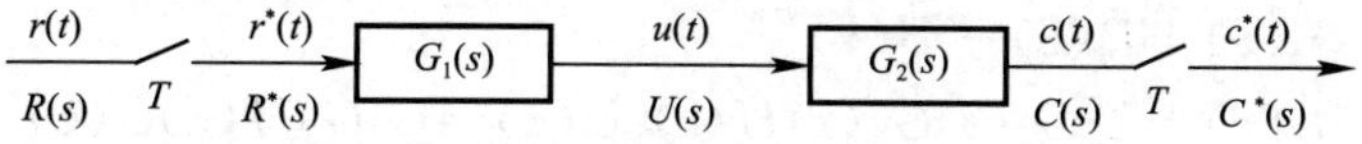

图 2-16 两个串联环节之间无采样开关

对 $C(s)$ 表达式取"*"拉氏变换，得 $C^*(s)=[G_1G_2(s)]^*R^*(s)$
用 Z 变换的形式写出：

$$C(z)=G_1G_2(z) \cdot R(z)$$

输出 $c^*(t)$ 与输入 $r^*(t)$ 之间的脉冲传递函数为：

$$\frac{C(z)}{R(z)}=G_1G_2(z)$$

特别值得注意的是：
$$G_1(z)G_2(z) \neq G_1G_2(z) = Z[G_1G_2(s)] \tag{2-61}$$

3. 并联环节的脉冲传递函数

图 2-17 给出了两种并联环节的脉冲传递函数，根据叠加定理，可以很容易求得两种并联环节脉冲传递函数均为：

$$G(z) = \frac{C(z)}{R(z)} = G_1(z) + G_2(z) = Z[G_1(S)] + Z[G_2(S)] \tag{2-62}$$

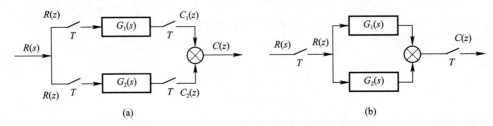

图 2-17 两种并联环节的脉冲传递函数

2.4.4 闭环脉冲传递函数

1. 闭环脉冲传递函数

在连续系统里，闭环脉冲传递函数与相应开环传递函数之间有确定关系，所以可用典型结构图描述一个闭环系统。但在离散系统中，由于采样开关位置不同，闭环脉冲传递函数也不同，所以在求闭环脉冲传递函数时应特别注意采样开关的位置。

图 2-18 是一种常见的采样控制系统典型结构。若系统输出是连续的，为将其变成离散系统，在输出端加入虚拟采样开关，表示仅研究系统在采样点时刻的输出值。综合点之后的采样开关可等效为综合点两个输入端的采样开关。

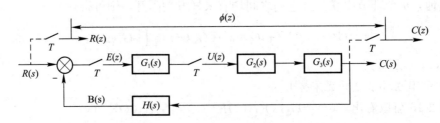

图 2-18 采样控制系统典型结构

$$E(z) = R(z) - B(z)$$
$$B(z) = Z[G_2(s)G_3(s)H(s)]U(z) = G_2G_3H(z)U(z)$$
$$E(z) = R(z) - G_2G_3H(z)U(z)$$
$$C(z) = Z[G_2(s)G_3(s)]U(z) = G_2G_3(z)U(z)$$
$$U(z) = Z[G_1(s)]E(z) = G_1(z)E(z)$$

因此：
$$C(z) = G_2G_3(z)G_1(z)E(z)$$

将 $U(z)$ 代入 $E(z)$ 的表达式中，得：
$$E(z) = R(z)/[1 + G_1(z)G_2G_3H(z)] \tag{2-63}$$

将 $E(z)$ 代入 $C(z)$ 表达式，得：

第 2 章 计算机控制理论基础

$$C(z) = \frac{G_1(z)G_2G_3(z)}{1+G_1(z)G_2G_3H(z)}R(z) \tag{2-64}$$

所以，可得出 $C(z)$ 为输出，$R(z)$ 为输入的闭环脉冲传递函数：

$$\Phi(z) = \frac{C(z)}{R(z)} = \frac{G_1(z)G_2G_3(z)}{1+G_1(z)G_2G_3H(z)} \tag{2-65}$$

由式（2-63），可得出 $R(z)$ 为输入的误差脉冲传递函数：

$$\Phi_e(z) = \frac{E(z)}{R(z)} = \frac{1}{1+G_1(z)G_2G_3H(z)} \tag{2-66}$$

由式（2-65）可见，闭环脉冲传递函数的求取方法与连续系统类似。但是需要注意在求取正向通道传递函数及反馈通道传递函数时，要使用独立环节的脉冲传递函数，所谓独立环节，是指在两个采样开关之间的环节（不管其中有几个连续环节串联或并联）。

由式（2-65）可知，一般来说，系统输出 Z 变换可按下面公式直接得出：

$$C(z) = \frac{\text{前向通道所有独立环节 Z 变换的乘积}}{1+\text{闭环回路中所有独立环节 Z 变换的乘积}} \cdot R(z) \tag{2-67}$$

但应注意，输入信号 $R(s)$ 也作为一个连续环节看待。所以，如要 $R(z)$ 存在，则可以依式（2-65）写出闭环系统脉冲传递函数，否则无法得到脉冲传递函数。

2. 计算机闭环控制系统脉冲传递函数

计算机闭环控制系统基本上是由数字计算机部分和连续部分构成的混合系统，其原理框图如图 2-19 所示。

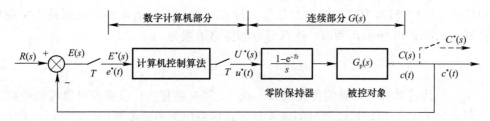

图 2-19 计算机闭环控制系统原理框图

在图 2-19 中，数字计算机部分表示计算机控制算法，它的输入和输出皆为离散序列，因而可以用脉冲传递函数 $D(z)$ 来表示它的输出、输入之间关系。如果再能求出连续部分的等效脉冲传递函数 $G(z)$，则能够求出系统的闭环脉冲传递函数。现在分别来求出这两部分的脉冲传递函数。

（1）数字计算机部分的脉冲传递函数

计算机执行的控制算法，为了便于在线计算，通常都是化为差分方程形式，即：

$$u(k)+a_1u(k-1)+\cdots+a_nu(k-n)$$
$$=b_0e(k)+b_1e(k-1)+\cdots+b_me(k-m) \tag{2-68}$$

在计算机实现上述控制算法的程序中，通常又将式（2-68）改为如下递推算式：

$$u(k)=-a_1u(k-1)-\cdots-a_nu(k-n)+b_0e(k)+b_1e(k-1)+\cdots+b_me(k-m) \tag{2-69}$$

将控制算法的差分方程（2-68）在初始值为零条件下进行 Z 变换，便得到计算机控制系统中数字计算机部分，即计算机的脉冲传递函数：

$$D(z) = \frac{b_0 + b_1 z^{-1} + \cdots + b_m z^{-m}}{1 + a_1 z^{-1} + \cdots + a_n z^{-n}} \quad (2\text{-}70)$$

在 Z 域中设计出的计算机控制系统的控制算法（或数字控制器）通常都是以 Z 传递函数的形式描述。编写计算机控制程序时，可将设计好的 Z 传递函数形式的控制算法化为如式（2-68）所示的形式，进而推导出控制信号 $u(k)$ 的递推计算式（2-69）并编写程序。数字计算机部分的 Z 传递函数式（2-70）与控制算法的差分方程（2-68）或控制信号 $u(k)$ 的递推计算式（2-69）之间是一一对应的。

例如，若已知计算机实现的控制算法由下述差分方程描述：

$$u(k) = u(k-1) + Te(k-1)$$

对给定差分方程两端做 Z 变换，得：

$$U(z) = z^{-1}U(z) + Tz^{-1}E(z)$$

$$U(z) = \frac{Tz^{-1}}{1 - z^{-1}}E(z) = \frac{T}{z-1}E(z)$$

所以，数字计算机部分的脉冲传递函数为：

$$D(z) = \frac{U(z)}{E(z)} = \frac{T}{z-1}$$

（2）连续部分的脉冲传递函数

计算机控制系统中的连续部分是由连续被控对象和保持器串联构成的。保持器的作用是滤除计算机输出的离散控制信号 $u^*(t)$ 的高频分量，获取其中有用的低频分量，同时将离散信号 $u^*(t)$ 转换为阶梯形连续信号。计算机控制系统通常都是采用易于实现的零阶保持器，如图 2-19 所示，所以，连续部分的传递函数为：

$$G(s) = \frac{1 - e^{-Ts}}{s} G_p(s) \quad (2\text{-}71)$$

式中，$G_p(s)$ 为连续被控对象的传递函数，式（2-71）被称为广义被控对象传递函数。

由图 2-19 可以看出，连续部分的输入是计算机输出的离散控制信号 $u^*(t)$，其输出是广义被控对象的连续输出信号 $c(t)$。由于连续输出信号 $c(t)$ 要经过采样和 A/D 转换后反馈到计算机中，所以计算机接收的是 $c(t)$ 在采样时刻 $t=0$，T，$2T$，…的值，即 $c(t)$ 的采样信号 $c^*(t)$。因此，计算机控制系统中的连续部分可以当作一个离散环节（或系统）来处理，当然也可以用脉冲传递函数来描述它的输出采样信号 $c^*(t)$ 与离散输入信号 $u^*(t)$ 之间的动态关系。连续部分等效的脉冲传递函数如图 2-20 所示。

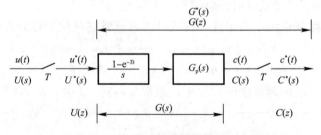

图 2-20 连续部分等效的脉冲传递函数

按照 Z 传递函数的定义，连续部分等效脉冲传递函数为：

$$G(z) = \frac{C(z)}{U(z)} \tag{2-72}$$

式中，$C(z) = Z[c^*(t)]$，$U(z) = Z[u^*(t)]$。由图 2-20 还可以看出：

$$G(z) = Z[G(s)] = Z\left[\frac{1-e^{-Ts}}{s}G_p(s)\right] \tag{2-73}$$

$$G(z) = \frac{C(z)}{U(z)} = Z\left[\frac{1-e^{-Ts}}{s}G_P(s)\right] = Z\left[\frac{1}{s}G_P(s) - \frac{1}{s}G_P(s)e^{-Ts}\right]$$

$$= Z\left[\frac{1}{s}G_P(s)\right] - Z\left[\frac{1}{s}G_P(s)e^{-Ts}\right]$$

式中，第二项是函数 $g(t) = L^{-1}\left[\frac{1}{s}G_P(s)\right]$ 延迟一个采样周期 T 后，$g(t-T)$ 的 Z 变换，根据 Z 变换的实位移定理，得：

$$G(z) = G_P(z) - z^{-1}G_P(z) = (1-z^{-1})G_P(z) \tag{2-74}$$

式中，$G_P(z) = Z\left[\frac{1}{s}G_P(s)\right]$。由该式可见，Z 变换时，零阶保持器中的 $(1-e^{-Ts})$ 可以直接变换为 $(1-z^{-1})$。

应当强调，当连续部分的输入不是离散信号 $u^*(t)$，而是连续信号 $u(t)$ 时，即使连续部分输出端有采样开关，如图 2-21（a）所示，连续部分也不能等效为离散环节（或系统），当然不能用 Z 传递函数来描述它的输出采样信号 $c^*(t)$ 与连续输入信号 $u(t)$ 之间的关系。这是因为在这种情况下，连续部分的输出采样信号 $c^*(t)$ 的 Z 变换为：

$$C(z) = Z[C(s)] = Z[G(s)U(s)] = GU(z) \neq G(z)U(z) \tag{2-75}$$

显然，连续部分的输入 $u(t)$ 的 Z 变换不能从输出 Z 变换 $C(z)$ 表达式（2-75）中分离出来，所以在这种情况下，虽然输出可以用 Z 变换表示，但不存在 Z 传递函数。而当连续部分的输入是离散信号 $u^*(t)$ 时，即使连续部分输出无采样开关，只要确定连续部分的输出 $c(t)$ 在采样时刻 $t=0$，T，$2T$，…的值与输入 $u^*(t)$ 之间的关系，连续部分仍然可以等效为一个离散环节（或系统）。这种情况相当于在连续输出端设置一个虚拟采样开关，如图 2-21（b）所示。这种情况下的连续部分的输出 $c^*(t)$ 与输入 $u^*(t)$ 之间的动态关系也可以用脉冲传递函数（Z 传递函数）来描述。

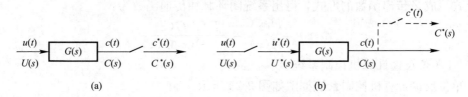

图 2-21 不同情况下连续环节的等效脉冲传递函数
(a) 连续部分输出端有采样开关；(b) 连续输出端设置一个虚拟采样开关

由此可以推出，一个连续环节或系统只要其输入是离散信号，则不论其输出端有无采样开关，都可以等效为一个离散环节或系统，而且其输出与输入之间的动态关系可用 Z 传递函数来描述；若连续环节或系统的输入是连续信号，则不论其输出端有无采样开关，不可等效为离散环节或系统，其输出与输入之间的动态关系也不能用 Z 传递函数描述，而且也不存在 Z 传递函数。

(3) 计算机控制系统的闭环脉冲传递函数

1) 单位反馈计算机控制系统

图 2-22 中，$D^*(s)$ 是计算机执行的数字控制器的脉冲传递函数所对应的"*"号变换，对应的 Z 变换为 $D(z)$。$D^*(s)$ 后面的采样开关是虚拟开关，用以表示数字控制器输出的是采样信号，其采样周期和偏差信号 $E^*(s)$ 的采样周期 T 相同。

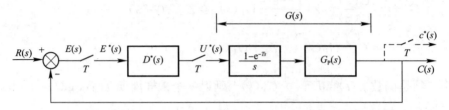

图 2-22　单位反馈计算机控制系统

由图 2-22 可知：
$$C(s) = G(s)U^*(s)$$
$$U^*(s) = D^*(s)E^*(s)$$
$$E(s) = R(s) - C(s)$$

将 $C(s)$ 及 $E(s)$ 离散化，则有：
$$C^*(s) = [G(s)U^*(s)]^* = G^*(s)U^*(s) \tag{2-76}$$
$$U^*(s) = D^*(s)E^*(s) \tag{2-77}$$
$$E^*(s) = [R(s) - C(s)]^* = R^*(s) - C^*(s) \tag{2-78}$$

将式（2-78）代入式（2-77），得：
$$U^*(s) = D^*(s)[R^*(s) - C^*(s)] \tag{2-79}$$

将式（2-79）代入式（2-76），得：
$$C^*(s) = G^*(s)D^*(s)[R^*(s) - C^*(s)]$$

由上式解得：
$$C^*(s) = \frac{D^*(s)G^*(s)}{1 + D^*(s)G^*(s)} R^*(s)$$

上式写成 Z 传递函数的形式，得出系统闭环脉冲传递函数为：
$$\Phi(z) = \frac{C(z)}{R(z)} = \frac{D(z)G(z)}{1 + D(z)G(z)} \tag{2-80}$$

2) 非单位反馈计算机控制系统

非单位反馈计算机控制系统框图如图 2-23 所示。

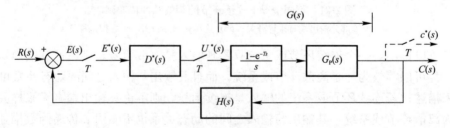

图 2-23　非单位反馈计算机控制系统框图

$$C(s) = G(s)U^*(s) \tag{2-81}$$

$$U^*(s) = D^*(s)E^*(s) \tag{2-82}$$

$$E(s) = R(s) - H(s)C(s) = R(s) - G(s)H(s)U^*(s) \tag{2-83}$$

对式 (2-83) 两边取 "*"，得：

$$E^*(s) = R^*(s) - GH^*(s)U^*(s) \tag{2-84}$$

将式 (2-84) 代入式 (2-82)，得：

$$U^*(s) = D^*(s)[R^*(s) - GH^*(s)U^*(s)]$$

由上式求出：

$$U^*(s) = \frac{D^*(s)R^*(s)}{1 + D^*(s)GH^*(s)} \tag{2-85}$$

对式 (2-81) 两边取 "*"，得：

$$C^*(s) = G^*(s)U^*(s) \tag{2-86}$$

将式 (2-85) 代入式 (2-86)，得：

$$C^*(s) = \frac{D^*(s)G^*(s)}{1 + D^*(s)GH^*(s)}R^*(s)$$

将此式写成 Z 闭环传递函数形式：

$$\Phi(z) = \frac{C(z)}{R(z)} = \frac{D(z)G(z)}{1 + D(z)GH(z)} \tag{2-87}$$

【例 2.18】试求图 2-24 所示计算机控制系统的闭环脉冲传递函数，已知 $T=1s$。

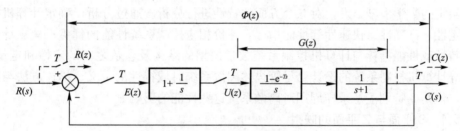

图 2-24 计算机控制系统

解：由于 $D(s) = (1 + 1/s)$，所以：

$$D(z) = Z[D(s)] = Z[1 + 1/s] = 1 + \frac{1}{1 - z^{-1}} = \frac{2 - z^{-1}}{1 - z^{-1}}$$

又因为 $G(s) = G_h(s)G_P(s) = \frac{1 - e^{-Ts}}{s} \frac{1}{s+1}$，所以：

$$G(z) = G_h G_P(z) = Z\left[\frac{1 - e^{-Ts}}{s} \frac{1}{s+1}\right] = (1 - z^{-1})Z\left[\frac{1}{s(s+1)}\right]$$

$$= (1 - z^{-1})\left[\frac{1}{1 - z^{-1}} - \frac{1}{1 - e^{-T}z^{-1}}\right] = \frac{(1 - e^{-T})z^{-1}}{1 - e^{-T}z^{-1}}$$

$$\Phi(z) = \frac{C(z)}{R(z)} = \frac{D(z)G_h G_P(z)}{1 + D(z)G_h G_P(z)} = \frac{(2 - z^{-1})(1 - e^{-T})z^{-1}}{(1 - z^{-1})(1 - e^{-T}z^{-1}) + (2 - z^{-1})(1 - e^{-T})z^{-1}}$$

由于 $T = 1s$，所以：

$$\Phi(z) = \frac{C(z)}{R(z)} = \frac{(2-z^{-1}) \times 0.632 z^{-1}}{(1-z^{-1})(1-0.368 z^{-1}) + (2-z^{-1}) \times 0.632 z^{-1}}$$

$$= \frac{1.264(z^{-1} - 0.5 z^{-2})}{1 - 0.104 z^{-1} - 0.264 z^{-2}} = \frac{1.264 z - 0.632}{z^2 - 0.104 z - 0.264}$$

实际上，对传递函数 $G(s)$ 进行 Z 变换求 $G(z)$ 时，也可以利用 MATLAB 命令，如：

num=[1];
den=[1 1];
[c,d]=c2dm(num,den,1,'zoh')

结果为：

c=[0   0.6321]
d=[1.0000 -0.3679]

即：

$$G(z) = \frac{0.6321}{z - 0.3679} = \frac{0.6321 z^{-1}}{1 - 0.3679 z^{-1}}$$

2.5 离散时间系统特性分析

在离散时间系统中，描述离散时间系统的时域特性与连续系统十分类似，常用如下几个指标表示：稳定性、快速性（动态特性）、准确性（稳态特性）。离散时间系统特性分析就是从给定的数学模型出发，对三个方面的特性进行分析。通过分析，确定计算机控制系统在稳定性、准确性、快速性等性能指标，评价相应控制系统性能的优劣；建立计算机控制系统特性或性能指标与计算机控制系统数学模型的结构及参数之间的定性和定量关系，从而指导计算机控制系统的设计。尽管描述离散系统时域特性的定义、描述方法与连续系统类似，但是要特别注意采样周期对离散系统这些性能的影响。

2.5.1 S平面与Z平面的映射

线性时不变连续系统稳定的充要条件是：闭环系统特征方程的所有特征根，即系统闭环传递函数的所有极点都分布在S平面的左半平面，或者说，系统所有特征根具有负实部，设特征根 $s_i = \sigma_i + j\omega$，则 $\sigma_i < 0$。S平面的左半平面是系统特征根（或极点）分布的稳定域，S平面虚轴是稳定边界。若系统有一个或一个以上的特征根分布于S平面的右半平面，则系统就不稳定；若有特征根位于虚轴上，则系统为临界稳定，工程上也视为不稳定。

定义Z变换时，规定了 z 和 s 的关系为：

$$z = e^{Ts} \tag{2-88}$$

式中，z 和 s 均为复变量，T 是采样周期。设 $s = \sigma + j\omega$，则：

$$z = e^{Ts} = e^{T(\sigma + j\omega)} = e^{\sigma T} e^{j\omega T} \tag{2-89}$$

z 的模及相角分别为：

$$|z| = e^{\sigma T}, \quad \text{及} \angle z = \varphi = \omega T \tag{2-90}$$

在实际计算机控制系统中，采样频率 ω_s 远远大于系统中被采信号的最高频率 ω_{max}，即 $\omega_s \gg 2\omega_{max}$（根据采样定理，$\omega_s \geq 2\omega_{max}$，$\omega_{max} \leq \omega_s/2$），系统实际工作频率 ω 范围在主频

区 $-\omega_s/2\sim+\omega_s/2$ 以内。因而,在研究 S 平面和 Z 平面之间的关系时,主要讨论 S 平面主频区与 Z 平面之间的关系即可。因为 $\omega_s=\frac{2\pi}{T}$,$\frac{1}{2}\omega_s=\frac{\pi}{T}$,所以,S 平面主频区对应的 ω 范围是 $-\frac{\pi}{T}\sim+\frac{\pi}{T}$。

S 平面与 Z 平面之间的关系如图 2-25 所示。

(1) S 平面虚轴上①~②段,$j0\leqslant j\omega\leqslant j\pi/T$,映射到 Z 平面半径为 1 的上半圆。
因为 $s=j\omega$,则 $z=e^{Ts}=e^{j\omega T}=1\angle\omega T$。$z$ 的模 $|z|=1$;相角 $\varphi=\omega T=0\sim\pi$。

(2) S 平面②~③段,$s=\sigma+j\omega$,$\sigma=-\infty\sim0$,$\omega=\pi/T$。因而,映射到 Z 平面上,z 的模 $|z|=e^{(-\infty\sim0)T}=1\sim0$,$z$ 的相角 $\varphi=\omega T=\pi$。该段对应于 Z 平面上的②~③段,实际上它是与负实轴重合(沿着负实轴由 -1 变到 0),但为了表示清楚,将②~③段同负实轴分开画出。

(3) S 平面③~④段,$s=\sigma+j\omega$,$\sigma=-\infty$,$\omega=+\pi/T\sim-\pi/T$。因而,映射到 Z 平面上,z 的模 $|z|=e^{-\infty T}=0$,z 的相角 $\varphi=\omega T=\pi\sim-\pi$。③点、④点重合,但相角改变了。

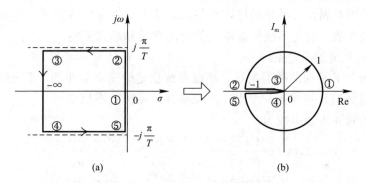

图 2-25 S 平面与 Z 平面之间的关系
(a) S 平面; (b) Z 平面

(4) S 平面④~⑤段,$s=\sigma+j\omega$,$\sigma=-\infty\sim0$,$\omega=-\pi/T$。因而,映射到 Z 平面上,z 的模 $|z|=e^{(-\infty\sim0)T}=0\sim1$,$z$ 的相角 $\varphi=\omega T=-\pi$。该段对应于 Z 平面上的④~⑤段。

(5) S 平面⑤~①段,s 沿负虚轴变化,$s=\sigma+j\omega$,$\sigma=0$,$\omega=-\pi/T\sim0$。因而,映射到 Z 平面上,z 的模 $|z|=e^{0T}=1$,z 的相角 $\varphi=\omega T=-\pi\sim0$。对应于 Z 平面上的⑤~①段,半径为 1 的下半圆。

(6) 若 s 的实部 $\sigma>0$,则 z 的模 $|z|=e^{\sigma T}>1$。

以上分析表明:S 平面左半面映射到 Z 平面单位圆内部;S 平面右半平面映射到 Z 平面单位圆外部;S 平面虚轴映射到 Z 平面单位圆上。由此可以得出离散系统的稳定条件:如果离散系统闭环脉冲传递函数的根,即特征方程的根都位于 Z 平面单位圆内部,则系统稳定;如果有一个根位于单位圆外部,则系统不稳定;如果有根位于单位圆上,则系统临界稳定。图 2-26 中阴影部分即为稳定区。

2.5.2 稳定性分析

与连续控制系统相同,计算机控制系统必须稳定,才有可能正常工作。稳定性是计算机控制系统正常工作的必要条件。因此,稳定性分析是计算机控制系统特性分析的一项极

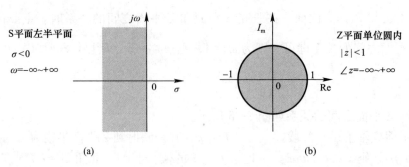

图 2-26　S 平面与 Z 平面的稳定区
(a) S 平面；(b) Z 平面

为重要的内容。

无论连续还是离散系统在扰动作用下，都会偏离原来的平衡工作状态。稳定性就是指当扰动作用消失以后，系统恢复到原平衡状态的性能；若系统能恢复原平衡状态，则称系统是稳定的；若系统在扰动作用消失以后，不能恢复到平衡状态，则称系统是不稳定的。稳定性是系统的固有属性，系统的稳定性是由系统本身固有的特性所决定的，只取决于系统本身的结构及参数。而与系统外部输入信号的有无和形式无关。

1. 离散时间系统的稳定条件

根据 S 平面和 Z 平面的映射关系，离散系统稳定的充要条件是，系统的特征根全部位于 Z 平面的单位圆内，只要有一个根在单位圆外，系统就不稳定。

离散系统的脉冲传递函数为：

$$G(z) = \frac{C(z)}{R(z)} = \frac{b_0 z^m + b_1 z^{m-1} + \cdots + b_m}{z^n + a_1 z^{n-1} + \cdots + a_n} \tag{2-91}$$

若系统输入为 δ 函数（代表瞬时扰动），$R(z)=1$，则系统输出为：

$$C(z) = G(z)R(z) = \frac{\sum_{i=0}^{m} b_i z^{m-i}}{\sum_{i=0}^{n} a_i z^{n-i}} \tag{2-92}$$

假如该脉冲传递函数有 n 个相异的极点 P_i，对式（2-92）做部分分式分解，有：

$$C(z) = \frac{A_1 z}{z - P_1} + \frac{A_2 z}{z - P_2} + \cdots + \frac{A_n z}{z - P_n} \tag{2-93}$$

反变换后，得：

$$c(k) = A_1 P_1^k + A_2 P_2^k + \cdots + A_n P_n^k = \sum_{i=1}^{n} A_i P_i^k \tag{2-94}$$

根据系统稳定性定义，如果系统对 δ 函数的响应 $c(k)$，在 $k \to \infty$ 时衰减为零，即：

$$\lim_{k \to \infty} c(k) = \lim_{k \to \infty} \sum_{i=1}^{n} A_i P_i^k = 0 \tag{2-95}$$

则离散系统是稳定的。为此，要求式（2-94）每一个分量都要衰减为零，即：

$$\lim_{k \to \infty} A_i P_i^k = 0 \tag{2-96}$$

由于 $A_i \neq 0$，为此要求每一特征根的模值应小于 1，即位于单位圆内：

$$|P_i|<1 \quad i=1,2,\cdots,n$$

上述结论对 $G(z)$ 中有重根时也成立。

2. 稳定性分析判定

(1) 直接求取特征方程根

为了检验系统的稳定性，最直接的办法就是求出它的全部特征根。目前，求取特征根有许多可用的计算机软件，其中 MATLAB 软件中求取多项式及矩阵特征根的命令都可使用。

【例 2.19】已知系统特征方程为：
$$F(z)=z^4-1.2z^3+0.07z^2+0.3z-0.08=0$$

试判断该系统的稳定性。

解：利用 MATLAB 软件相关指令，求得特征根，直接判断系统的稳定性。

c=[1 -1.2 0.07 0.3 -0.08];
r=roots (c)

运行结果为：

r=-0.5000
　 0.8000
　 0.5000
　 0.4000

可知 4 个特征根的模值均小于 1，位于单位圆内，则系统稳定。

直接求取特征方程根的方法不仅判断了系统稳定性，而且还可知特征根的具体特性，有利于系统分析和设计。但缺点是难以分析系统参数的影响。直接求解系统特征方程的根，对于三阶以上的特征方程求解很麻烦。为此，可采用间接的方法来判别系统的稳定性。

(2) 朱里（Jury）稳定性准则

朱里稳定性准则提出了系统特征根（极点）位于单位圆内（$|z|<1$）的充分必要条件。设离散系统的特征方程为：
$$F(z)=a_n z^n+a_{n-1}z^{n-1}+\cdots+a_1 z+a_0=0 \tag{2-97}$$

式中，$a_n>0$。若 $a_n<0$，-1 乘以等式两边，使 a_n 变为正值。

根据式（2-97）方程的系数，列出朱里阵列：

z_0	z^1	z^2	$\cdots$	z^{n-k}	$\cdots$	z^{n-1}	z^n
a_0	a_1	a_2	$\cdots$	a_{n-k}	$\cdots$	a_{n-1}	a_n
a_n	a_{n-1}	a_{n-2}	$\cdots$	a_k	$\cdots$	a_1	a_0
b_0	b_1	b_2	$\cdots$	b_{n-k}	$\cdots$	b_{n-1}	
b_{n-1}	b_{n-2}	b_{n-3}	$\cdots$	b_{k-1}	$\cdots$	b_0	
c_0	c_1	c_2	$\cdots$	c_{n-k}	$\cdots$		
c_{n-2}	c_{n-3}	c_{n-4}	$\cdots$	c_{k-2}	$\cdots$		
$\vdots$	$\vdots$	$\vdots$	$\vdots$				
l_0	l_1	l_2	l_3				
l_3	l_2	l_1	l_0				
m_0	m_1	m_2					

当特征方程的阶数 $n=2$ 时，只需要 1 行；当 $n=3$ 时，只需要 3 行。

前两行不需要计算，只是将 $F(z)$ 的原系数先倒排，然后顺排。从第三行开始，第一项用 2 行 2 列的行列式进行计算，阵列中偶数行的元素就是前一行元素反过来的顺序，如此计算到第 $(2n-3)$ 行各项为止。奇数行元素的定义为：

$$b_k = \begin{vmatrix} a_0 & a_{n-k} \\ a_n & a_k \end{vmatrix} \quad k=0,\ 1,\ 2,\ \cdots,\ n-1$$

$$c_k = \begin{vmatrix} b_0 & b_{n-1-k} \\ b_{n-1} & b_k \end{vmatrix} \quad k=0,\ 1,\ 2,\ \cdots,\ n-2$$

$$d_k = \begin{vmatrix} c_0 & c_{n-2-k} \\ c_{n-2} & c_k \end{vmatrix} \quad k=0,\ 1,\ 2,\ \cdots,\ n-3$$

$$\vdots$$

$$m_0 = \begin{vmatrix} l_0 & l_3 \\ l_3 & l_0 \end{vmatrix} \quad m_1 = \begin{vmatrix} l_0 & l_2 \\ l_3 & l_1 \end{vmatrix} \quad m_2 = \begin{vmatrix} l_0 & l_1 \\ l_3 & l_2 \end{vmatrix} \tag{2-98}$$

朱里稳定性准则：特征方程式（2-97）$F(z)=0$ 的根（极点）全部位于 Z 平面单位圆内的充分必要条件是 $a_n>0$。

1) $F(1)>0$
2) $(-1)^n F(-1)>0$
3) $|a_0|<a_n$
4) $|b_0|>|b_{n-1}|$
5) $|c_0|>|c_{n-2}|$
6) $|d_0|>|d_{n-3}|$
   $\vdots$
   $|m_0|>|m_2|$ \hfill (2-99)

对于一个稳定的系统，式（2-99）的条件必须全部满足，才是稳定的。若有一个条件不满足，则系统是不稳定的。

下面列出了一些常用的低阶系统根据朱里阵列得到的稳定条件。这些稳定条件用特征方程的系数表示。

1) 一阶系统（$n=1$）：$F(z)=a_1 z+a_0=0$，$a_1>0$

稳定条件：
$$\left|\frac{a_0}{a_1}\right|<1 \tag{2-100}$$

2) 二阶系统（$n=2$）：$F(z)=a_2 z^2+a_1 z+a_0=0$，$a_2>0$

稳定条件：
$$a_2+a_1+a_0>0$$
$$a_2-a_1+a_0>0$$
$$|a_0|<a_2 \tag{2-101}$$

3) 三阶系统（$n=3$）：$F(z)=a_3 z^3+a_2 z^2+a_1 z+a_0=0$，$a_3>0$

稳定条件：
$$a_3+a_2+a_1+a_0>0$$
$$a_3-a_2+a_1-a_0>0$$
$$|a_0|<a_3$$

$$|a_0^2 - a_3^2| > |a_0 a_2 - a_1 a_3| \quad (2\text{-}102)$$

下面仅就三阶系统（$n=3$）的稳定条件进行讨论：

1) $F(1) > 0$：将 $z=1$ 代入三阶特征方程：
$$a_3(1)^3 + a_2(1)^2 + a_1(1) + a_0 > 0$$

则：
$$a_3 + a_2 + a_1 + a_0 > 0$$

2) $(-1)^n F(-1) > 0$：因为 $n=3$ 为奇数，$F(-1) < 0$，将 $z=-1$ 代入三阶特征方程：

因：
$$a_3(-1)^3 + a_2(-1)^2 + a_1(-1) + a_0 < 0$$
$$a_3 - a_2 + a_1 - a_0 > 0$$

3) $|a_0| < a_n$：$|a_0| < a_3$

4) $|b_0| > |b_{n-1}|$：由式（2-98）得：
$$b_k = \begin{vmatrix} a_0 & a_{n-k} \\ a_n & a_k \end{vmatrix}$$

根据上式计算 $b_0(n=3, k=0)$，即：
$$b_0 = \begin{vmatrix} a_0 & a_{3-0} \\ a_3 & a_0 \end{vmatrix} = a_0^2 - a_3^2$$

计算 $b_2(n=3, k=2)$，即：
$$b_2 = \begin{vmatrix} a_0 & a_{3-2} \\ a_3 & a_2 \end{vmatrix} = a_0 a_2 - a_1 a_3$$

$$|a_0^2 - a_3^2| > |a_0 a_2 - a_1 a_3|$$

【例 2.20】如图 2-27 所示单位反馈离散系统，采样周期 $T=1\text{s}$ 时，试用朱里稳定性准则确定系统稳定时 k 的范围。

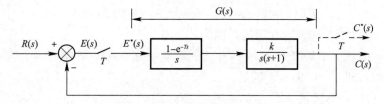

图 2-27 单位反馈离散系统

解：由图 2-27 可以求出，系统特征方程为：
$$1 + kG_1(z) = 1 + \frac{k(0.368z + 0.264)}{z^2 - 1.368z + 0.368} = 0$$

即：
$$z^2 + (0.368k - 1.368)z + (0.368 + 0.264k) = 0$$

二阶系统只有 3 项，因此不需要再计算其他行，z^2 系数等于 $1 > 0$。根据前述二阶系统稳定条件：

1) $F(1) > 0$，即：
$$1 + (0.368k - 1.368) + (0.368 + 0.264k) > 0$$

求得：$k>0$。

2) $(-1)^2 F(-1)>0$，即：
$$1-(0.368k-1.368)+(0.368+0.264k)>0$$

求得：$k<26.3$

3) $|a_0|<a_2$，即：
$$0.368+0.264k<1$$

求得：$k<2.39$

因此，当 $0<k<2.39$ 时，系统是稳定的。$k=2.39$ 时，临界稳定。

【例 2.21】设某离散闭环系统的特征方程为：
$$F(z)=z^3-3z^2+2.25z-0.5=0$$
试用朱里稳定性准则，判定该系统是否稳定。

解：在上述条件下，朱里阵列为：

z^0	z^1	z^2	z^3
-0.5	2.25	-3	1
1	-3	2.25	-0.5
-0.75	1.875	-0.75	

最后一行计算如下：
$$b_0=\begin{vmatrix} -0.5 & 1 \\ 1 & -0.5 \end{vmatrix}=-0.75$$

$$b_1=\begin{vmatrix} -0.5 & -3 \\ 1 & 2.25 \end{vmatrix}=1.875$$

$$b_2=\begin{vmatrix} -0.5 & 2.25 \\ 1 & -3 \end{vmatrix}=-0.75$$

1) 条件 $F(1)>0$ 不满足，因为：
$$F(1)=1-3+2.25-0.5=-0.25<0$$

2) 条件 $(-1)^3 F(-1)>0$ 满足，因为：
$$(-1)^3 F(-1)=1+3+2.25+0.5=6.75>0$$

3) $|a_0|<a_3$ 即 $|-0.5|<1$ 满足。

4) $|b_0|>|b_2|$ 不满足，因为 $b_0=b_2=-0.75$

由以上分析可知，该系统是不稳定的。

该系统特征方程 $F(z)$ 可进行因式分解：
$$F(z)=(z-0.5)^2(z-2)=0$$

其中有一根 $p=2$，$|p|>1$，也表明系统是不稳定的。

【例 2.22】设某系统的特征方程为：
$$z^2-[(1+e^{-T})-(1-e^{-T})(K_I+K_p)]z+e^{-T}-(1-e^{-T})K_p=0$$

其中，采样周期 $T=0.1s$，$K_I=100T=10$，试确定出系统稳定时 K_p 的范围。

解：将 T、K_I 代入特征方程，得：
$$z^2-(0.953-0.0952K_p)z+0.905-0.0952K_p=0$$

该特征方程为二阶方程，且 $a_2=1>0$。因此，根据朱里稳定性准则

1) $F(1)=1-0.953+0.0952K_p+0.905-0.0952K_p=0.952>0$，条件满足，且与 K_p 无关。

2) $(-1)^2F(-1)=1+0.953-0.0952K_p+0.905-0.0952K_p>0$，求出 $K_p<15.01$。

3) $|a_0|<a_2$，$|0.905-0.0952K_p|<1$，求出 $K_p<20.0$。

因此，$K_p<15.01$ 时系统稳定。

(3) 采样周期对闭环系统稳定性的影响

与连续系统不同，在离散控制系统中，采样周期 T 是一个重要参数，其大小影响特征方程的系数，对系统稳定性起着重要的作用。

【例 2.23】判断图 2-28 所示离散控制系统在采样周期 $T=1$s 和 $T=4$s 时的稳定性。

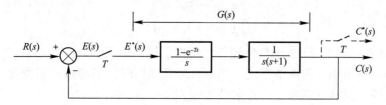

图 2-28 离散控制系统

解：为了判断这个系统在采样周期为 $T=1$s 和 $T=4$s 时的稳定性，必须求出该系统的闭环脉冲传递函数，求出其特征方程，判断系统的稳定性。

因为：$G(s)=\dfrac{1-e^{-Ts}}{s} \cdot \dfrac{1}{s(s+1)}$

系统开环脉冲传递函数为：

$$G(z)=Z[G(s)]=Z\left(\dfrac{1-e^{-Ts}}{s} \cdot \dfrac{1}{s(s+1)}\right)=(1-z^{-1})Z\left(\dfrac{1}{s^2}-\dfrac{1}{s}+\dfrac{1}{s+1}\right)$$

$$=(1-z^{-1})\left(\dfrac{Tz^{-1}}{(1-z^{-1})^2}-\dfrac{1}{1-z^{-1}}+\dfrac{1}{1-e^{-T}z^{-1}}\right)$$

$$=\dfrac{(e^{-T}+T-1)z+(1-e^{-T}-Te^{-T})}{z^2-(1+e^{-T})z+e^{-T}}$$

系统闭环脉冲传递函数为：

$$\Phi(z)=\dfrac{G(z)}{1+G(z)}$$

其特征方程 $1+G(z)=0$

即：$z^2+(T-2)z+(1-Te^{-T})=0$

(1) $T=1$s 时，系统特征方程为：

$$z^2-z+0.632=0$$

特征方程为二阶方程：$a_2=1>0$，$a_1=-1$，$a_0=0.632$。

根据朱里稳定性准则：

1) $F(1)=1-1+0.632=0.632>0$

2) $(-1)^2F(-1)=1+1+0.632=2.632>0$

3) $|a_0|=0.632<1(a_2)$

由朱里稳定性准则可以得出结论，采样周期 $T=1$s 时，该系统稳定。

(2) 采样周期为 $T=4s$ 时,其特征方程为:
$$z^2+2z+0.9267=0$$
特征方程系数 $a_2=1>0$,$a_1=2$,$a_0=0.9267$。
根据朱里稳定性准则:
1) $F(1)=1+2+0.9267=3.9267>0$,满足条件。
2) $(-1)^2F(-1)=1-2+0.9267=-0.0733<0$,不满足条件。
3) $a_0=0.9276<1(a_2)$,满足条件。
结论:其中 2) 不满足条件,系统就不稳定。
解特征方程,得出两个根分别为:
$$p_1=-0.7293$$
$$p_2=-1.2707$$
式中,p_2 绝对值大于 1,即位于单位圆外,所以系统不稳定。

可以看出,一个稳定的离散系统,当加大采样周期时,如超过一定程度,系统就会不稳定。一般来说,采样周期减小,稳定性增强。

2.5.3 动态特性分析

1. 离散时间系统动态特性指标及限制条件

所有控制系统除要求系统具有稳定性和准确性外,还要求系统具有满意的快速性和动态品质。控制系统暂态响应正是反映了系统快速性和动态品质的优劣。动态特性主要是用系统在单位阶跃输入信号作用下的响应特性来描述,如图 2-29 所示,它反映了控制系统的瞬态过程。

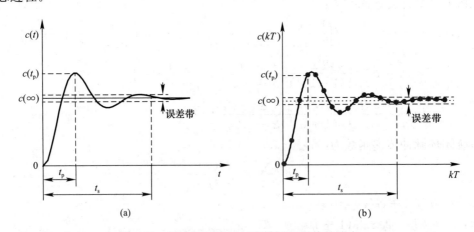

图 2-29 连续时间系统与离散时间系统的响应

表征计算机控制系统动态响应特性的主要参数是系统单位阶跃响应的调整时间 t_s(也称建立时间),最大超调量 $\sigma_p=\dfrac{c(t_p)-c(\infty)}{c(\infty)}\times 100\%$ 和峰值时间 t_p。其中调整时间 t_s 反映控制系统的快速性,最大超调量 σ_p 和峰值时间 t_p 反映系统阻尼特性和相对稳定性。参数 t_s、σ_p、t_p 的定义和连续系统相同。计算机控制系统暂态响应过程也是由系统本身结构和参数所决定的,与系统闭环极点在 Z 平面上的分布有关。

必须指出,尽管上述动态特性与连续系统相同,但在 Z 域进行分析时,所得到的只是各采样时刻的值。对计算机控制系统而言,被控对象常常是连续变化的,因此,在采样间隔内系统的状态并不能被表示出来,它们尚不能精确地描述和表达计算机控制系统的真实特性。实际系统输出是连续变化的,它的最大峰值输出为 c_m,但在 Z 域计算时,得到的峰值为 c_m^*,一般情况下,$c_m^* < c_m$。

若采样周期 T 较小,相应的采样值可能更接近连续响应。如采样周期 T 较大,两者差别可能较大。多数情况下,只要采样周期 T 选取合适,把两个采样值连接起来就可以近似代表采样间隔之间的连续输出值。

2. 极点零点位置与时间响应的关系

某离散控制系统框图如图 2-30 所示。

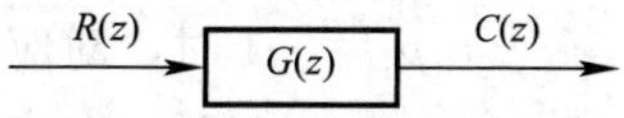

脉冲传递函数为:

图 2-30 某离散控制系统框图

$$G(z) = \frac{b_0 z^m + b_1 z^{m-1} + \cdots + b_m}{z^n + a_1 z^{n-1} + \cdots + a_n} \tag{2-103}$$

式中,$m \leqslant n$,设 $m = n$,式(2-103)的分母写成因式相乘的形式:

$$G(z) = b_0 + \frac{b_1' z^{n-1} + b_2' z^{n-2} + \cdots + b_n'}{z^n + a_1 z^{n-1} + \cdots + a_n} = b_0 + \frac{b_1' z^{n-1} + b_2' z^{n-2} + \cdots + b_n'}{(z - p_1)(z - p_2) \cdots (z - p_n)}$$

$$\tag{2-104}$$

设输入 $r(k)$ 为单位脉冲函数 $\delta(k) = \begin{cases} 1 & k = 0 \\ 0 & k \neq 0 \end{cases}$

$$Z[r(k)] = Z[\delta(k)] = 1$$

即 $R(z) = 1$,因此:

$$C(z) = G(z)R(z) = G(z)$$

$$C(z) = b_0 + \frac{d_1}{z - p_1} + \frac{d_2}{z - p_2} + \cdots + \frac{d_n}{z - p_n} \tag{2-105}$$

式中,$p_1, p_2, \cdots, p_n$ 是脉冲传递函数的极点。系统脉冲响应为:

$$c(k) = Z^{-1}[C(z)] = Z^{-1}\left[b_0 + \frac{d_1}{z - p_1} + \frac{d_2}{z - p_2} + \cdots + \frac{d_n}{z - p_n}\right] \tag{2-106}$$

上式中第一项的 Z 反变换为 $b_0 \delta(k)$,$k = 0$。其余各项为:

$$\frac{d_i}{z - p_i} = \frac{d_i z^{-1}}{1 - p_i z^{-1}}, \quad i = 1, 2, \cdots, n \tag{2-107}$$

式(2-107)的 Z 反变换为:

$$Z^{-1}\left[\frac{d_i z^{-1}}{1 - p_i z^{-1}}\right] = d_i p_i^{k-1}, \quad k \geqslant 1$$

所以:

$$c(k) = \begin{cases} b_0 \delta(k), & k = 0 \\ d_i p_i^{k-1}, & k \geqslant 1 \end{cases} \tag{2-108}$$

系统脉冲响应分析:$c(k)$ 的第一项 $b_0 \delta(k)$ 只是在 $k=0$ 时存在,b_0 是系统脉冲响应的初值。极点 $p_1, p_2, \cdots, p_n$ 所对应脉冲响应为 $d_i p_i^{k-1}$,d_i 为常数,$i = 1, 2, \cdots, n$,p_i 可能是实数(可能是正实数,也可能是负实数),也可能是复数。

(1) 若 p_1, p_2, …, p_n 为实数

随着 k 的变化，对于不同的 p_i，其脉冲响应也随之不同，离散系统实数极点相应的脉冲响应如图 2-31 所示。

1) $p_i > 1$ 时，系统对应的输出分量是发散序列，输出为 p_1^{k-1}；

2) $p_i = 1$ 时，对应的输出分量是等幅不衰减序列，输出为 p_2^{k-1}；

3) $0 < p_i < 1$ 时，对应的输出分量是单调衰减序列，输出为 p_3^{k-1}；

4) $-1 < p_i < 0$ 时，对应的输出分量是交替变号的衰减序列，输出为 p_4^{k-1}；

5) $p_i = -1$ 时，对应的输出分量是交替变号的等幅序列，输出为 p_5^{k-1}；

6) $p_i < -1$ 时，对应的输出分量是交替变号发散序列，输出为 p_6^{k-1}。

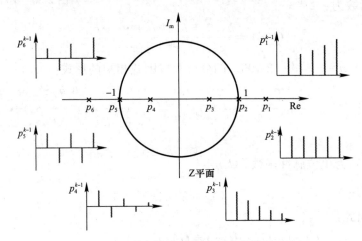

图 2-31 离散系统实数极点相应的脉冲响应

(2) 若 p_1, p_2, …, p_n 极点中含有共轭复数对

若 p_1, p_2, …, p_n 极点中含有共轭复数对时，则复数对极点所对应的系统脉冲响应为振荡序列。令共轭极点对为 $p_{i1,2} = a_i \pm jb_i$，一般将共轭极点对所对应的部分分式写成如下形式：

$$C_i(z) = \frac{c_i z + d_i}{(z-a_i)^2 + b_i^2} = \frac{A}{z - a_i - jb_i} + \frac{B}{z - a_i + jb_i} \qquad (2\text{-}109)$$

式中，$C_i(z)$ 的两个极点为：

$$z_{i1} = a_i + jb_i = R_i e^{j\theta_i}, \qquad z_{i2} = a_i - jb_i = R_i e^{-j\theta_i} \qquad (2\text{-}110)$$

$C_i(z)$ 所对应的脉冲响应为下列组合：

$$c_i(k) = A(R_i e^{j\theta_i})^{k-1} + B(R_i e^{-j\theta_i})^{k-1}, \qquad k = 1, 2, \cdots$$

上式中 A，B 的值可以由式 (2-109) 计算出，而 k 的值由 1 开始算起，其原因为式 (2-109) 的分式中，分母 z 的阶数比分子 z 的阶数大于 1，当 $k=0$ 时，$c_i(0) = 0$。经化简、合并计算，得出：

$$c_i(k) = \begin{cases} 0 & k = 0 \\ r_i R_i^{k-1} \sin[(k-1)\theta_i + \varphi_i] & k \geq 1 \end{cases} \qquad (2\text{-}111)$$

式中，$r_i = \sqrt{c_i^2 + \left(\dfrac{a_i c_i + d_i}{b_i}\right)^2}$，$R_i = \sqrt{a_i^2 + b_i^2}$，$\varphi_i = \tan^{-1}\left(\dfrac{b_i c_i}{a_i c_i + d_i}\right)$，$\theta_i = \tan^{-1}\left(\dfrac{b_i}{a_i}\right)$

由式（2-111）中表达式 $r_i R_i^{k-1} \sin[(k-1)\theta_i + \varphi_i]$ 中可以看出，式（2-109）共轭极点对所对应的脉冲响应为振荡形式，其幅值发散或收敛决定于 $R_i = \sqrt{a_i^2 + b_i^2}$ 的值。

如果 $R_i > 1$，则幅值发散；

如果 $R_i < 1$，则幅值收敛；

若 $R_i = 1$，则等幅振荡。

θ_i 的值决定 $c_i(k)$ 的振荡频率；φ_i 的值决定 $c_i(k)$ 的初相位。根据式（2-111）绘制出 Z 平面上六种不同位置的离散系统共轭极点对所对应的脉冲响应，如图 2-32 所示。

① $|p_i| > 1$ 时，系统输出是发散振荡，如极点对 $(p_1, \overline{p}_1)$，$(p_6, \overline{p}_6)$ 所对应的脉冲响应；

② $|p_i| < 1$ 时，系统输出是衰减振荡，如极点对 $(p_3, \overline{p}_3)$，$(p_4, \overline{p}_4)$ 所对应的脉冲响应；

③ $|p_i| = 1$ 时，系统输出是等幅振荡，如极点对 $(p_2, \overline{p}_2)$，$(p_5, \overline{p}_5)$ 所对应的脉冲响应。

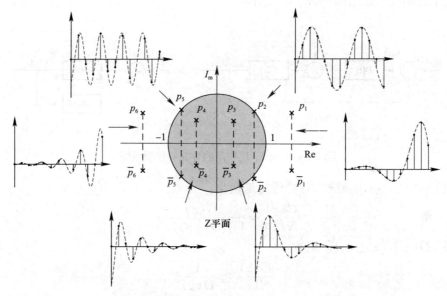

图 2-32　离散系统共轭极点对所对应的脉冲响应

综上所述，可以看出线性离散系统的闭环极点的分布影响系统的过渡特性。当极点分布在 Z 平面的单位圆上或单位圆外时，对应的输出分量是等幅的或发散的序列，系统不稳定。

当极点分布在 Z 平面的单位圆内时，对应的输出分量是衰减序列，而且极点越接近 Z 平面的原点，输出衰减越快，系统的动态响应越快。反之，极点越接近单位圆周，输出衰减越慢，系统过渡时间越长。

另外，当极点分布在单位圆内左半平面时，虽然输出分量是衰减的，但过渡特性不好。因此，设计线性离散系统时，应该尽量选择极点在 Z 平面上右半圆内。

由以上分析可知，计算机控制系统闭环极点，不论实极点还是复极点（均在单位圆内）愈靠近 Z 平面原点（其模越小），其暂态响应分量衰减就越快。反之越靠近单位圆，其暂态响应分量衰减越缓慢。由此可知,对于有两个以上极点的高阶控制系统,如果系统有一对极点靠近单位圆,而其余极点和零点均靠近原点,那么这样的系统暂态响应就主要由这对靠近单位圆的极点的暂态响应分量所支配,其他极点的暂态响应分量因衰减相对很快,可忽略不计,通常称这对最靠近单位圆的极点为主导极点。这样的高阶系统就可以近似为二阶系统,它的暂态响应特性可由它的主导极点在 Z 平面的位置大致估计出来。

3. 计算机控制系统对干扰输入作用的响应

计算机控制系统和连续控制系统一样,都会受到一定干扰的影响,系统输出对于干扰会有一定的响应。设计计算机控制系统是希望系统对干扰具有一定的抑制能力和鲁棒性。但是,干扰在系统中的作用点不同,所引起的输出响应也不同,下面就干扰出现在系统中不同位置进行分析。

(1) 干扰作用在反馈系统前向通道

如图 2-33 (a) 所示系统,设参考输入为零,即 $R(z)=0$,但系统仍受到扰动量 $N(z)$ 的作用。在这种情况下,系统方框图可以重画,如图 2-33 (b) 所示。扰动作用 $N(z)$ 对系统所产生的响应可以由图 2-33 (b) 求出。

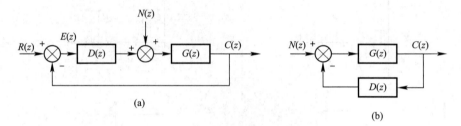

图 2-33 具有干扰作用的计算机控制系统

如图 2-33 (b) 所示系统的脉冲传递函数为:

$$\frac{C(z)}{N(z)} = \frac{G(z)}{1+D(z)G(z)} \tag{2-112}$$

如果 $|D(z)G(z)| \gg 1$,则有:

$$\frac{C(z)}{N(z)} \cong \frac{1}{D(z)}$$

因此系统误差为:

$$E(z) = R(z) - C(z) = -C(z)$$

得出干扰作用的系统误差为:

$$E(z) = -\frac{1}{D(z)} N(z) \tag{2-113}$$

这样,$D(z)$ 的增益越大,则误差 $E(z)$ 就越小。如果 $D(z)$ 含有一个积分器(即意味着 $D(z)$ 含有一个 $z=1$ 的极点),该系统对恒量扰动作用的稳态误差为零,这可以由下面的推导得出。

设有一恒量作用 N,则有:

$$N(z) = \frac{N}{1-z^{-1}} \tag{2-114}$$

如果 $D(z)$ 含有 $z=1$ 的一个极点,则 $D(z)$ 可以写成如下形式:

$$D(z) = \frac{D_d(z)}{z-1} = \frac{D_d(z)z^{-1}}{1-z^{-1}} \tag{2-115}$$

上式中 $D_d(z)$ 不包含 $z=1$ 的极点，则稳态误差可以求出：

$$e_{ss} = \lim_{z \to 1}[(1-z^{-1})E(z)] = \lim_{z \to 1}\left[(1-z^{-1})\frac{-N(z)}{D(z)}\right]$$

$$= -\lim_{z \to 1}\left[(1-z^{-1})\frac{N}{1-z^{-1}}\frac{1}{D(z)}\right] = \lim_{z \to 1}\frac{(1-z^{-1})N}{D_d(z)z^{-1}} = 0 \tag{2-116}$$

如果一个线性系统既受到参考输入的作用，又受到干扰的作用，其误差为这两种作用误差之和。以上分析可以知道，扰动作用在反馈系统的前向通道时，$D(z)$ 的增益越大，系统抗干扰能力就越强。

（2）干扰作用在系统的反馈通道

如果干扰作用在反馈系统的反馈通道，如图 2-34（a）所示，在实际工程中相当于检测反馈回路中出现了干扰。设参考输入 $R(z)=0$，则扰动单独作用对系统输出 $C(z)$ 的等效方框图如图 2-34（b）所示。

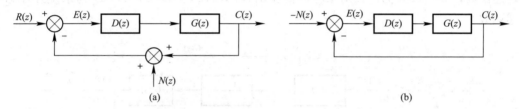

图 2-34 扰动作用在反馈通道的闭环系统

由图 2-34（b），可以求出：

$$\frac{C(z)}{-N(z)} = \frac{D(z)G(z)}{1+D(z)G(z)} \tag{2-117}$$

由于 $E(z) = R(z) - C(z) = -C(z)$，则有：

$$\frac{E(z)}{N(z)} = \frac{-C(z)}{N(z)} = \frac{D(z)G(z)}{1+D(z)G(z)} \tag{2-118}$$

由式（2-117）可以看出，为了减小扰动 $N(z)$ 对误差 $E(z)$ 的影响，则 $D(z)G(z)$ 增益应尽可能减小。

因此，为了减小扰动对误差的作用，在考虑 $D(z)G(z)$ 的增益之前，先求出 $E(z)/N(z)$ 的表达式。然而，$D(z)G(z)$ 的增益不能仅从扰动作用来决定，应该考虑参考输入和扰动的共同作用。如果输入的频率范围与扰动的频率范围相差很远，系统中可以设置滤波器。如果它们的频率范围重叠，则必须修正系统，得到满意的响应。

2.5.4 稳态误差分析

稳态误差是指系统过渡过程结束到达稳态以后，系统输出采样值与参考输入采样值之间的偏差。稳态误差是衡量计算机控制系统准确性的一项重要性能指标。在工程实际中，通常都是希望系统的稳态误差越小越好，稳态误差越小，表明系统控制的稳态精度就越高。所以稳态误差是计算机控制系统分析和设计时必须考虑的主要内容之一。

和连续系统一样，离散系统的稳态误差一方面与系统本身的结构和参数有关，另一方面与外作用特性有关。对于特定形式的参考输入，控制系统的稳态误差由系统本身结构及参数确定。在连续控制系统中，稳态误差可用拉普拉斯变换中的终值定理求得，并用误差系数表示，并将其作为控制系统的稳态准确性的一种定量指标。离散系统也采用类似的方法进行分析和计算。

1. 离散系统稳态误差的定义

连续系统的误差信号定义为单位反馈系统指令输入与系统输出信号的差值，即：

$$e(t) = r(t) - c(t)$$

稳态误差定义为上述误差的终值，即：

$$e_{ss} = \lim_{t \to \infty} e(t)$$

类似地，离散系统的误差信号是指采样时刻的输入与输出信号的差值：

$$e^*(t) = r^*(t) - c^*(t)$$

稳态误差也定义为：

$$e_{ss}^* = \lim_{t \to \infty} e^*(t) = \lim_{k \to \infty} e(kT) \tag{2-119}$$

非单位反馈控制系统如图2-35所示，系统闭环稳定。图2-35中，$D(z)$为控制器脉冲传递函数；令$G(z)$为广义对象脉冲传递函数；$W_0(z) = D(z)GH(z)$为系统开环脉冲传递函数。

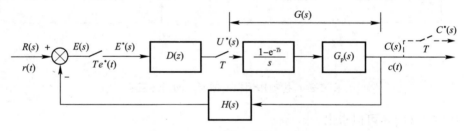

图2-35 非单位反馈控制系统

系统中误差为：

$$E(s) = R(s) - H(s)C(s) = R(s) - D(z)G(s)H(s)E^*(s)$$

上式两边取"*"，则有：

$$E^*(s) = R^*(s) - D(z)GH^*(s)E^*(s)$$

由此得出：

$$E^*(s) = \frac{R^*(s)}{1 + D(z)GH^*(s)}$$

即：

$$E(z) = \frac{1}{1 + D(z)GH(z)} R(z) \tag{2-120}$$

通常称下式为系统闭环误差脉冲传递函数。

$$W_e(z) = \frac{E(z)}{R(z)} = \frac{1}{1 + D(z)GH(z)} = \frac{1}{1 + W_0(z)} \tag{2-121}$$

采样时刻误差为$e^*(t)$，根据终值定理可知，稳态误差e_{ss}^*为：

$$e_{ss}^* = \lim_{t \to \infty} e^*(t) = \lim_{k \to \infty} e(kT) = \lim_{z \to 1}[(1 - z^{-1})E(z)] \tag{2-122}$$

将式（2-120）代入式（2-122），则有：

$$e^*_{ss} = \lim_{z \to 1}\left[(1-z^{-1})\frac{1}{1+D(z)GH(z)}R(z)\right] \qquad (2\text{-}123)$$

由式（2-123）可以看出，系统稳态误差 e^*_{ss} 不仅与系统的结构，如系统开环脉冲传递函数 $D(z)GH(z)$ 有关，而且与系统输入的类型 $R(z)$ 有关。下面就工程中常用的三种输入信号：单位阶跃信号、单位斜坡信号、加速度信号计算稳态误差。

2. 离散系统稳态误差的计算

(1) 稳态位置误差常数

对于单位阶跃输入，$r(t)=1(t)$，则：

$$R(z)=\frac{1}{1-z^{-1}}$$

将上式代入式（2-123），可以求出系统对单位阶跃输入时，系统稳态误差为：

$$e^*_{ss}=\lim_{z \to 1}\left[(1-z^{-1})\frac{1}{1+D(z)GH(z)}\cdot\frac{1}{1-z^{-1}}\right]=\lim_{z \to 1}\frac{1}{1+D(z)GH(z)}$$

定义稳态位置误差常数为：

$$K_p = \lim_{z \to 1} D(z)GH(z) \qquad (2\text{-}124)$$

则单位阶跃输入时，系统稳态误差为：

$$e^*_{ss}=\frac{1}{1+K_p} \qquad (2\text{-}125)$$

如果 $K_p=\infty$，则系统单位阶跃输入稳态误差为零，系统开环脉冲传递函数 $D(z)GH(z)$ 至少有一个 $z=1$ 的极点。

(2) 稳态速度误差常数

对于单位斜坡输入 $r(t)=t$，则：

$$R(z)=\frac{Tz^{-1}}{(1-z^{-1})^2}$$

将上式代入（2-123），得：

$$e^*_{ss}=\lim_{z \to 1}\left[(1-z^{-1})\frac{1}{1+D(z)GH(z)}\cdot\frac{Tz^{-1}}{(1-z^{-1})^2}\right]=\lim_{z \to 1}\frac{T}{(1-z^{-1})D(z)GH(z)}$$

定义稳态速度误差常数 K_v 为：

$$K_v=\lim_{z \to 1}\frac{(1-z^{-1})D(z)GH(z)}{T} \qquad (2\text{-}126)$$

则系统对于单位斜坡输入时的稳态误差为：

$$e^*_{ss}=\frac{1}{K_v} \qquad (2\text{-}127)$$

如果 $K_v=\infty$，则系统单位斜坡输入稳态误差为零，系统开环脉冲传递函数 $D(z)GH(z)$ 至少有 $z=1$ 的双极点。

(3) 稳态加速度误差常数

对于加速度输入时，$r(t)=\frac{1}{2}t^2$，则：

$$R(z)=\frac{T^2(1+z^{-1})z^{-1}}{2(1-z^{-1})^3}$$

将上式代入式（2-123），得：

$$e_{ss}^* = \lim_{z \to 1}\left[(1-z^{-1})\frac{1}{1+D(z)GH(z)} \cdot \frac{T^2(1+z^{-1})z^{-1}}{2(1-z^{-1})^3}\right] = \lim_{z \to 1}\frac{T^2}{(1-z^{-1})^2 D(z)GH(z)}$$

定义稳态加速度误差常数 K_a 为：

$$K_a = \lim_{z \to 1}\frac{(1-z^{-1})^2 D(z)GH(z)}{T^2} \tag{2-128}$$

则稳态误差为：

$$e_{ss}^* = \frac{1}{K_a} \tag{2-129}$$

如果 $K_a = \infty$，则系统加速度输入时稳态误差为零，系统开环脉冲传递函数 $D(z)GH(z)$ 至少有 $z=1$ 的三重极点。

由以上的分析表明，系统稳态位置、速度、加速度误差常数 K_p、K_v 和 K_a 可以定量表示系统分别对阶跃、速度以及加速度三种典型输入的稳态复现能力，它们的数值越大，控制系统对相应的典型输入的稳态复现能力就越强，相应的稳态误差就越小，反之亦然。由以上三常数定义可知，它们数值的大小与控制系统本身结构和参数有关。

3. 控制系统的类型及误差常数

在连续系统中，常按其开环传递函数中所含积分环节的个数来分类，当积分环节个数=0，1，2，…时，分别称为○型、Ⅰ型、Ⅱ型…系统。按照 S 域和 Z 域的映射关系，积分环节，或者说 S 域 $s=0$ 极点，映射至 Z 域，极点为 $z=e^{Ts}=1$。因此，离散系统若已写成脉冲传递函数形式，则按其开环脉冲传统函数在 $z=1$ 处的极点数来分类，同样，积分环节个数为 0，1，2，…，时，称为○型、Ⅰ型、Ⅱ型…系统。将控制系统开环脉冲传递函数写成如下形式：

$$W_0(z) = D(z)GH(z) = \frac{W_d(z)}{(1-z^{-1})^q} \tag{2-130}$$

式（2-130）中，$W_d(z)$ 的分母中无 $(1-z^{-1})$ 因子，即 $W_d(z)$ 中无积分环节。q 为系统中的积分环节的阶次，称为系统的类型数。计算机控制系统和连续系统一样，也是按照系统中包含的积分环节的阶次 q 将系统分为若干类型。若系统开环脉冲传递函数 $W_0(z)$ 中的 $q=0$，即系统中无积分环节，则系统为○型系统；$W_0(z)$ 中的 $q=1$，即系统中含有一阶积分环节，则系统为Ⅰ型系统；若 $W_0(z)$ 中的 $q=2$，即系统中含有二阶积分环节，则系统为Ⅱ型系统，依此类推。

下面分别考察○型、Ⅰ型、Ⅱ型系统的稳态误差系数以及它们分别对单位阶跃、单位速度、加速度三种典型参考输入的稳态误差。

（1）○型系统

按照控制系统稳态误差常数定义式（2-124）、式（2-126）和式（2-128），○型系统的稳态误差系数分别为：

$$\begin{aligned} K_p &= \lim_{z \to 1} W_0(z) = W_d(1) = W_0(1) \\ K_v &= \lim_{z \to 1}\frac{(1-z^{-1})W_0(z)}{T} = 0 \\ K_a &= \lim_{z \to 1}\frac{(1-z^{-1})^2 W_0(z)}{T^2} = 0 \end{aligned} \tag{2-131}$$

第 2 章 计算机控制理论基础

式（2-131）中，$W_0(1)$ 为系统开环稳态增益，为一非零有限值，从而得出0型系统对三种典型参考输入的稳态误差分别为：

对单位阶跃输入：$e_{pss} = \dfrac{1}{1+K_p} = \dfrac{1}{1+W_0(1)}$

对单位速度输入：$e_{vss} = \dfrac{1}{K_v} = \infty$

对加速度输入：$e_{ass} = \dfrac{1}{K_a} = \infty$

0型系统不可能完全消除对阶跃输入的稳态误差，总有一定的稳态误差存在。0型系统对速度和加速度输入稳态误差均为无穷大，所以0型系统无法实现对速度和加速度输入信号的跟踪。

（2）Ⅰ型系统

按照控制系统稳态误差常数定义式（2-124）、式（2-126）和式（2-128），Ⅰ型系统的稳态误差系数分别为：

$$\begin{aligned} K_p &= \lim_{z \to 1} W_0(z) = \lim_{z \to 1} \dfrac{W_d(z)}{(1-z^{-1})} = \infty \\ K_v &= \lim_{z \to 1} \dfrac{(1-z^{-1})W_0(z)}{T} = \lim_{z \to 1} \dfrac{W_d(z)}{T} = \dfrac{W_d(1)}{T} \\ K_a &= \lim_{z \to 1} \dfrac{(1-z^{-1})^2 W_0(z)}{T^2} = \lim_{z \to 1} \dfrac{(1-z^{-1})W_d(z)}{T^2} = 0 \end{aligned} \quad (2\text{-}132)$$

Ⅰ型系统对三种典型参考输入的稳态误差分别为：

对单位阶跃输入：$e_{pss} = \dfrac{1}{1+K_p} = 0$

对单位速度输入：$e_{vss} = \dfrac{1}{K_v} = \dfrac{T}{W_d(1)}$

对加速度输入：$e_{ass} = \dfrac{1}{K_a} = \infty$

由以上分析可知，Ⅰ型系统对参考输入的稳态复现能力比0型系统强，对阶跃输入具有极强的稳态复现能力，能够完全消除对阶跃输入的稳态误差；对速度输入也有一定的稳态复现能力，并且随着系统开环稳态增益 $W_d(1)$ 的增大而增强，相应的稳态误差也随之而减小；但Ⅰ型系统不能完全消除对速度输入的稳态误差，Ⅰ型系统没有对加速度输入的稳态复现能力，其相应的稳态误差为无穷大，所以Ⅰ型系统不能实现对加速度输入信号的跟踪。

（3）Ⅱ型系统

同理，Ⅱ型系统的稳态误差系数为：

$$\begin{aligned} K_p &= \lim_{z \to 1} W_0(z) = \lim_{z \to 1} \dfrac{W_d(1)}{(1-z^{-1})^2} = \infty \\ K_v &= \lim_{z \to 1} \dfrac{(1-z^{-1})W_0(z)}{T} = \lim_{z \to 1} \dfrac{W_d(z)}{T(1-z^{-1})} = \infty \\ K_a &= \lim_{z \to 1} \dfrac{(1-z^{-1})^2 W_0(z)}{T^2} = \lim_{z \to 1} \dfrac{W_d(z)}{T^2} = \dfrac{W_d(1)}{T^2} \end{aligned} \quad (2\text{-}133)$$

Ⅱ型系统对三种典型参考输入的稳态误差分别为：

对单位阶跃输入：$e_{pss} = \dfrac{1}{1+K_p} = 0$

对单位速度输入：$e_{vss} = \dfrac{1}{K_v} = 0$

对加速度输入：$e_{ass} = \dfrac{1}{K_a} = \dfrac{T^2}{W_d(1)}$

以上分析表明，Ⅱ型系统对参考输入的稳态复现能力比〇型和Ⅰ型系统都强，它可以完全消除系统对阶跃输入和速度输入的稳态误差，对加速度输入也有一定的稳态复现能力，其相应稳态误差随着系统开环稳态增益 $W_d(1)$ 的增大而减小，可以实现对加速度信号的跟踪，但不能完全消除对加速度输入的稳态误差。表 2-2 列出三种类型系统的稳态误差常数及稳态误差。

三种类型系统的稳态误差常数及稳态误差　　　　　　　　　表 2-2

系统类型	K_p	K_v	K_a	e_{pss}	e_{vss}	e_{ass}
〇	$W_0(1)$	0	0	$\dfrac{1}{1+W_0(1)}$	∞	∞
Ⅰ	∞	$\dfrac{W_d(1)}{T}$	0	0	$\dfrac{T}{W_d(1)}$	∞
Ⅱ	∞	∞	$\dfrac{W_d(1)}{T^2}$	0	0	$\dfrac{T^2}{W_d(1)}$

由以上分析可知，控制系统对参考输入的稳态复现能力除了与系统开环稳态增益 $W_0(1)$ 或 $W_d(1)$ 有关外，还与系统中含有的积分环节阶次有关。积分环节阶次越高，系统的稳态复现能力就越强，这是因为积分环节的稳态增益为无穷大的缘故。由此看来，通过增加控制系统的积分环节阶次，可以增强系统的稳态复现能力，提高系统稳态控制精确度。但是增加积分环节阶次，会增加系统的相位滞后，使系统稳定性降低，动态性能恶化，给系统校正带来困难。因此，工程上通常较多地采用Ⅰ型系统，很少采用Ⅱ型系统。

以上稳态误差分析适用于图 2-35 所示的离散闭环结构。对于不同闭环结构，如果能求出它的闭环脉冲传递函数，则可用上面的方法去分析它的稳态误差。然而，如果离散闭环系统写不出闭环脉冲传递函数，则稳态误差就不能用上述讨论的方法确定出来，因为输入信号不能从系统动态特性中分离出来。

思 考 题

2.1 求差分方程 $y(k+2) - 3y(k+1) + 2y(k) = x(k)$ 的解。
初始条件 $y(0) = y(1) = 0$，且 $k < 0$ 时，$y(k) = 0$
输入函数：$x(k) = \begin{cases} 1 & k = 0, 1, 2, \cdots \\ 0 & k < 0 \end{cases}$

2.2 试用 Z 变换法求解差分方程 $y(k+2) - 1.2y(k+1) + 0.32y(k) = 1.2x(k+1)$
已知 $y(0) = 1$，$y(1) = 2.4$，$x(k) = 1(k)$ 为单位阶跃序列。

2.3 将下列差分方程转换成脉冲传递函数 $G(z)=\dfrac{Y(z)}{X(z)}$,并求出相应的单位脉冲响应序列。
$$y(k+2)-1.2y(k+1)+0.32y(k)=1.2x(k+1)$$
2.4 试求下图所示系统输出 $C(z)$ 表达式。

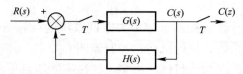

2.5 计算机控制系统结构如下图所示,$D(z)=K$。分别确定当 $T=0.1s$ 和 $T=1s$ 情况下闭环系统稳定的 K 值允许范围。

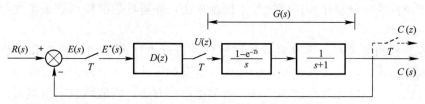

2.6 已知闭环系统的特征方程,试判断系统的稳定性。
$z^2-z+0.632=0$,(2) $z^3-1.5z^2-0.25z+0.4=0$

2.7 某控制系统框图如下图所示。$T=0.2s$,$K=1$,系统输入为单位阶跃输入函数。求系统响应 $c(kT)$,确定系统响应终值 $c(\infty)$。

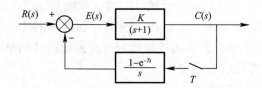

第 3 章 数字控制器设计

为了对建筑设备实现计算机控制（如中央空调系统的计算机控制），计算机控制系统要包含被控对象、检测变送器、执行机构、控制器四大要素。其中，被控对象的特性由其本身的工作环境、运行条件和功能目标所决定，往往不能随意更改，只有通过改变控制器的特性来影响整个系统的特性，从而满足系统的整体性能指标。因此，控制器的设计是控制系统设计的重要内容。建筑智能计算机控制系统设计，是指在给定系统性能指标的条件下，设计控制器的控制规律和相应的数字控制算法，并通过数字控制器来实现控制算法的过程。

数字控制器的设计方法多种多样，按照各种设计方法所采用的理论和系统模型的形式，可大致分为连续域—离散化设计法、离散域直接设计法（也称为 Z 域设计方法）和状态空间设计法。本章将主要阐述连续域—离散化设计方法，离散域数字控制器的直接设计方法以及其他复杂先进的控制算法。

3.1 数字控制器连续化设计

连续域—离散化设计方法就是在连续域（时域、频域）完成控制器的分析、设计任务，得到满足性能指标的连续控制系统，然后再将连续控制器离散化，得到与连续系统指标相接近的计算机控制算法。本节将着重阐述连续域—离散化设计的基本原理和离散化方法。

3.1.1 连续域—离散化设计原理

1. 连续域—离散化设计原理

如图 3-1 所示为连续控制系统，其中 $D(s)$ 为控制器传递函数。应用连续域—离散化设计方法目的是将控制器传递函数 $D(s)$ 离散为脉冲传递函数（或 Z 传递函数）$D(z)$，得到如图 3-2 所示的计算机控制系统。

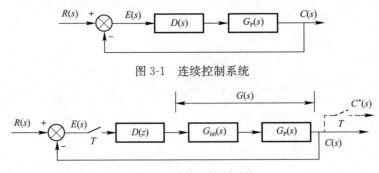

图 3-1 连续控制系统

图 3-2 计算机控制系统

图 3-2 中，$D(z)$ 为计算机作为控制器的脉冲传递函数，$G_{h0}(s) = \dfrac{1-e^{-Ts}}{s}$ 为零阶保持器

第 3 章 数字控制器设计

传递函数，$G_P(s)$ 为被控对象传递函数，$G(s) = G_{h0}(s)G_P(s)$ 称为广义被控对象传递函数。

将连续控制器离散化为数字控制器的过程分如下 4 个步骤：

(1) 选择合适的采样周期，考虑零阶保持器的相位滞后，根据系统的性能指标和连续域设计方法，设计控制器的传递函数 $D(s)$ 表达式，满足系统控制性能指标。

(2) 选择合适的离散化方法，将 $D(s)$ 离散化为 $D(z)$，即数字控制器的脉冲传递函数 $D(z)$，使两者性能尽量等效；（方法详见 2. 连续控制器离散化方法）。

(3) 检验计算机控制系统的闭环性能，若不满意，可进行优化，选择更合适的离散化方法、提高采样频率等；重新修正连续域 $D(s)$ 后，再离散化。

(4) 对 $D(z)$ 满意后，将 $D(z)$ 转换成数字控制器能够实现的递推控制算法，在计算机上编程实现。

2. 连续控制器离散化方法

离散化方法有很多，如后向差分法、前向差分法、双线性变换法、脉冲响应不变法、阶跃响应不变法（零阶保持法）、匹配零、极点映射法。本节重点介绍以下几种离散化方法：(1) 后向差分法；(2) 双线性变换法；(3) 脉冲响应不变法；(4) 阶跃响应不变法；(5) 匹配零、极点映射法。

(1) 后向差分法

假设控制器使用微分控制规律，微分方程为：

$$u(t) = \frac{de(t)}{dt} \tag{3-1}$$

对式 (3-1) 两边求拉普拉斯变换可得微分控制传递函数为：

$$D(s) = \frac{U(s)}{E(s)} = s \tag{3-2}$$

对式 (3-1) 离散化，采用后向差分法近似可得：

$$u(k) = \frac{e(k) - e(k-1)}{T} \tag{3-3}$$

对式 (3-2) 两边求 Z 变换后可得：

$$D(z) = \frac{U(z)}{E(z)} = \frac{z-1}{Tz} = \frac{1-z^{-1}}{T} \tag{3-4}$$

将式 (3-2) 与式 (3-4) 进行比较发现，如果令式 (3-2) 中：

$$s = \frac{1-z^{-1}}{T} \tag{3-5}$$

则有使用后向差分法时，S 平面到 Z 平面的映射为：

$$D(z) = D(s)\Big|_{s=\frac{1-z^{-1}}{T}} \tag{3-6}$$

S 平面的稳定域可以通过式 (3-5) 映射到 Z 平面。因为 S 平面的稳定域为 $\text{Re}(s) < 0$，可以写出 Z 平面的稳定域为：

$$\text{Re}\left(\frac{1-z^{-1}}{T}\right) = \text{Re}\left(\frac{z-1}{Tz}\right) < 0$$

T 为正数，将 z 写成 $z = \sigma + j\omega$，上式可以写成：

$$\text{Re}\left(\frac{\sigma + j\omega - 1}{\sigma + j\omega}\right) < 0$$

即：

$$\text{Re}\left[\frac{(\sigma+j\omega-1)(\sigma-j\omega)}{(\sigma+j\omega)(\sigma-j\omega)}\right]=\text{Re}\left[\frac{\sigma^2-\sigma+\omega^2+j\omega}{\sigma^2+\omega^2}\right]=\frac{\sigma^2-\sigma+\omega^2}{\sigma^2+\omega^2}<0$$

上式可以写成：

$$\left(\sigma-\frac{1}{2}\right)^2+\omega^2<\left(\frac{1}{2}\right)^2$$

由上式可以看出，S 平面的稳定域映射到 Z 平面上以 $\sigma=1/2$，$\omega=0$ 为圆心，$1/2$ 为半径的圆内，如图 3-3 所示。

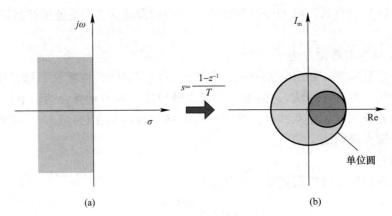

图 3-3 后向差分法 S 平面映射到 Z 平面
(a) S 平面；(b) Z 平面

后向差分法的主要特点是：

1）变换计算简单；

2）由图 3-3 看出，S 平面的左半平面映射到 Z 平面的单位圆内部一个小圆内，因而，如果 $D(s)$ 稳定，则变换后的 $D(z)$ 也是稳定的；

3）离散滤波器的过程特性及频率特性同原连续滤波器比较有一定的失真，需要较小的采样周期 T。

(2) 双线性变换法

双线性变换法也叫作梯形积分法。假设控制器使用积分控制规律，微分方程为：

$$u(t)=\int_0^t e(t)\,\mathrm{d}t \tag{3-7}$$

对式（3-7）两边求拉普拉斯变换可得积分控制传递函数为：

$$D(s)=\frac{U(s)}{E(s)}=\frac{1}{s} \tag{3-8}$$

对式（3-7）离散化，近似可得：

$$\Delta u(kT)=\int_{(k-1)T}^{kT} e(t)\,\mathrm{d}t \tag{3-9}$$

对式（3-9）采用梯形法求积分运算，如图 3-4 所示，近似可得：

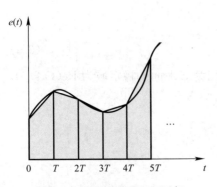

图 3-4 采用梯形法面积近似

$$\Delta u(kT) = u(kT) - u[(k-1)T] = \frac{T}{2}[e(kT) + e(k-1)T] \tag{3-10}$$

对式 (3-10), 将时刻 kT 简记为 k, 简写成如下形式:

$$\Delta u(k) = u(k) - u(k-1) = \frac{T}{2}[e(k) + e(k-1)] \tag{3-11}$$

对式 (3-11) 两边求 Z 变换, 可得:

$$U(z) - z^{-1}U(z) = \frac{T}{2}[E(z) + z^{-1}E(z)]$$

$$U(z)(1 - z^{-1}) = \frac{T}{2}E(z)(1 + z^{-1})$$

$$D(z) = \frac{U(z)}{E(z)} = \frac{T}{2}\frac{1+z^{-1}}{1-z^{-1}} = \frac{1}{\frac{2}{T}\frac{1-z^{-1}}{1+z^{-1}}} \tag{3-12}$$

将式 (3-8) 与式 (3-12) 进行比较发现, 如果令式 (3-12) 中:

$$s = \frac{2}{T}\frac{1-z^{-1}}{1+z^{-1}} \tag{3-13}$$

则使用双线性变换法时, S 平面到 Z 平面的映射为:

$$D(z) = D(s)\Big|_{s=\frac{2}{T}\frac{1-z^{-1}}{1+z^{-1}}} \tag{3-14}$$

式 (3-14) 称作双线性变换法。还可以将式 (3-13) 看作采用双线性变换法时由 S 平面到 Z 平面的映射。应当注意到, 双线性变换法使 $D(z)$ 的极、零点数目相同, 且离散滤波器的阶数 (即离散滤波器的极点数) 与原连续滤波器的阶数相同。

由式 (3-13), S 平面的左半平面 $[\mathrm{Re}(s) < 0]$ 映射到 Z 平面时, 其关系如下:

$$\mathrm{Re}\left(\frac{2}{T}\frac{1-z^{-1}}{1+z^{-1}}\right) = \mathrm{Re}\left(\frac{2}{T}\frac{z-1}{z+1}\right) < 0$$

因为 $T > 0$, 上面的不等式可以简化为:

$$\mathrm{Re}\left(\frac{z-1}{z+1}\right) < 0$$

令 $z = \sigma + j\omega$, 则上式为:

$$\mathrm{Re}\left(\frac{z-1}{z+1}\right) = \mathrm{Re}\left(\frac{\sigma+j\omega-1}{\sigma+j\omega+1}\right) = \mathrm{Re}\left(\frac{\sigma^2-1+\omega^2+j2\omega}{(\sigma+1)^2+\omega^2}\right) < 0$$

即:

$$\sigma^2 + \omega^2 < 1^2$$

相应于 Z 平面单位圆内部。因此, 双线性变换法将 S 平面上整个左半平面映射到 Z 平面上以原点为圆心的单位圆内部 (这是 Z 平面上的稳定区)。这和 $z = e^{Ts}$ 的映射是一样的, 但是离散滤波器的过渡响应及频率响应特性有显著的不同。

双线性变换法的特点是:

1) 如果 $D(s)$ 稳定, 则相应的 $D(z)$ 也稳定; $D(s)$ 不稳定, 则相应的 $D(z)$ 也不稳定。

2) 所得的 $D(z)$ 频率响应在低频段与 $D(s)$ 的频率响应相近, 而在高频段相对于 $D(s)$

的频率响应有严重畸变。

(3) 脉冲响应不变法

脉冲响应不变法是将连续滤波器 $D(s)$ 离散得到离散滤波器 $D(z)$ 后，它的脉冲响应 $g(kT)=Z^{-1}[D(z)]$ 与连续滤波器的脉冲响应 $g(t)=L^{-1}[D(s)]$ 在各采样时刻的值是相等的。即：

$$g(kT)=g(t)|_{t=kT} \tag{3-15}$$

因此，脉冲响应不变法保持了脉冲响应的形状：

$$D(z)=Z[g(kT)]=Z[g(t)]=Z[D(s)]=D(z) \tag{3-16}$$

采用脉冲响应不变法所得到的离散滤波器 $D(z)$ 即为连续滤波器 $D(s)$ 的 Z 变换。所以脉冲响应不变法也称为 Z 变换法。

Z 变换的映射关系是多值的对应关系，所以导致 $D(z)$ 可能不能保持与 $D(s)$ 有相同频率特性。有两种方法可以避免，第一种方法是在采样器前面串联一个低通滤波器，滤去高频成分；第二种方法是使用足够高的采样频率。以上两种方法都有缺点，采用低通滤波器增加闭环时间滞后，时间滞后会减小系统稳定裕量。采样频率过高有时硬件难以实现，或者成本过高。因此，脉冲响应不变法只适用于有强滤波作用的有限带宽的连续滤波器的离散化。

因为 Z 变换法总是将 S 平面的稳定区映射到 Z 平面的稳定区，因而，如果 $D(s)$ 是稳定的，则用 Z 变换法离散后得到的 $D(z)$ 仍然是稳定的。还应该指出，当 $D(s)$ 是一个复杂的函数时，其 Z 变换很可能无法在一般的 Z 变换表中查到，这时就需要进行部分分式展开。

Z 变换法的特点：

1) $D(z)$ 和 $D(s)$ 有相同的单位脉冲响应序列；
2) 若 $D(s)$ 稳定，则 $D(z)$ 也稳定；
3) $D(z)$ 存在着频率失真；
4) 该方法特别适用于频率特性为锐截止型的连续滤波器的离散化。

(4) 阶跃响应不变法

阶跃响应不变法就是将连续滤波器 $D(s)$ 离散后得到的离散滤波器 $D(z)$，它的阶跃响应与原连续滤波器的阶跃响应在各采样时刻的值是相等的。用阶跃响应不变法离散后得到的离散滤波器 $D(z)$，则有：

$$Z^{-1}\left[D(z)\frac{1}{1-z^{-1}}\right]=L^{-1}\left[D(s)\frac{1}{s}\right]\bigg|_{t=kT}$$

式中，$Z^{-1}\left[D(z)\dfrac{1}{1-z^{-1}}\right]$ 表示 $D(z)$ 的阶跃响应，$L^{-1}\left[D(s)\dfrac{1}{s}\right]$ 表示 $D(s)$ 的阶跃响应。

取上式的 Z 变换，得到：

$$D(z)\frac{1}{1-z^{-1}}=Z\left\{L^{-1}\left[D(s)\frac{1}{s}\right]\right\}=Z\left[\frac{D(s)}{s}\right]$$

即：

$$D(z)=(1-z^{-1})Z\left[\frac{D(s)}{s}\right]$$

上式可以写成如下形式：

$$D(z) = Z\left[\frac{1-\mathrm{e}^{-Ts}}{s}D(s)\right] \quad (3\text{-}17)$$

式 (3-17) 的右边可以看作 $D(s)$ 前面加了一个采样器和零阶保持器。因而，可以假设一个连续信号通过一个假想的采样—保持器，如图 3-5 所示。特别强调，这里的采样—保持器是一个虚拟的数学模型，而不是实际硬件。由于这种方法加入了零阶保持器，对变换所得的离散滤波器会带来相移，当采样频率较低时，应进行补偿。零阶保持器的加入，虽然保持了阶跃响应和稳态增益不变的特性，但未从根本上改变 Z 变换的性质。

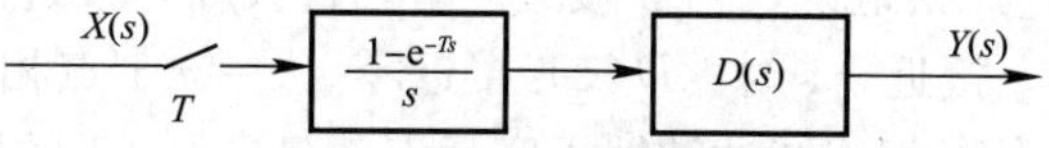

图 3-5 带假想采样—保持器的 $D(s)$

阶跃响应不变法的特点如下：
1) 若 $D(s)$ 稳定，则相应的 $D(z)$ 也稳定；
2) $D(z)$ 和 $D(s)$ 的阶跃响应序列相同；
3) $D(z)$ 不能保证 $D(s)$ 的脉冲和频率响应。

(5) 匹配零、极点映射法

粗略地讲，所谓匹配零、极点映射法就是对传递函数 $D(s)$ 的分子、分母分别加以研究，并把 $D(s)$ 的极点映射到离散滤波器 $D(z)$ 的极点，把 $D(s)$ 的零点映射到 $D(z)$ 的零点。以连续滤波器为例：

$$D(s) = \frac{a}{s+a}$$

它的 Z 变换为：

$$D(z) = \frac{1}{1-\mathrm{e}^{-aT}z^{-1}} = \frac{az}{z-\mathrm{e}^{-aT}}$$

注意到，如果只看 $D(z)$ 的分母，那么 $D(s)$ 的极点和 $D(z)$ 的极点是通过关系式 $z = \mathrm{e}^{sT}$ 联系起来的，加以推广，能获得连续滤波器的等效离散滤波器。

$D(s) = a/(s+a)$ 没有有限零点，而只有一个无穷远的零点。如果 $D(s)$ 有一个有限零点 $s=-b$，那么就简单地假设等效离散滤波器 $D(z)$ 有一个有限零点 $z = \mathrm{e}^{-bT}$。对于无穷远零点来说，假设 $D(z)$ 有一个 $z=-1$ 的零点与之对应。理由如下：

参见第 2 章第 2.5.1 节 S 平面与 Z 平面之间的关系图 2-25 重绘于此，如图 3-6 所示。S 平面上的 $j\omega$ 轴，当 $\omega=0$ 到 $\omega = \omega_s/2 = \pi/T$ (ω_s 为采样频率)，映射到 Z 平面由 $z=1$ 到

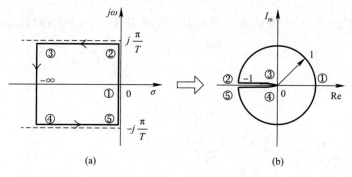

图 3-6 S 平面与 Z 平面之间的关系
(a) S 平面；(b) Z 平面

$z=-1$ 的单位圆上。如果选择采样频率 ω_s 满足采样定理,那么 $\omega=\omega_s/2=\pi/T$(不是 $\omega=\infty$)就可以认为是可能最高的频率。

因为 $D(s)=a/(s+a)$ 是一个低通滤波器,当 ω 接近 $\omega=\omega_s/2$ 时,$D(j\omega)$ 接近零 [严格地说,当 ω 接近 ∞ 时,$D(j\omega)$ 接近零]。这就等于说 $D(s)$ 的等效滤波器 $D(z)$ 当 z 接近 -1 时,$D(z)$ 接近零($z=-1$ 点相应于 S 平面上最高频率点 $\omega=\pi/T$)。这就是为什么把连续滤波器无穷远点放到 $z=-1$ 的原因。

注意,离散滤波器对于 $0\leqslant\omega\leqslant\dfrac{1}{2}\omega_s$ 的频率响应相当于连续滤波器对于 $0\leqslant\omega\leqslant\infty$ 的频率响应。这种变换方法保持了频率响应的一般形式。匹配零、极点映射法的一般步骤如下:

1)首先,变换前,$D(s)$ 须成因式形式。按 $z=e^{sT}$ 关系,将 $D(s)$ 的极点映射到 Z 平面上的极点。例如 $D(s)$ 的一个极点为 $s=-a$,则映射到 Z 平面上的极点为 $z=e^{-aT}$。

2)按照 $z=e^{sT}$ 的关系,将 $D(s)$ 的有限零点映射到 Z 平面上的零点。这就是说,若 $D(s)$ 的有限零点 $s=-b$,映射到 $D(z)$ 的零点 $z=e^{-bT}$。

3)无穷远的零点映射到 $z=-1$。这样,对于每一个无穷远的零点,则离散脉冲传递函数的分子就有一个 $(z+1)$ 的因子。通常,连续传递函数的极点数 n 多于零点数 m,所以可认为连续传递函数在无穷远处有 $(n-m)$ 个零点,离散脉冲传递函数的分子中应有 $(z+1)^{n-m}$ 个因子。同样地,如果有无穷远的极点,映射成 Z 平面 $D(z)$ 的分母中 $(z+1)$ 的因子。

4)调整离散滤波器的增益与连续滤波器的增益一致。对于低通滤波器来说,离散滤波器在 $z=1$ 时的增益应该与连续滤波器在 $s=0$ 处的增益相等。对于高通滤波器来说,$z=-1$ 和 $s=\infty$ 的增益应匹配。

如果 $D(s)$ 含有共轭复数零、极点,最好把它们当作一个整体对待。

现在用匹配零、极点映射法来求低通滤波器的等效离散滤波器。

$$D(s)=\frac{a}{s+a}$$

首先,$D(s)$ 无有限零点,有一个无穷远的零点,这个零点映射到 $z=-1$。有限极点 $s=-a$ 映射到离散极点 $z=e^{-aT}$,则有:

$$D(z)=K\frac{a(z+1)}{z-e^{-aT}}$$

式中,K 为调整增益。对于低通滤波器来说,要求 $D(z)|_{z=1}=D(s)|_{s=0}$,即:

$$D(z)|_{z=1}=K\frac{2a}{1-e^{-aT}}=D(s)|_{s=0}=\frac{a}{s+a}|_{s=0}=1$$

由上式解出 K 值,为:

$$K=\frac{1-e^{-aT}}{2a}$$

因而:$D(z)=\dfrac{(1-e^{-aT})(z+1)}{2(z-e^{-aT})}=\dfrac{(1-e^{-aT})(1+z^{-1})}{2(1-e^{-aT}z^{-1})}$

若为高通滤波器,可以根据连续滤波器与离散滤波器在高频段的增益相等的关系,即 $D(z)|_{z=-1}=D(s)|_{s=\infty}$,求出调整增益 K,从而得到离散滤波器 $D(z)$ 的表达式。

根据已知连续滤波器求等效离散滤波器，使用的离散化方法不同，采样点之间的响应不同。没有哪一种离散方法完全不失真，任何连续两个采样点之间实际（连续）响应，总是不同于同样两个采样点之间的离散滤波器所发生的响应。因此，不能认为某一种离散化方法比另一种方法好，因为过渡响应、频率特性的失真度与采样周期、截止频率、系统最高频率、系统传递滞后等有关。因此，由连续到离散的设计最好通过仿真，选择合适的离散化方法，从而得出满意的结果。

3.1.2 模拟 PID 控制算法原理

PID 控制是指由反馈系统偏差的比例（P）、积分（I）和微分（D）的线性组合构成的反馈控制规律。它具有原理简单、直观易懂、易于工业实现、适用面广等优点，在连续控制系统中，PID 控制算法得到了广泛的应用，是技术最成熟的控制规律。相当多的被控对象，都利用 PID 进行控制，并能获得较为满意的结果。

典型单回路 PID 控制系统如图 3-7 所示。

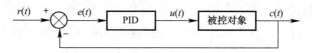

图 3-7 典型单回路 PID 控制系统

理想模拟 PID 控制器输出方程为：

$$u(t) = K_p\left[e(t) + \frac{1}{T_I}\int_0^t e(\tau)\mathrm{d}\tau + T_D \frac{\mathrm{d}e(t)}{\mathrm{d}t}\right]$$

$$= K_p e(t) + \frac{K_p}{T_I}\int_0^t e(\tau)\mathrm{d}\tau + K_p T_D \frac{\mathrm{d}e(t)}{\mathrm{d}t}$$

$$= K_p e(t) + K_I \int_0^t e(\tau)\mathrm{d}\tau + K_D \frac{\mathrm{d}e(t)}{\mathrm{d}t} \tag{3-18}$$

式中　K_p——比例系数；

　　　T_I——积分时间常数；

　　　T_D——微分时间常数；

$K_I = \dfrac{K_p}{T_I}$——积分系数；

$K_D = K_p T_D$——微分系数；

　　$u(t)$——PID 控制器输出的控制量；

　　$e(t)$——PID 控制器输入的偏差量。

对式（3-18）作拉普拉斯变换，可得理想模拟 PID 控制器的传递函数：

$$D(s) = \frac{U(s)}{E(s)} = K_p\left(1 + \frac{1}{T_I s} + T_D s\right) = K_p + K_I \frac{1}{s} + K_D s \tag{3-19}$$

图 3-8 是 PID 控制器传递函数结构图。PID 控制器中三项控制作用是互相独立的。比例控制的主要作用影响系统的动态响应速度；积分控制的主要作用是消除系统稳态偏差；微分控制主要作用与偏差变化速度成比例，能够预测偏差的变化，产生超前控制作用，以阻止偏差的变化，改善系统动态性能。工程应用时，可以根据被控对象特性和负荷扰动情况以及控制性能要求，对 P、I、D 三项控制作用进行组合，构成所需要的控制，比如：

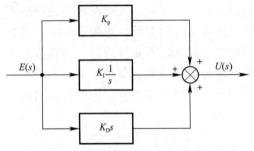

图 3-8 PID 控制器传递函数结构图

P（比例）控制、PI（比例积分）控制、PD（比例微分）控制以及 PID（比例积分微分）控制。理想 PID 控制器中包含的理想微分，用模拟控制器难以实现，所以称为"理想"PID 控制器。

3.1.3 数字 PID 控制器设计

在连续控制系统中，PID 控制是采用不同的模拟元件实现的，而数字 PID 控制由计算机软件实现，对于控制器的实现以及参数整定和修改更为方便，因此数字 PID 算法获得了广泛的应用。数字 PID 控制器不是简单地把模拟 PID 控制规律数字化，而是进一步与计算机的逻辑判断功能结合，使 PID 控制更加灵活，更能满足生产过程的要求。

1. 模拟 PID 控制算法的离散化

模拟 PID 控制器的基本算式如式（3-18）、式（3-19）所示。对式（3-18）离散化，可以采用前述各种方法进行。在工业应用中，通常将式中各项近似离散为：

$$t \approx kT \quad t \approx k \quad k = 0, 1, 2, \cdots$$

$$e(t) \approx e(kT)$$

$$\int e(t)\mathrm{d}t \approx \sum_{i=0}^{k} e(iT)T = T\sum_{i=0}^{k} e(iT)$$

$$\frac{\mathrm{d}e(t)}{\mathrm{d}t} \approx \frac{e(kT) - e[(k-1)T]}{T}$$

在将微分方程化为相应差分方程时，为了简化，将时刻 kT 简记为 k，式（3-18）离散化为：

$$\begin{aligned} u(k) &= K_\mathrm{P}\left\{e(k) + \frac{T}{T_\mathrm{I}}\sum_{i=1}^{k} e(i) + \frac{T_\mathrm{D}}{T}[e(k) - e(k-1)]\right\} \\ &= K_\mathrm{P} e(k) + K_\mathrm{I}\sum_{i=1}^{k} e(i) + K_\mathrm{D}[e(k) - e(k-1)] \end{aligned} \quad (3\text{-}20)$$

式中，$K_\mathrm{I} = K_\mathrm{P}\dfrac{T}{T_\mathrm{I}}$，$K_\mathrm{D} = K_\mathrm{P}\dfrac{T_\mathrm{D}}{T}$。

通常，数字 PID 控制器输出的控制指令 $u(k)$ 是直接控制执行机构（如控制流量的阀门），$u(k)$ 的值与执行机构输出的位置（如阀门的开度）相对应，所以，将式（3-20）称为 PID 位置式算法。按位置式算法构成的计算机控制系统如图 3-9（a）所示。但在实际应用时，采用 PID 位置式算法是有缺欠的。由于计算需要累加误差，占用内存较多，并且安全性较差；而且计算机输出的 $u(k)$ 直接对应的是执行机构的实际位置，如果一旦计算机出现故障，$u(k)$ 的大幅度变化会引起执行机构位置的突变，在某些场合下，就可能造成重大的生产事故。因此，在控制算法应用中，常采用增量式算法，如图 3-9（b）所示。

2. PID 增量式算法

由式（3-20）可以得到（$k-1$）次的 PID 输出表达式：

$$u(k-1) = K_\mathrm{P} e(k-1) + K_\mathrm{I}\sum_{j=1}^{k-1} e(i) + K_\mathrm{D}[e(k-1) - e(k-2)] \quad (3\text{-}21)$$

$$u(k-1) = K_p \left\{ e(k-1) + \frac{T}{T_I} \sum_{i=1}^{k-1} e(i) + \frac{T_D}{T}[e(k-1) - e(k-2)] \right\}$$
$$= K_p e(k-1) + K_I \sum_{j=1}^{k-1} e(i) + K_D[e(k-1) - e(k-2)]$$

将式（3-20）减去式（3-21），得：
$$\Delta u(k) = u(k) - u(k-1)$$
$$= K_p \{[e(k) - e(k-1)] + \frac{T}{T_I} e(k) + \frac{T_D}{T}[e(k) - 2e(k-1) + e(k-2)]\}$$
$$= K_p[e(k) - e(k-1)] + K_I e(k) + K_D[e(k) - 2e(k-1) + e(k-2)] \tag{3-22}$$

式（3-22）为PID增量式算法。计算机仅输出控制量的增量$\Delta u(k)$，它仅对应执行机构（如阀门）位置的改变量，故称增量式算法，又称速率式算法。增量式算法比位置式算法应用更普遍，主要原因是增量式算法具有以下优点：

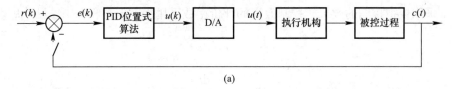

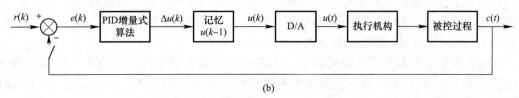

图 3-9 数字 PID 控制器
(a) 位置式算法；(b) 增量式算法

(1) 该方法较为安全。因为一旦计算机出现故障。输出控制指令为零时，执行机构的位置（如阀门开度）仍可保持前一步的位置，不会给被控对象带来较大的扰动。

(2) 该方法在计算时不需要进行累加，仅需最近几次误差的采样值。从式（3-22）可见，控制量的增量计算非常简单，通常采用平移法将历史数据$e(k-1)$和$e(k-2)$保存起来，即可完成计算。

将式（3-22）进一步整理，可得式（3-23）：
$$\Delta u(k) = K_p \left[\left(1 + \frac{T}{T_I} + \frac{T_D}{T}\right) e(k) - \left(1 + \frac{2T_D}{T}\right) e(k-1) + \frac{T_D}{T} e(k-2) \right]$$
$$= K_p[A e(k) - B e(k-1) + C e(k-2)] \tag{3-23}$$

式中，$A = \left(1 + \frac{T}{T_I} + \frac{T_D}{T}\right)$，$B = \left(1 + \frac{2T_D}{T}\right)$，$C = \frac{T_D}{T}$。

PID增量式算法的实质，就是根据误差三个时刻采样值，适当加权计算求得，调整加权值A、B、C即可获得不同的控制品质和精度。

3.1.4 数字PID控制器参数的整定

数字PID控制器参数的整定，主要是指采用简易的工程整定方法，不需要进行大量的计算，依据现场的实验测试以及技术人员的经验来整定 PID 参数。由于在数字 PID 控制器中，采样周期比被控对象的时间常数要小得多，所以是近似连续 PID 控制，一般仍习用连续 PID 控制的参数整定方法。

1. 扩充临界比例度法

扩充临界比例度法是基于系统临界振荡的闭环整定方法，这种方法是对模拟 PID 控制器中使用的临界比例度法的扩充，不需要准确知道对象的特性。具体步骤如下：

(1) 选择一个足够小的采样周期 T，一般来说，T 小于被控对象纯滞后时间的 1/10 以下。

(2) 用选择的采样周期 T 使系统工作。这时，数字控制器去掉积分作用和微分作用，只保留比例作用，形成闭环。给定输入作阶跃变化，并逐渐增大比例系数 K_p，直到系统发生持续等幅振荡。记录下系统发生振荡的临界放大系数 K_C 及临界振荡周期 T_C。

(3) 选择控制度 Q。所谓控制度就是以模拟控制器为基准，衡量同一个系统采用数字控制相对于采用模拟控制的效果。控制效果的评价函数采用平方误差积分 $\int_0^\infty e(t)^2 dt$ 表示。

$$Q = \frac{\left[\int_0^\infty e(t)^2 dt\right]_{\text{数字控制}}}{\left[\int_0^\infty e(t)^2 dt\right]_{\text{模拟控制}}} \tag{3-24}$$

因为数字控制系统是离散控制，而模拟控制系统是连续控制，所以对同一个系统，采用相同的控制规律，数字控制系统的品质总是低于模拟控制系统的品质，因而，控制度总是大于 1。控制度越大，相应的数字控制系统品质越差。

控制度仅表示控制效果的物理概念，实际应用中并不需要计算出两个平方误差积分。如控制度为 1.05 时，表示数字控制系统与模拟控制系统效果相当。从提高数字 PID 控制系统品质出发，控制度可以选得小一些，但就系统稳定性而言，控制度宜选大一些。

(4) 根据选定的控制度 Q，查表 3-1 并计算参数 K_p、T_I、T_D 以及采样周期 T 的值。

(5) 根据所求得的参数值，运行系统，观察控制效果。如果控制效果不好，可适当调整控制参数，直到获得满意的控制效果。

扩充临界比例度法 PID 参数计算表　　　　　　　　　　表 3-1

控制度 Q	控制规律	T/T_C	K_p/K_C	T_I/T_C	T_D/T_C
1.05	PI	0.03	0.55	0.88	—
	PID	0.014	0.63	0.49	0.14
1.2	PI	0.05	0.49	0.91	—
	PID	0.043	0.47	0.47	0.16
1.5	PI	0.14	0.42	0.99	—
	PID	0.09	0.34	0.43	0.20
2.0	PI	0.22	0.36	1.05	—
	PID	0.16	0.27	0.4	0.22
模拟控制	PI	—	0.57	0.83	—
	PID	—	0.70	0.50	0.13

2. 扩充响应曲线法

在数字 PID 控制器参数整定中，也可以采用类似模拟控制器的响应曲线法，称为扩充响应曲线法。应用扩充响应曲线法时,要预先在被控对象响应曲线上求出等效滞后时间 τ 及等效惯性时间常数 T_τ,其步骤如下:

(1) 数字 PID 控制器不接入控制系统,让系统处于手动操作状态下,给系统加以阶跃给定值。

(2) 用记录仪记录被控对象阶跃响应曲线,如图 3-10 所示。

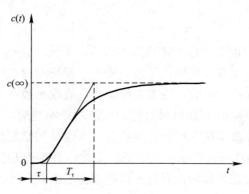

图 3-10　被控对象阶跃响应曲线

(3) 在曲线最大斜率处作切线,求得滞后时间 τ 及 T_τ,计算比值 T_τ/τ。查表 3-2 即可得数字 PID 控制器的 K_p、T_I、T_D 以及采样周期 T 的值。

扩充响应曲线法数字 PID 控制器参数计算表　　表 3-2

控制度 Q	控制规律	T	K_p	T_I	T_D
1.05	PI	0.10τ	$0.84T_\tau/\tau$	3.40τ	—
	PID	0.05τ	$1.15T_\tau/\tau$	2.00τ	0.45τ
1.2	PI	0.2τ	$0.78T_\tau/\tau$	3.60τ	—
	PID	0.16τ	$1.00T_\tau/\tau$	1.90τ	0.55τ
1.5	PI	0.50τ	$0.68T_\tau/\tau$	3.90τ	—
	PID	0.34τ	$0.85T_\tau/\tau$	1.62τ	0.65τ
2.0	PI	0.80τ	$0.57T_\tau/\tau$	4.20τ	—
	PID	0.60τ	$0.60T_\tau/\tau$	1.50τ	0.82τ
模拟控制	PI	—	$0.90T_\tau/\tau$	3.30τ	—
	PID	—	$1.20T_\tau/\tau$	2.00τ	0.40τ

3. 归一参数整定法

当控制系统中有许多控制回路时,控制器参数的整定是一项烦琐而又费时的工作,因此,PID 归一参数整定法是一种简易的整定方法,此方法以扩充临界比例度法为基础,人为规定以下约束条件:

$$\left.\begin{array}{l} T=0.1T_\mathrm{C} \\ T_\mathrm{I}=0.5T_\mathrm{C} \\ T_\mathrm{D}=0.125T_\mathrm{C} \end{array}\right\} \quad T_\mathrm{C} \text{ 为临界振荡周期} \qquad (3\text{-}25)$$

设 PID 的增量算式为:

$$\Delta u(k)=K_\mathrm{p}\left\{[e(k)-e(k-1)]+\frac{T}{T_\mathrm{I}}[e(k)]+\frac{T_\mathrm{D}}{T}[e(k)-2e(k-1)+e(k-2)]\right\}$$

$$= K_p\left\{\left(1+\frac{T}{T_I}+\frac{T_D}{T}\right)e(k)-\left(1+2\frac{T_D}{T}\right)e(k-1)+\frac{T_D}{T}e(k-2)\right\} \quad (3-26)$$

将式（3-25）代入式（3-26），得：

$$\Delta u(k)=K_p[2.45e(k)-3.5e(k-1)+1.25e(k-2)] \quad (3-27)$$

这样，四个参数就简化为一个参数 K_p 的整定。在线调整 K_p，观察控制效果，直到满意为止。

4. 试凑法

有些 PID 控制系统即使按上述方法确定参数后，系统性能也不一定满足要求，也还需要现场进行探索性调整。也有些系统，可以直接进行现场参数试凑法整定。试凑法就是根据控制器各参数对系统性能的影响，观察系统运行，修改参数，直到满意为止。

用试凑法调整时，应根据 PID 每项对控制性能的影响趋势，反复调整 K_p、K_I 和 K_D 参数的大小。通常，对参数实现先比例、后积分、再微分的整定步骤：

（1）首先只整定比例部分。将 K_p 由小到大变化，并观察相应的系统响应，直到得到反应快、超调小的响应曲线。如果没有稳态误差或稳态误差已小到允许范围，那么只需用比例控制即可。

（2）如果在比例控制的基础上稳态误差不能满足要求，则需要加入积分控制。整定时首先设置积分系数 K_I 为一较小值，并将第一步确定的 K_p 减小些，然后增大积分系数，使系统在保持良好动态响应的情况下，消除稳态误差。这种调整可以根据动态响应状况，反复改变 K_p 及 K_I，直到得到满意的控制过程。

（3）若使用 PI 调节器消除了稳态误差，但动态过程仍不满意，则可加入微分环节。在第（2）步整定的基础上，逐步增大 K_D，同时相应地改变 K_p 和 K_I，逐步试凑，以获得满意的控制效果。

3.1.5 数字 PID 控制器算法的改进

数字 PID 控制器算法是由连续 PID 控制算法直接演变过来的。由于计算机具有运算速度快、逻辑判断功能强、编程灵活等优势，许多在模拟 PID 控制器中无法实现的问题，以及针对不同对象和控制要求，数字 PID 控制器产生了一系列改进型算法，从而实现更有效的控制。

1. 抗积分饱和算法

（1）积分饱和的原因及影响

控制系统在起始阶段、停止阶段或大幅度改变给定值时，系统输出会出现较大的偏差，该偏差不可能在短时间内消除，经过 PID 算法中积分项的积累后，控制器输出可能达到非常大的数值，会使控制作用 $u(t)$ 很大，甚至超过执行机构由机械或物理性能所确定的极限，即控制量达到了饱和。当控制量达到饱和后，闭环控制系统相当于被断开。当误差最终被减小下来时，积分项可能会变得相当大，以至于要花很长的时间，积分项才能回到正常值。这种现象使控制量不能按控制算法进行调节，从而影响控制效果。最显著的影响是系统超调增大，响应延迟。

图 3-11（a）、(b)、(c) 是某 PI 调节系统的仿真曲线。其中，图 3-11（a）是在小信号控制下，积分项没有饱和的响应曲线。开始时，输入信号有一个单位阶跃变化，产生较大的偏差，控制器输出的控制量也开始增加，从而 $u(t)$ 很快上升，由于在开始一段时间

内 $e(t)$ 较大，控制作用 $u(t)$ 保持上升状况。仅当 $e(t)$ 减小到某个值时，$u(t)$ 不再增加，开始下降。当 $c(t)=r(t)$ 时，$e(t)=0$，但 $u(t)$ 仍然较大，$c(t)$ 继续上升，出现超调。$e(t)$ 变负，使积分项下降较快，$u(t)$ 减小。当 $c(t)$ 下降，小于 $r(t)$ 时，$e(t)$ 又变为正值，使积分项又有所回升。最后，$c(t)$ 趋于稳态，$e(t)$ 趋于零，$u(t)$ 趋于某个稳态值。这也是积分控制容易使控制出现超调的一种简单的解释。

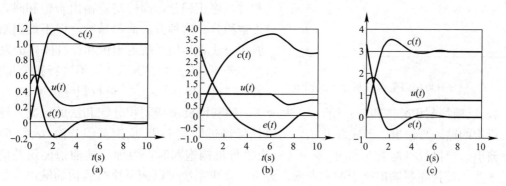

图 3-11　积分饱和曲线

图 3-11（b）是控制饱和值不变，当系统给定值加大，使控制作用出现饱和时的仿真曲线。图 3-11（c）是系统在同样给定值时，控制作用没有饱和限制时的仿真曲线。比较这两条曲线，可以清楚地看到，控制作用的饱和使被控量超调增大，响应减缓。分析其原因，从响应曲线上可以看到，由于给定值加大，开始时误差很大，使控制作用 $u(t)$ 很快即进入饱和区。由于 $u(t)$ 已为最大值，系统响应比没有饱和限制时的响应慢得较多，误差 $e(t)$ 在较长时间内保持较大的正值，于是使积分项又有较大的积累值。当输出 $c(t)$ 达到给定值后，控制作用使它继续上升。之后 $e(t)$ 变负，误差的积累不断变小，但由于前段积累得太多，只有经过较长时间后，才能使 $u(t)$ 退出饱和区，使系统回到正常控制状态。可见，PID 运算的"饱和"主要是积分项引起的，因此，称这种饱和为"积分饱和"。

(2) 积分饱和抑制

有许多克服积分饱和的方法，本节介绍应用较多的几种方法。

1) 积分分离法：系统加入积分控制的主要作用是提高稳态精度，减少或消除误差。基于积分的这种作用，当偏差大于某个规定的门限值时，取消积分作用；只有当误差小于规定门限值时，才引入积分作用，以消除误差。

将式（3-20）改写为下述形式：

$$u(k)=K_{\mathrm{P}}e(k)+\alpha K_{\mathrm{I}}\sum_{i=1}^{k}e(i)+K_{\mathrm{D}}[e(k)-e(k-1)] \tag{3-28}$$

当 $e(k) \leqslant \beta$ 时，$\alpha=1$；当 $e(k) > \beta$ 时，$\alpha=0$。β 为规定的门限值，门限值的选取对克服积分饱和有重要影响，如图 3-12 所示。若 β 值过大，则达不到积分分离的目的；若 β 值过小，则系统偏差就有可能无法进入积分区，始终不能启用积分作用，只进行 PD 控制，系统将会出现较大偏差。因此，门限值需通过仿真或实验选取确定。

2) 遇限削弱积分法：当控制量进入饱和区后，只执行削弱积分项的累加，而不进行增大积分项的累加。为此，系统在计算 $u(k)$ 时，先判断 $u(k-1)$ 是否超过门限值。若超过某个方向门限值时，积分只累加反方向的 $e(k)$ 值。具体算法为：

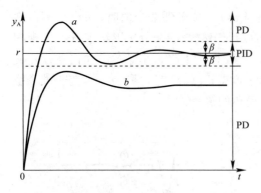

图 3-12 积分分离门限值对控制效果的影响

若 $u(k-1) \geqslant u_{\max}$ 且 $e(k) \geqslant 0$，不进行积分累加；若 $e(k) < 0$，进行积分累加。

若 $u(k-1) \leqslant u_{\min}$ 且 $e(k) \leqslant 0$，不进行积分累加；若 $e(k) > 0$，进行积分累加。

3）饱和停止积分法：当控制作用达到饱和时，停止积分，而控制器输出未饱和时，仍正常积分。这种方法简单易行，但不如遇限削弱积分法容易使系统退出饱和。具体算法为：

若 $|u(k-1)| \geqslant u_{\max}$，不进行积分运算；若 $|u(k-1)| < u_{\min}$，进行积分运算。

4）反馈抑制积分饱和法：图 3-13 表示了一种利用反馈抑制积分饱和法的方案。测量执行机构的输入与输出，形成误差 e_s，将该信号经过增益 $1/T_t$ 反馈至积分输入端，降低积分输出。当执行机构未饱和时，$e_s = 0$；当执行机构饱和时，附加反馈通道使误差信号 e_s 趋于零，使控制器输出处于饱和极限。该方案要求系统可以测量执行机构的输出。如果无法测量执行机构的输出，可以在执行机构之前加入执行机构带饱和限幅的静态数学模型，利用该模型形成误差 e_s，并构成附加反馈通道。

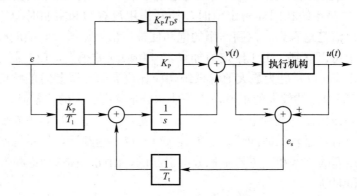

图 3-13 反馈抑制积分饱和法

2. 防积分量化误差的方法

当采样周期较小而积分时间常数较大时，积分项 $Te(k)/T_I$ 的数值很小，有可能使计算机二进制数字最低位无法表示，产生量化误差，出现积分项丢失的现象。为了防止积分项的量化误差所导致的丢失现象，可以从算法方面进行改进，也可以从编程方面加以改进。其中一种方法是将积分算法做一些修正，在积分项运算时，可以将其结果用双字长单元存储，若积分项小于单字长时，其积分结果存放在低字节单元中，经过若干次累加后，当其值超过低字节表示时，则在高字节最低位加1，从而消除了有限字长造成的量化截尾误差，双字节积分累加如图 3-14 所示。

3. 微分算法的改进

引入微分改善了系统的动态特性，但由于微分有放大噪声的作用，也极易引起高频干扰。

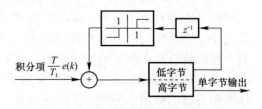

图 3-14 双字节积分累加

因此，在实现 PID 控制时，除了要限制微分增益外，还要对信号进行平滑处理，消除高频噪声的影响。

(1) 不完全微分 PID 算法

微分作用有助于控制系统减小超调，克服振荡，使系统趋于稳定；同时加快系统动作速度，减小调整时间，有利于改善系统的动态性能。但是，微分作用容易引进高频干扰；另外，如果微分的输入 $e(k)$ 变化较大，其输出幅值就会很大。因此，在数字控制器中串接一个低通滤波器（一阶惯性环节）来抑制高频干扰，同时还可以减缓 $e(k)$ 的变化，如图 3-15 所示。

其中低通滤波器的传递函数为：

$$D_f(s) = \frac{1}{T_f s + 1} \quad (3-29)$$

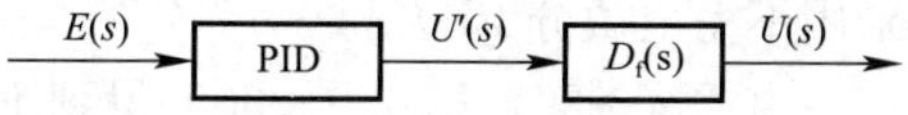

图 3-15　不完全微分 PID 算法示意图

标准 PID 控制器传递函数为：

$$D_{PID}(s) = K_p\left(1 + \frac{1}{T_I s} + T_D s\right) \quad (3-30)$$

对于数字 PID 控制器，设调节器的输入为 $e(k) = a$，$k = 0, 1, 2\cdots$，将完全微分的控制量与不完全微分的控制量进行比较，如图 3-16 所示为不完全微分的阶跃响应。在 $e(k)$ 发生阶跃突变时，完全微分作用仅在控制作用发生的一个周期内起作用；而不完全微分作用则是按指数规律逐渐衰减到零，可以延续几个周期，且在第一个采样周期的微分输出幅度小很多。不完全微分数字 PID 控制器的微分作用能在各个采样周期按照偏差变化的趋势均匀地发挥作用。

当使用完全微分时：

微分作用的控制量为 $u(t) = K_p T_D \dfrac{de(t)}{dt}$

对上式离散化得：$u(k) = K_p \dfrac{T_D}{T}[e(k) - e(k-1)]$

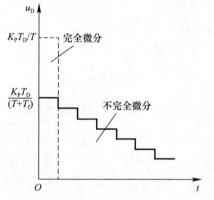

图 3-16　不完全微分的阶跃响应

可得：$u(0) = K_p \dfrac{T_D}{T} a$，$u(1) = u(2) = \cdots = 0$

由于 $T_D \gg T$，因此调节器的输出 $u(0)$ 将很大。

当使用不完全微分时：

$$U(s) = K_p T_D s E(s) \frac{1}{1 + T_f s} = \frac{K_p T_D s}{1 + T_f s} E(s)$$

$$U(s)(1 + T_f s) = K_p T_D s E(s)$$

$$u(t) + T_f \frac{du(t)}{dt} = K_p T_D \frac{de(t)}{dt}$$

对上式离散化得：

$$u(k) = \frac{T_f}{T + T_f} u(k-1) + \frac{K_p T_D}{T + T_f}[e(k) - e(k-1)] \quad (3-31)$$

当 $k \geqslant 0$ 时，$e(k) = a$，由式 (3-31) 可得：

$$u(0) = \frac{K_p T_D}{T + T_f} a, \quad u(1) = \frac{K_p T_f T_D}{(T + T_f)^2} a, \quad u(2) = \frac{K_p T_f^2 T_D}{(T + T_f)^3} a, \cdots$$

显然，$u(k) \neq 0$，$k = 0, 1, 2\cdots$，并且 $u(0) = \frac{K_p T_D}{T + T_f} a \ll \frac{K_p T_D}{T} a$。

不完全微分 PID 不但能抑制高频干扰，而且克服了普通数字调节器控制的上述缺点，数字调节器的微分作用能在各个采样周期按照偏差变化的趋势均匀地起作用，真正起到微分的作用，改善系统的性能。从提高系统动态性能的角度看，不完全微分的 PID 算法除了有滤除高频噪声的作用外，它的控制质量也较好，因此，在控制质量要求较高的场合，常采用不完全微分 PID 算法。

由式（3-29）和式（3-30）得到不完全微分的 PID 调节规律为：

$$D(s) = \frac{K_p}{T_f s + 1} \left(1 + \frac{1}{T_1 s} + T_D s\right) = \frac{K_p(1 + T_1 s + T_1 T_D s^2)}{T_1 s (T_f s + 1)}$$

设 $T_f = \alpha T_2$；$K_p = \frac{K_1(T_1 + T_2)}{T_1}$；$T_1 = T_1 + T_2$；$T_D = \frac{T_1 T_2}{T_1 + T_2}$

得到不完全微分 PID 算式如下：

$$D(s) = D_f(s) D_{PID}(s) = \frac{U(s)}{E(s)} = \frac{K_1(T_1 s + 1)(T_2 s + 1)}{T_1 s (\alpha T_2 s + 1)} = \frac{T_2 s + 1}{\alpha T_2 s + 1} K_1 \left(1 + \frac{1}{T_1 s}\right) \quad (3\text{-}32)$$

其中，α 为微分增益。不完全微分 PID 控制器结构如图 3-17 所示。

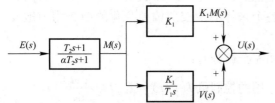

图 3-17 不完全微分 PID 控制器结构

1) 微分部分

由图 3-17 可知：

$$\frac{M(s)}{E(s)} = \frac{T_2 s + 1}{\alpha T_2 s + 1}$$

用一阶后向差分法将上式离散化，得出差分方程：

$$m(k) = \frac{\alpha T_2}{\alpha T_2 + T} m(k-1) + \frac{T_2 + T}{\alpha T_2 + T} e(k) - \frac{T_2}{\alpha T_2 + T} e(k-1) \quad (3\text{-}33)$$

2) 积分部分

积分部分的输入为微分部分的输出 $M(s)$，积分部分的输出为 $V(s)$，由此得到：

$$\frac{V(s)}{M(s)} = \frac{K_1}{T_1 s}$$

用一阶后向差分法将上式离散化，得出差分方程：

$$v(k) = v(k-1) + \frac{K_1 T}{T_1} m(k) \quad (3\text{-}34)$$

3) 比例部分

比例部分的表达式为微分部分的输出乘以 K_1，即比例部分的输出为：

$$K_1 m(k) \quad (3\text{-}35)$$

4) 不完全微分 PID 控制器输出

由式（3-34）和式（3-35）可以得出：

$$u(k) = K_1 m(K) + v(k) \quad (3\text{-}36)$$

(2) 微分先行 PID 算法

上述不完全微分 PID 控制器,是将微分作用放在控制回路的前向通道。微分先行 PID 控制是将微分作用放在反馈通道,其控制器结构如图 3-18 所示。

图 3-18 中的微分作用只是对系统的反馈量进行微分,而对给定值不作微分,这种微分控制适合于给定值频繁变动的场合,可以避免因给定值频繁变动所引起的超调量过大,执行机构动作过分剧烈地振荡。

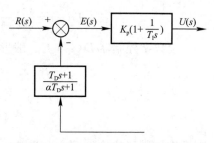

图 3-18 微分先行 PID 控制器结构

4. 带非灵敏区的 PID 控制算法

在设计数字控制器时,有时要求系统不要过于频繁进行调节,以免出现过于频繁调整引起系统输出量的波动,或系统对于控制精度要求不高时,可采用带非灵敏区的 PID 控制算法,以减少执行机构的频繁动作,增强系统运行的平稳性。带非灵敏区的 PID 控制算法就是将输入的偏差信号设置一个适当范围的非灵敏区,即:

当 $|e(k)| < \varepsilon$ 时,$\Delta u(k) = 0$,$u(k) = u(k-1)$,即控制量保持不变;

当 $|e(k)| \geq \varepsilon$ 时,按 PID 控制算法,计算输出量 $u(k)$。

ε 为非灵敏区限值,可依具体被控过程特性实验决定。该值过大将引起较大滞后和稳态误差,过小则难以达到抑制频繁调整的目的,应依据系统控制精度的要求来确定。

3.2 数字控制器离散化设计

数字控制器离散化设计也称为数字控制器直接设计,与前述的连续化设计方法相比较,能适应更复杂被控对象和更高控制性能要求,能满足采样周期变化较大范围。数字控制器离散化设计是直接根据计算机控制理论设计数字控制器,能对计算机控制系统特点进行分析和综合,并推导出相应控制算法。

3.2.1 数字控制器的离散化设计步骤

如图 3-19 所示的计算机控制系统框图中,$G_C(s)$ 是被控对象的连续传递函数,$D(z)$ 是数字控制器的脉冲传递函数,$H(s)$ 是零阶保持器的传递函数,T 为采样周期。

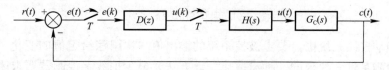

图 3-19 计算机控制系统框图

广义被控对象的脉冲传递函数为:

$$G(z) = Z[H(s)G_C(s)] = Z\left[\frac{1-e^{-Ts}}{s}G_C(s)\right] \quad (3-37)$$

系统的闭环脉冲传递函数为:

$$\Phi(z) = \frac{D(z)G(z)}{1+D(z)G(z)} \quad (3-38)$$

误差脉冲传递函数为:

$$\Phi_e(z) = \frac{E(z)}{R(z)} = \frac{R(z)-C(z)}{R(z)} = 1 - \Phi(z) \tag{3-39}$$

由式（3-38）得出：

$$D(z) = \frac{U(z)}{E(z)} = \frac{\Phi(z)}{G(z)[1-\Phi(z)]} = \frac{\Phi(z)}{G(z)\Phi_e(z)} \tag{3-40}$$

设数字控制器 $D(z)$ 的一般形式为：

$$D(z) = \frac{\sum_{i=0}^{m} b_i z^{-i}}{1 + \sum_{i=1}^{n} a_i z^{-i}} = \frac{U(z)}{E(z)} \quad (n \geq m) \tag{3-41}$$

则数字控制器的输出 $U(z)$ 为：

$$U(z) = \sum_{i=0}^{m} b_i z^{-i} E(z) - \sum_{i=1}^{n} a_i z^{-i} U(z) \tag{3-42}$$

因此，数字控制器 $D(z)$ 的计算机控制算法为：

$$u(k) = \sum_{i=0}^{m} b_i e(k-i) - \sum_{i=1}^{n} a_i u(k-i) \tag{3-43}$$

数字控制器的离散化设计，是根据被控对象的脉冲传递函数 $G(z)$ 以及所要求的系统性能指标，首先设计出系统闭环脉冲传递函数 $\Phi(z)$，然后再由 $\Phi(z)$ 确定出可实现的控制器脉冲传递函数 $D(z)$。数字控制器的离散化设计步骤如下：

（1）根据控制系统的性能指标要求和其他约束条件，确定所需闭环脉冲传递函数 $\Phi(z)$。

（2）根据式（3-37）求取广义被控对象的脉冲传递函数 $G(z)$。

（3）根据式（3-40）求取数字控制器的脉冲传递函数 $D(z)$。

（4）根据式（3-41）求取控制量 $u(k)$ 的递推计算公式（3-43）。

3.2.2 最少拍数字控制器的设计

典型离散控制系统如图 3-20 所示。

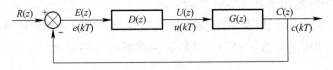

图 3-20 典型离散控制系统

在数字随动控制系统中，要求被控系统的输出值尽快跟踪给定值的变化，最少拍数字控制器就是为满足这一要求的一种离散化设计方法。最少拍数字控制器要求闭环系统对于某种特定的输入在最少的采样周期内达到无静差的稳态。计算机控制系统将一个采样周期 T 称为一拍，所以称为最少拍系统，这种系统对闭环脉冲传递函数的性能要求是快速性和准确性。

最少拍系统设计的具体要求：

（1）闭环系统稳定。

（2）对某确定的典型输入信号（如阶跃输入），稳态误差等于零。有两种情况：

1) 要求在采样点上稳态误差等于零，采样点之间稳态误差不为零，如图 3-21（a）所示，称为有纹波系统。

2) 不仅在采样点上,而且在采样点之间稳态误差都等于零,如图 3-21 (b) 所示,称为无纹波系统。

(3) 在满足以上条件的前提下,系统应以最快速度达到稳态,系统准确跟踪输入信号所需的采样周期数最小。

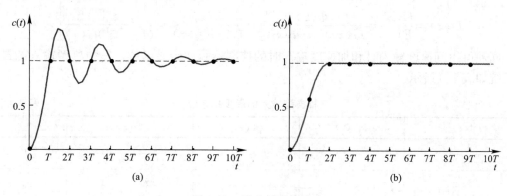

图 3-21 最少拍系统响应
(a) 有纹波系统;(b) 无纹波系统

针对各种典型输入,设计控制器,使得闭环系统在尽可能少的采样周期内稳态误差为零。由式 (3-39) 得偏差表达式:

$$E(z) = \Phi_e(z)R(z) = [1-\Phi(z)]R(z) = e_0 + e_1 z^{-1} + e_2 z^{-2} + \cdots + e_n z^{-n} \quad (3-44)$$

要实现无静差、最少拍,偏差应在最短时间内趋于零,针对式 (3-44) z^{-1} 的有限项多项式,n 是可能情况下的最小正整数,表明在 n 个采样周期后偏差变为零,意味着系统在 n 拍内达到稳定。

利用终值定理求得系统稳态误差为:

$$\lim_{k \to \infty} e(kT) = \lim_{z \to 1}(1-z^{-1})E(z) = \lim_{z \to 1}(1-z^{-1})[1-\Phi(z)]R(z) \quad (3-45)$$

设输入信号形式为:

$$r(t) = r_0, \ r_1 t, \ \frac{r_2}{2!}t^2, \ \cdots, \ \frac{r_{q-1}}{(q-1)!}t^{q-1}$$

相应 Z 变换为:

$$R(z) = \frac{r_0}{1-z^{-1}}, \ \frac{Tz^{-1}}{(1-z^{-1})^2}r_1, \ \frac{T^2 z^{-1}(1+z^{-1})}{(1-z^{-1})^3}r_2, \ \cdots, \ \frac{A(z)}{(1-z^{-1})^q}$$

式中,$A(z)$ 是不包含 $(1-z^{-1})$ 因子的关于 z^{-1} 的多项式。

为使系统在 $R(z) = \dfrac{A(z)}{(1-z^{-1})^q}$ 的作用下稳态误差为零,根据式 (3-45),则要求:

$$1-\Phi(z) = \Phi_e(z) = (1-z^{-1})^q F(z) \quad (3-46)$$

式中,$F(z)$ 为不包含 $(1-z^{-1})$ 因子的 z^{-1} 多项式。为了使 $\Phi(z)$ 可实现,$F(z)$ 的首项应取为 1,其表达式为 $F(z) = 1 + f_1 z^{-1} + f_2 z^{-2} + \cdots f_n z^{-n}$,$F(z)$ 应尽可能简单,取 $F(z) = 1$。

因此,对于不同的输入信号,可选择不同的误差脉冲传递函数 $\Phi_e(z)$,从而得到最少拍控制器的脉冲传递函数 $D(z)$。

当输入信号为单位阶跃信号时:

$$\left.\begin{aligned}\Phi_e(z) &= (1-z^{-1})^q F(z) = 1-z^{-1} \\ \Phi(z) &= 1-\Phi_e(z) = z^{-1} \\ E(z) &= \Phi_e(z)R(z) = [1-\Phi(z)]R(z) = \frac{1-z^{-1}}{1-z^{-1}} = 1 \\ D(z) &= \frac{U(z)}{E(z)} = \frac{\Phi(z)}{G(z)[1-\Phi(z)]} = \frac{\Phi(z)}{G(z)\Phi_e(z)} = \frac{z^{-1}}{(1-z^{-1})G(z)}\end{aligned}\right\} \quad (3\text{-}47)$$

同理可得到速度输入时和加速度输入时的控制器脉冲传递函数，三种典型输入的最少拍系统如表 3-3 所示。

三种典型输入的最少拍系统　　　　　　　表 3-3

$R(z)$	$\Phi_e(z)$	$\Phi(z)$	$D(z)$	t_s
$\dfrac{1}{1-z^{-1}}$	$1-z^{-1}$	z^{-1}	$\dfrac{z^{-1}}{(1-z^{-1})G(z)}$	T
$\dfrac{Tz^{-1}}{(1-z^{-1})^2}$	$(1-z^{-1})^2$	$2z^{-1}-z^{-2}$	$\dfrac{2z^{-1}-z^{-2}}{(1-z^{-1})^2 G(z)}$	$2T$
$\dfrac{T^2 z^{-1}(1+z^{-1})}{2(1-z^{-1})^3}$	$(1-z^{-1})^3$	$3z^{-1}-3z^{-2}+z^{-3}$	$\dfrac{3z^{-1}-3z^{-2}+z^{-3}}{(1-z^{-1})^3 G(z)}$	$3T$

【例 3.1】 如图 3-22 所示的控制系统原理图中，设被控对象的传递函数为 $G_P(s) = \dfrac{10}{s(s+1)}$，$H(s) = \dfrac{1-e^{-Ts}}{s}$，$T = 1s$。试针对单位阶跃输入函数设计最少拍控制系统，画出数字控制器和系统的输出波形。

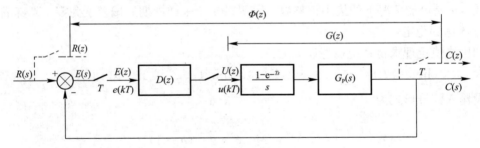

图 3-22　控制系统原理图

解：求取系统广义被控对象传递函数：

$$G(z) = HG_P(z) = Z\left[\frac{1-e^{-Ts}}{s} \cdot \frac{10}{s(s+1)}\right] = 10(1-z^{-1})Z\left[\frac{1}{s^2(s+1)}\right]$$

$$= 10(1-z^{-1})Z\left[\frac{1}{s^2} - \frac{1}{s} + \frac{1}{s+1}\right] = 10(1-z^{-1})Z\left[\frac{Tz^{-1}}{(1-z^{-1})^2} - \frac{1}{1-z^{-1}} + \frac{1}{1-e^{-T}z^{-1}}\right]$$

$$= \frac{3.68z^{-1}(1+0.718z^{-1})}{(1-z^{-1})(1-0.368z^{-1})}$$

根据式（3-47）可得：$\Phi_e(z) = 1-z^{-1}$

则：$\Phi(z) = 1-\Phi_e(z) = z^{-1}$

$$D(z) = \frac{U(z)}{E(z)} = \frac{\Phi(z)}{G(z)[1-\Phi(z)]} = \frac{\Phi(z)}{G(z)\Phi_e(z)} = \frac{z^{-1}}{(1-z^{-1})G(z)} = \frac{0.272-0.100z^{-1}}{1+0.718z^{-1}}$$

$$C(z) = \Phi(z)R(z) = [1-\Phi_e(z)]R(z) = \frac{z^{-1}}{1-z^{-1}} = z^{-1} + z^{-2} + \cdots + z^{-k} + \cdots$$

$$E(z) = \Phi_e(z)R(z) = [1-\Phi(z)]R(z) = \frac{1-z^{-1}}{1-z^{-1}} = 1$$

输出序列：$c(0)=0$；$c(1)=c(2)=c(3)=\cdots c(k)=\cdots=1$

偏差：$E(z) = e(0) + e(1)z^{-1} + e(2)z^{-2} + \cdots e(k)z^{-k} + \cdots = 1$

偏差的输出序列：$e(0)=1$；$e(1)=e(2)=e(3)=\cdots e(k)=\cdots=0$

可见经过一个采样周期后，系统稳态无静差。

控制量：$U(z) = 0.272E(z) - 0.1z^{-1}E(z) - 0.718z^{-1}U(z)$

控制量 $u(k)$ 的递推算式：$u(k) = 0.272e(k) - 0.1e(k-1) - 0.718u(k-1)$

控制量的输出序列：

$$U(z) = \frac{C(z)}{G(z)} = D(z)E(z) = \frac{0.272 - 0.100z^{-1}}{1 + 0.718z^{-1}} \times 1$$

$$= 0.272 - 0.295z^{-1} + 0.212z^{-2} - 0.152z^{-3} + 0.109z^{-4} + \cdots$$

图 3-23 为采用 MATLAB 中的 Simulink 工具箱构建的系统仿真图。

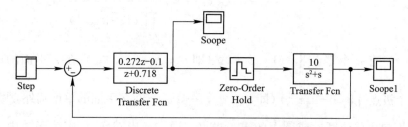

图 3-23　Simulink 工具箱构建的系统仿真图

数字控制器输出 $u(k)$ 和系统输出 $c(k)$ 波形如图 3-24 所示。由图 3-24（b）可以看出，系统对于单位阶跃输入，经过一拍时间（T），系统输出在采样点上的值 $c(k)$ 跟踪给定 $r(k)$ 的值，但在采样点之间，系统输出与给定值不一致，有纹波存在。虽然系统输出在采样点上值与给定值相等，但是数字控制器的输出控制量振荡，造成系统输出响应产生纹波。

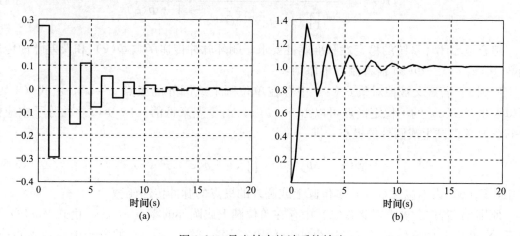

图 3-24　最少拍有纹波系统输出
(a) 数字控制器输出；(b) 系统输出

3.2.3 最少拍数字控制器的一般设计方法

在上节中分析了被控对象是稳定的最少拍数字控制器的设计方法。若被控对象含有不稳定因素（即被控对象的脉冲传递函数有单位圆上及圆外的零点以及单位圆上及圆外的极点，还有纯滞后环节），如何设计最少拍控制器呢？

由于闭环系统的稳定性是由 $\Phi(z)$ 的极点在 Z 平面的分布决定的，$\Phi(z)$ 的零点对系统的快速性也将产生一定的影响。由式 (3-38) 可以看出，在闭环脉冲传递函数中，$D(z)$ 和 $G(z)$ 总是成对出现的，但不允许它们的零、极点互相对消。简单地利用 $D(z)$ 的零点去对消 $G(z)$ 的不稳定极点，虽然从理论上说可以得到一个稳定的闭环系统，但是，这种稳定是建立在零、极点完全对消的基础上的。当系统的参数产生漂移，或辨识的参数有误时，这种零、极点对消不可能准确实现，从而引起闭环系统不稳定。上述分析说明在单位圆外，$D(z)$ 和 $G(z)$ 不能对消零、极点。由式 (3-40) 可以看出，$G(z)$ 的零、极点对 $\Phi(z)$ 有直接的影响。

设广义被控对象：

$$G(z) = [G(s)] = \left[\frac{1-\mathrm{e}^{-Ts}}{s}G_p(s)\right] = \frac{z^{-m}\prod_{i=1}^{u}(1-b_i z^{-1})}{\prod_{j=1}^{v}(1-a_j z^{-1})}G'(z) \tag{3-48}$$

式中，设 $G(z)$ 有 u 个零点 $\prod_{i=1}^{u}(1-b_i z^{-1})$（即 $b_1, b_2, \cdots, b_u$）在 Z 平面的单位圆外或圆上；有 v 个极点 $\prod_{j=1}^{v}(1-a_j z^{-1})$（即 $a_1, a_2, \cdots, a_v$）在 Z 平面的单位圆外或圆上；$G'(z)$ 是 $G(z)$ 中不包含单位圆外或圆上的零、极点。通常，当 $G_p(s)$ 连续函数中不含有延迟环节时，离散化后，$G(z)$ 式中的 $m=1$（因为零阶保持器的存在）；当 $G_p(s)$ 含有延迟环节时，则 $m>1$。

因此，$D(z)$ 的表达式见式 (3-49)：

$$D(z) = \frac{\prod_{j=1}^{v}(1-a_j z^{-1})}{z^{-m}\prod_{i=1}^{u}(1-b_i z^{-1})G'(z)} \cdot \frac{\Phi(z)}{1-\Phi(z)} \tag{3-49}$$

综合考虑闭环系统的稳定性和准确性要求，闭环脉冲传递函数 $\Phi(z)$ 和误差脉冲传递函数 $\Phi_e(z) = 1-\Phi(z)$ 需遵循以下原则：

原则 1：若广义被控对象 $G(z)$ 中存在单位圆上或圆外的极点 $z=a_j$，由式 (3-49) 可以看出，$G(z)$ 的不稳定极点可以由 $1-\Phi(z)$ 的零点来抵消。$1-\Phi(z)$ 的分子中应包含 $G(z)$ 单位圆上或圆外的极点，即：

$$1-\Phi(z) = \Phi_e(z) = \prod_{j=1}^{v}(1-a_j z^{-1})F_1(z) \tag{3-50}$$

式中，$F_1(z)$ 为不包含 $G(z)$ 单位圆上或圆外的极点的脉冲传递函数。

原则 2：若广义被控对象 $G(z)$ 中存在单位圆上或圆外的零点 $z=b_i$，由式 (3-49) 可以看出，$G(z)$ 的不稳定零点可以由 $\Phi(z)$ 的零点来抵消。$\Phi(z)$ 的分子中应包含 $G(z)$ 中单位圆上或圆外的零点，即：

$$\Phi(z) = \prod_{i=1}^{u}(1-b_i z^{-1})F_2(z) \qquad (3\text{-}51)$$

式中，$F_2(z)$ 为不包含 $G(z)$ 单位圆上或圆外的零点的脉冲传递函数。

原则3：若广义被控对象 $G(z)$ 中存在纯滞后环节 z^{-m} 因子（m 为延迟拍数），由式（3-49）可以看出，$\Phi(z)$ 的分子中应包含 z^{-m}，从而来抵消 $G(z)$ 中纯滞后环节 z^{-m} 因子，即：

$$\Phi(z) = z^{-m}F_3(z) \qquad (3\text{-}52)$$

原则4：为使系统在典型输入作用下的稳态误差为零，根据典型输入的一般表达式 $R(z) = \dfrac{A(z)}{(1-z^{-1})^q}$，可知：

$$1-\Phi(z) = \Phi_e(z) = (1-z^{-1})^q F_4(z) \qquad (3\text{-}53)$$

式中，$F_4(z)$ 为不包含 $(1-z^{-1})$ 因子的 z^{-1} 多项式，表达式首项为1。

综合考虑以上原则：

(1) 误差脉冲传递函数 $\Phi_e(z) = 1-\Phi(z)$ 为：

$$\Phi_e(z) = (1-z^{-1})^q \left[\prod_{j=1}^{v}(1-a_j z^{-1})\right] F(z) \qquad (3\text{-}54)$$

式中，$F(z)$ 为不包含 $(1-z^{-1})$ 以及 $(1-a_j z^{-1})$ 因子的 z^{-1} 多项式，表达式为：
$F(z) = 1 + f_1 z^{-1} + f_2 z^{-2} + \cdots + f_n z^{-n}$。

由于 $\Phi_e(z) = 1-\Phi(z)$，因此 $\Phi(z)$ 与 $\Phi_e(z)$ 中的最高次幂必须相等，因此：

(2) 闭环脉冲传递函数 $\Phi(z)$ 可写成如下形式：

$$\Phi(z) = z^{-m}\prod_{i=1}^{u}(1-b_i z^{-1})(\varphi_0 + \varphi_1 z^{-1} + \cdots + \varphi_{q+v-1}z^{-(q+v-1)}) \qquad (3\text{-}55)$$

式中　q——典型输入中包含 $\dfrac{1}{1-z^{-1}}$ 的阶次；

　　　v——$G(z)$ 在 Z 平面单位圆外或圆上极点数；

　　　m——广义对象延迟拍数；

　　　b_i——$G(z)$ 在 Z 平面单位圆外或圆上零点；

　　　u——$G(z)$ 在 Z 平面单位圆外或圆上零点数。

需要特别说明的是：当 $G(z)$ 中有 Z 平面单位圆上的极点时，即 $a_j = 1$，原则1［即 $1-\Phi(z)$ 中必须包含 $G(z)$ 在 Z 平面单位圆上的极点］与原则2［即 $1-\Phi(z)$ 包含有 $(1-z^{-1})^q$ 因子］是一致的、重复的。因此，$\Phi(z)$ 中待定系数的数目小于 $(q+v)$ 个，通过下面的例子来说明。

【例 3.2】设被控对象的传递函数为 $G_p(s) = \dfrac{10}{s(s+1)(0.1s+1)}$，$H(s) = \dfrac{1-e^{-Ts}}{s}$，$T = 0.5s$。试针对单位阶跃输入函数设计最少拍数字控制器。

解：求取系统广义被控对象脉冲传递函数：

$$G(z) = HG_p(z) = Z\left[\dfrac{1-e^{-Ts}}{s} \times \dfrac{10}{s(s+1)(0.1s+1)}\right]$$

$$= Z(1-e^{-Ts})\left(\dfrac{10}{s^2} - \dfrac{11}{s} + \dfrac{100/9}{s+1} - \dfrac{1/9}{s+10}\right]$$

$$= \frac{1-z^{-1}}{9} Z\left[\frac{90Tz^{-1}}{(1-z^{-1})^2} - \frac{99}{1-z^{-1}} + \frac{100}{1-e^{-T}z^{-1}} - \frac{1}{1-e^{-10T}z^{-1}}\right]$$

$$= \frac{0.7385z^{-1}(1+1.4815z^{-1})(1+0.05355z^{-1})}{(1-z^{-1})(1-0.6065z^{-1})(1-0.0067z^{-1})}$$

由以上广义被控对象脉冲传递函数可知：

(1) $G(z)$ 中包含有 z^{-1} 和单位圆外的零点 $z=-1.4815$。因此，$\Phi(z)$ 中必须含有 $(1+1.4815z^{-1})$ 项及 z^{-1} 的因子。

(2) $G(z)$ 中含有一个极点在单位圆上，因此，$1-\Phi(z)$ 必须含有 $(1-z^{-1})$ 的因子。

(3) 针对单位阶跃输入，其脉冲传递函数中因子 $\frac{1}{1-z^{-1}}$ 的阶次为 1，因此，$1-\Phi(z)$ 必须包含 $(1-z^{-1})$ 的因子。

从以上分析中可以看出，(2) 与 (3) 的结论是重复的，也可以说 (2) 满足了 (3) 的要求，或者说 (3) 满足了 (2) 的要求，因此，$\Phi(z)$ 中待定系数的数目并不是 2 个，而是 1 个，设待定系数为 a，闭环脉冲传递函数 $\Phi(z)$ 可写成如下形式：

$$\Phi(z) = az^{-1}(1+1.4815z^{-1})$$

误差脉冲传递函数 $\Phi_e(z)$ 为：$\Phi_e(z) = (1-z^{-1})F(z)$

由于 $\Phi_e(z) = 1 - \Phi(z)$，因此 $\Phi(z)$ 与 $\Phi_e(z)$ 中的最高次幂必须相等，因此：

$$\Phi_e(z) = (1-z^{-1})(1+bz^{-1})$$

以上两个表达式中，a、b 为待定系数。根据 $\Phi_e(z) = 1 - \Phi(z)$，可得：

$$1 + bz^{-1} - z^{-1} - bz^{-2} = 1 - az^{-1} - 1.4815az^{-2}$$

比较等式两边系数得：$a = 0.403$，$b = 0.597$，代入方程组，得：

$$\begin{cases} \Phi(z) = 0.403z^{-1}(1+1.4815z^{-1}) \\ \Phi_e(z) = (1-z^{-1})(1+0.597z^{-1}) \end{cases}$$

数字控制器的脉冲传递函数：

$$D(z) = \frac{\Phi(z)}{G(z)\Phi_e(z)} = \frac{0.5457(1-0.6065z^{-1})(1-0.0067z^{-1})}{(1+0.597z^{-1})(1+0.05355z^{-1})}$$

系统输出响应 Z 变换为：

$$C(z) = \Phi(z)R(z) = [1-\Phi_e(z)]R(z)$$

$$= 0.403z^{-1}(1+1.4815z^{-1})\frac{1}{1-z^{-1}} = 0.403z^{-1} + z^{-2} + z^{-3} + \cdots$$

输出序列：$c(0) = 0$；$c(1) = 0.403$；$c(2) = c(3) = \cdots c(k) = \cdots = 1$

图 3-25 为采用 MATLAB 中的 Simulink 工具箱构建的系统仿真图。

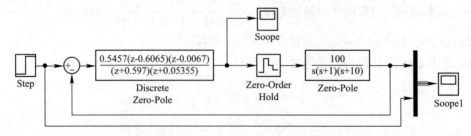

图 3-25　Simulink 工具箱构建的系统仿真图

数字控制器输出 $u(k)$ 和系统输出 $c(k)$ 波形如图 3-26 所示。由图 3-26（b）可以看出，由于闭环脉冲传递函数 $\Phi(z)$ 包含了单位圆外零点，系统对于单位阶跃输入，调节时间延长到两拍（$2T$）。系统输出在采样点上的值 $c(k)$ 跟踪给定 $r(k)$ 的值，但在采样点之间，系统输出与给定值不一致，有纹波存在。虽然系统输出在采样点上值与给定值相等，但是数字控制器的输出控制量振荡，造成系统输出响应产生纹波。

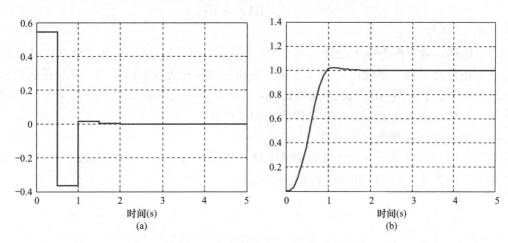

图 3-26 最少拍有纹波系统输出
(a) 数字控制器输出；(b) 系统输出

3.2.4 最少拍无纹波控制器的设计

按最少拍有纹波系统设计方法所设计出来的系统，其输出值跟随输入后，在非采样时刻有波纹存在，非采样时刻的纹波现象造成系统在非采样时刻有偏差，输出纹波不仅影响系统质量（如过大的超调和持续的振荡），而且增加机械磨损。原因在于数字控制器的输出序列 $u(k)$ 经若干拍数后，不为常数或零，而是振荡收敛的。因此，希望系统在典型输入作用下，经过尽可能少的采样周期后，系统达到稳定，并且在采样点之间没有纹波。

1. 纹波产生的原因

由于数字控制器的控制量输出序列 $u(k)$ 经若干拍数后，是振荡收敛的，它作用在保持器的输入端，保持器的输出也必然波动，使系统输出在采样点之间产生纹波。根据本书第 2 章第 2.5.3 节，图 2-31 和图 2-32 所示极点分布与瞬态响应的关系，单位圆内的非零极点虽然是稳定的，但对应的时域响应是振荡收敛的，可知控制量输出序列 $u(k)$ 振荡收敛，是因为控制量脉冲传递函数 $U(z)$ 含有单位圆内的非零极点（尤其是左半平面单位圆内的非零极点）。

2. 消除纹波的附加条件

最少拍无纹波控制器的设计，是当最少拍控制存在纹波时，对期望闭环传递函数 $\Phi(z)$ 进行修正，以达到消除采样点之间纹波的目的。

由于：
$$C(z) = \Phi(z)R(z) = U(z)G(z) \qquad (3\text{-}56)$$

推导得：
$$U(z) = \frac{\Phi(z)R(z)}{G(z)} \qquad (3\text{-}57)$$

设广义对象脉冲传递函数：$G(z) = z^{-d}\dfrac{B(z)}{A(z)}$（$d$ 是延迟拍数）

则：$$U(z) = \frac{\Phi(z)A(z)}{z^{-d}B(z)}R(z)$$

可见设计最少拍无纹波控制器时，除了按照上一节选择 $\Phi(z)$，以保证控制器的可实现性和稳定性之外，还应将被控对象 $G(z)$ 在单位圆内的零点包括在 $\Phi(z)$ 中，以便在 $U(z)$ 中消除引起振荡的所有极点。

即： $$\Phi(z) = z^{-d}B(z) \cdot F(z) \tag{3-58}$$

式中，$F(z)$ 是关于 z^{-1} 的多项式。

综上所述，确定最少拍无纹波系统 $\Phi(z)$ 的附加条件是：$\Phi(z)$ 必须包含广义被控对象 $G(z)$ 的所有零点，不仅包含 $G(z)$ 在 Z 平面单位圆外或圆上的零点，而且还必须包含 $G(z)$ 在 Z 平面单位圆内的零点。这样处理后，无纹波系统比有纹波系统的调整时间增加若干拍，增加的拍数等于 $G(z)$ 在单位圆内的零点数。

3. 设计无纹波系统的必要条件

为了在稳态过程中获得无纹波的平滑输出，如图 3-27 所示，被控对象 $G_p(s)$ 必须有能力给出与系统输入 $r(t)$ 相同且平滑的输出 $c(t)$。

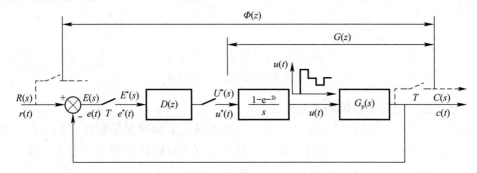

图 3-27 控制系统原理图

① 对阶跃输入，当 $t \geq NT$ 时，$c(t)$ 为常数；
② 对速度输入，当 $t \geq NT$ 时，$\dot{c}(t)$ 为常数；
③ 对加速度输入，当 $t \geq NT$ 时，$\ddot{c}(t)$ 为常数。

如果针对等速输入函数进行设计，那么对于等速输入函数，静态过程中 $G_p(s)$ 的输出也必须是等速函数。零阶保持器的输出在每个采样周期内，保持为常数或为零，输入到被控对象上。因此，为了使被控对象产生和系统输入同样的等速函数，则被控对象的传递函数 $G_p(s)$ 中必须至少有一个积分环节，使得在常值（包括零）的控制信号作用下，其稳态输出也是所要求的等速变化量。同理，若针对等加速输入函数设计无波纹系统，则 $G_p(s)$ 必须至少有两个积分环节。

4. 最少拍无纹波控制系统设计方法

综上所述，设计最少拍无纹波控制系统的方法总结如下：

(1) 按最少拍控制系统的一般设计方法确定 $\Phi_e(z)$ 或 $\Phi(z)$。
(2) 按无纹波系统附加条件确定 $\Phi(z)$。
1) 误差脉冲传递函数 $\Phi_e(z) = 1 - \Phi(z)$ 为：

$$\Phi_e(z) = (1-z^{-1})^q \left[\prod_{j=1}^{v}(1-a_j z^{-1})\right]F(z) \tag{3-59}$$

式中，$F(z)$ 为不包含 $(1-z^{-1})$ 以及 $(1-a_j z^{-1})$ 因子的 z^{-1} 多项式，表达式为：
$$F(z)=1+f_1 z^{-1}+f_2 z^{-2}+\cdots+f_n z^{-n}$$

由于 $\Phi_e(z)=1-\Phi(z)$，因此 $\Phi(z)$ 与 $\Phi_e(z)$ 中的最高次幂必须相等，因此：

2）闭环脉冲传递函数 $\Phi(z)$ 可写成如下形式：
$$\Phi(z)=z^{-m}\prod_{i=1}^{u}(1-b_i z^{-1})(\varphi_0+\varphi_1 z^{-1}+\cdots+\varphi_{q+v-1}z^{-(q+v-1)}) \tag{3-60}$$

式中　q——典型输入中包含 $\dfrac{1}{1-z^{-1}}$ 的阶次；

　　　v——$G(z)$ 在 Z 平面单位圆外或圆上极点数；

　　　m——广义对象延迟拍数；

　　　b_i——$G(z)$ 在 Z 平面上的所有零点；

　　　u——$G(z)$ 在 Z 平面单位圆外或圆上零点数。

需要特别说明的是：当 $G(z)$ 中有 Z 平面单位圆上的极点时，即 $a_j=1$，与有纹波控制器设计相同，原则1［即 $1-\Phi(z)$ 中必须包含 $G(z)$ 在 Z 平面单位圆上的极点］与原则2［即 $1-\Phi(z)$ 包含有 $(1-z^{-1})^q$ 因子］是一致的。因此，$\Phi(z)$ 中待定系数的数目小于 $(q+v)$ 个。

【例3.3】设被控对象的传递函数为 $G_p(s)=\dfrac{10}{s(2s+1)}$，$H(s)=\dfrac{1-\mathrm{e}^{-Ts}}{s}$，$T=1\mathrm{s}$。试针对单位阶跃输入函数设计最少拍无纹波控制器，分别画出数字控制器和系统的输出波形。

解：已知被控对象传递函数 $G_p(s)$，说明它有能力平滑地产生输出响应，满足无纹波系统的必要条件。

$$G(z)=HG_p(z)=Z\left[\dfrac{1-\mathrm{e}^{-Ts}}{s}\times\dfrac{1}{s(1+2s)}\right]=\dfrac{0.213z^{-1}(1+0.847z^{-1})}{(1-z^{-1})(1-0.6065z^{-1})}$$

由以上广义被控对象脉冲传递函数可知：

(1) $G(z)$ 中包含有 z^{-1} 的因子，单位圆上的极点 $z=1$，零点 $z=-0.847$。$\Phi(z)$ 中必须含有 $(1+0.847z^{-1})$ 项及 z^{-1} 的因子。

(2) $G(z)$ 中含有一个极点在单位圆上，因此，$1-\Phi(z)$ 必须含有 $(1-z^{-1})$ 的因子。

(3) 针对单位阶跃输入，其脉冲传递函数中因子 $\dfrac{1}{1-z^{-1}}$ 的阶次为1，因此，$1-\Phi(z)$ 必须包含 $(1-z^{-1})$ 的因子。

从以上分析中可以看出，(2) 与 (3) 的结论是重复的，也可以说 (2) 满足了 (3) 的要求，或者说 (3) 满足了 (2) 的要求，因此，$\Phi(z)$ 中待定系数的数目并不是2个，而是1个，设待定系数为 a，闭环脉冲传递函数 $\Phi(z)$ 可写成如下形式：
$$\Phi(z)=az^{-1}(1+0.847z^{-1})$$

误差脉冲传递函数 $\Phi_e(z)$ 为：$\Phi_e(z)=(1-z^{-1})F(z)$

由于 $\Phi(z)=1-\Phi_e(z)$，因此 $\Phi_e(z)$ 和 $\Phi(z)$ 的最高阶次一定相等，由此确定了 $F(z)$ 的阶次。

得到：
$$\begin{cases}\Phi(z)=az^{-1}(1+0.847z^{-1})\\ \Phi_e(z)=(1-z^{-1})(1+bz^{-1})\end{cases}$$

由上述方程组可得：
$$(1-b)z^{-1}+bz^{-2}=az^{-1}+0.847az^{-2}$$
比较等式两边的系数，可得 $a=0.541$、$b=0.459$
代入方程组可得：
$$\begin{cases}\Phi(z)=0.541z^{-1}(1+0.847z^{-1})\\ \Phi_e(z)=(1-z^{-1})(1+0.459z^{-1})\end{cases}$$

数字控制器的脉冲传递函数：
$$D(z)=\frac{U(z)}{E(z)}=\frac{\Phi(z)}{G(z)\Phi_e(z)}=\frac{0.541z^{-1}(1+0.847z^{-1})}{(1-z^{-1})(1+0.459z^{-1})G(z)}=\frac{2.54(1-0.6065z^{-1})}{1+0.459z^{-1}}$$

由于：
$$D(z)=\frac{U(z)}{E(z)}=\frac{U(z)}{\Phi_e(z)R(z)}$$

因此，$U(z)=D(z)\Phi_e(z)R(z)=\dfrac{2.54(1-0.665z^{-1})(1-z^{-1})(1+0.459z^{-1})}{(1+0.459z^{-1})(1-z^{-1})}=2.54-1.54z^{-1}$

可知，$u(0)=2.54$，$u(1)=-1.54$，$u(2)=u(3)=\cdots=0$

可见，系统经过两拍以后，控制器输出为零。所以系统设计是无纹波的。
$$C(z)=\Phi(z)R(z)=[1-\Phi_e(z)]R(z)$$
$$=0.541z^{-1}(1+0.847z^{-1})\frac{1}{1-z^{-1}}=0.541z^{-1}+z^{-2}+z^{-3}+\cdots$$

输出序列：$c(0)=0$；$c(1)=0.541$；$c(2)=c(3)=\cdots c(k)=\cdots=1$

图 3-28 为采用 MATLAB 中的 Simulink 工具箱构建的系统仿真图。

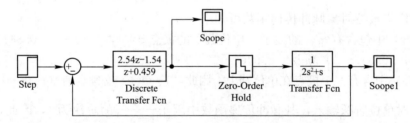

图 3-28　Simulink 工具箱构建的系统仿真图

数字控制器输出 $u(k)$ 和系统响应输出 $c(k)$ 波形如图 3-29 所示。

由图 3-29（a）可以看出，控制量稳定，系统输出无纹波。系统对于单位阶跃输入，调节时间延长到两拍（$2T$），增加的拍数正好等于闭环脉冲传递函数 $G(z)$ 单位圆内零点数。

从直接数字控制器设计方法来看，最少拍数字控制系统的一个突出的性能指标就是快速性，即在一定的输入信号作用下，闭环系统的过渡调节时间常是几个采样周期，取决于被控对象脉冲传递函数的阶数及滞后拍数。但不能盲目地认为采样周期 T 选得越小，系统的过渡调整时间越快。采样周期 T 越小，则控制量的初值 $u(0)$ 越大。在实际系统中，$u(0)$ 的值是受到限制的。因此，如果为了追求快速性，不适当地选择小的采样周期 T，控制变量是达不到理论值的。那么，闭环系统也不能在预期的时间内过渡到稳态。所以，采样周期的选择要根据实际情况来确定。

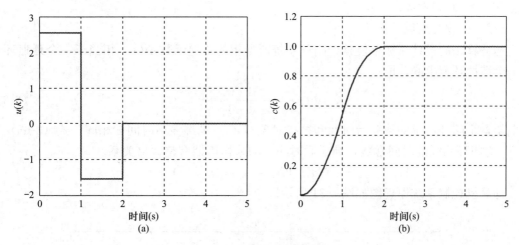

图 3-29 最少拍无纹波系统输出
(a) 数字控制器输出；(b) 系统响应输出

3.3 纯滞后系统数字控制器设计

建筑设备的计算机控制，如中央空调系统控制，常常是通过启停控制或变频控制调节系统的输出控制量，使室内温度维持在舒适温度范围内。但由于控制调节过程和执行器固有的非线性和大滞后等特性，系统容易引起系统超调和持续的振荡。针对被控对象具有纯滞后的特性，本节主要介绍两种纯滞后系统数字控制器的设计方法，即达林（Dahlin）算法和施密斯（Smith）预估补偿算法。

3.3.1 达林算法

某些控制过程对快速性要求是次要的，而对稳定性、不产生超调的要求却是主要的。本节介绍能满足这些性能指标的一种直接设计数字控制器的方法：达林（Dahlin）算法。

1. 数字控制器 $D(z)$ 的形式

具有滞后性质的连续控制系统如图 3-30 所示。

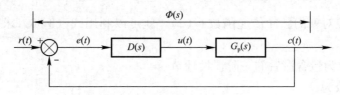

图 3-30 具有滞后性质的连续控制系统

被控对象 $G_p(s)$ 是带有纯滞后的一阶或二阶惯性环节，即：

$$G_p(s) = \frac{K}{T_1 s + 1} e^{-\tau s} \tag{3-61}$$

或：

$$G_p(s) = \frac{K}{(T_1 s + 1)(T_2 s + 1)} e^{-\tau s} \tag{3-62}$$

式中 τ——纯滞后时间；
T_1、T_2——时间常数；
K——放大系数。

达林算法的设计目标是使整个闭环系统所期望的传递函数 $\Phi(s)$ 相当于一个延迟环节和一个惯性环节串联，即：

$$\Phi(s) = \frac{1}{T_\tau s + 1} e^{-\tau s} \tag{3-63}$$

并期望整个闭环系统的纯滞后时间和被控对象 $G_p(s)$ 的纯滞后时间 τ 相同。式（3-63）中的 T_τ 为闭环系统的时间常数，纯滞后时间 τ 与采样周期有整数倍关系。

$$\tau = NT \quad (N = 1, 2, \cdots, n)$$

计算机控制系统原理图如图 3-31 所示。

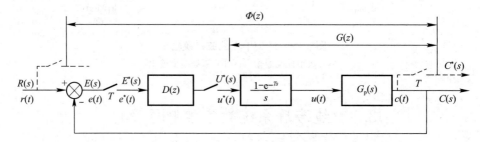

图 3-31 计算机控制系统原理图

$\Phi(s)$ 对应的脉冲传递函数：

$$\Phi(z) = \frac{C(z)}{R(z)} = Z\left[\frac{1 - e^{-Ts}}{s} \cdot \frac{e^{-\tau s}}{T_\tau s + 1}\right] \tag{3-64}$$

代入 $\tau = NT$ 并进行 Z 变换：

$$\Phi(z) = \frac{(1 - e^{-T/T_\tau}) z^{-N-1}}{1 - e^{-T/T_\tau} z^{-1}} \tag{3-65}$$

由式（3-40）可知：

$$D(z) = \frac{\Phi(z)}{G(z)[1 - \Phi(z)]} = \frac{1}{G(z)} \cdot \frac{z^{-N-1}(1 - e^{-T/T_\tau})}{1 - e^{-T/T_\tau} z^{-1} - (1 - e^{-T/T_\tau}) z^{-N-1}} \tag{3-66}$$

假若已知被控对象的脉冲传递函数 $G(z)$，就可以利用式（3-66）求出数字控制器的脉冲传递函数 $D(z)$。

(1) 被控对象为包含滞后的一阶惯性环节

脉冲传递函数为：

$$G(z) = Z\left[\frac{1 - e^{-Ts}}{s} \cdot \frac{K e^{-\tau s}}{T_1 s + 1}\right]$$

代入 $\tau = NT$，得：

$$G(z) = Z\left[\frac{1 - e^{-Ts}}{s} \cdot \frac{K e^{-NTs}}{T_1 s + 1}\right] = K z^{-N-1} \frac{1 - e^{-T/T_1}}{1 - e^{-T/T_1} z^{-1}} \tag{3-67}$$

将式（3-67）代入式（3-66）得出数字控制器的算式：

$$D(z) = \frac{(1-e^{-T/T_\tau})(1-e^{-T/T_1}z^{-1})}{K(1-e^{-T/T_1})[1-e^{-T/T_\tau}z^{-1}-(1-e^{-T/T_\tau})z^{-N-1}]} \tag{3-68}$$

（2）被控对象为包含滞后的二阶惯性环节

脉冲传递函数为：

$$G(z) = Z\left[\frac{1-e^{-Ts}}{s} \cdot \frac{Ke^{-\tau s}}{(T_1 s+1)(T_2 s+1)}\right]$$

代入 $\tau = NT$，得：

$$G(z) = \frac{K(c_1 + c_2 z^{-1})z^{-N-1}}{(1-e^{-T/T_1}z^{-1})(1-e^{-T/T_2}z^{-1})} \tag{3-69}$$

其中：

$$c_1 = 1 + \frac{1}{T_2 - T_1}(T_1 e^{-T/T_1} - T_2 e^{-T/T_2})$$

$$c_2 = e^{-T(1/T_1 + 1/T_2)} + \frac{1}{T_2 - T_1}(T_1 e^{-T/T_2} - T_2 e^{-T/T_1}) \tag{3-70}$$

将式（3-69）代入式（3-70），得出数字控制器的算式：

$$D(z) = \frac{(1-e^{-T/T_\tau})(1-e^{-T/T_1}z^{-1})(1-e^{-T/T_2}z^{-1})}{K(c_1 + c_2 z^{-1})[1-e^{-T/T_\tau}z^{-1}-(1-e^{-T/T_\tau})z^{-N-1}]} \tag{3-71}$$

2. 振铃现象及其消除

振铃（Ringing）现象，是指数字控制器的输出以 1/2 采样频率大幅度衰减的振荡。这与最少拍有纹波系统中的纹波是不一样的。最少拍有纹波系统中的纹波是由于系统输出达到给定值后，控制器输出还存在振荡，影响系统的输出有纹波。而振铃现象中的振荡是衰减的。由于被控对象中惯性环节的低通特性，使得这种振荡对系统的输出几乎无任何影响。但是振荡现象却会增加执行机构的磨损，在有交互作用的多参数控制系统中，振铃现象还有可能影响到系统的稳定性。

振铃现象的分析：

如图 3-31 所示，系统的输出 $C(z)$ 和数字控制器的输出 $U(z)$ 之间有下列关系：

$$C(z) = U(z)G(z)$$

系统的输出 $C(z)$ 和输入函数 $R(z)$ 之间有下列关系：

$$C(z) = \Phi(z)R(z)$$

则数字控制器的输出 $U(z)$ 与输入函数 $R(z)$ 之间的关系为：

$$\frac{U(z)}{R(z)} = \frac{\Phi(z)}{G(z)} \tag{3-72}$$

令：

$$\Phi_u(z) = \frac{\Phi(z)}{G(z)} \tag{3-73}$$

由式（3-72）得：

$$U(z) = \Phi_u(z)R(z) \tag{3-74}$$

$\Phi_u(z)$ 表达了数字控制器的输出与输入函数在闭环时的关系，是分析振铃现象的基础。

对于单位阶跃输入函数 $R(z) = 1/(1-z^{-1})$，含有 $z=1$ 的极点，如果 $\Phi_u(z)$ 的极点在 Z 平面的负实轴上，并且与 $z=-1$ 点相近，数字控制器的输出序列 $u(k)$ 中将含有这两种幅值相近的瞬态项，而且瞬态项的符号在不同时刻是不相同的。当两瞬态项符号相同时，数字控制器的输出控制作用加强，符号相反时，控制作用减弱，从而造成数字控制器的输出序列大幅度波动。分析 $\Phi_u(z)$ 在 Z 平面负实轴上的极点分布情况，即可得出振铃现象的有关结论。

（1）具有纯滞后的一阶惯性环节

被控对象为纯滞后的一阶惯性环节时，其脉冲传递函数 $G(z)$ 为式（3-67），闭环系统的期望脉冲传递函数为式（3-65），将两式代入式（3-73）有：

$$\Phi_u(z)=\frac{\Phi(z)}{G(z)}=\frac{(1-e^{-T/T_\tau})(1-e^{-T/T_1}z^{-1})}{K(1-e^{-T/T_1})(1-e^{-T/T_\tau}z^{-1})} \tag{3-75}$$

求得极点 $z=e^{-T/T_\tau}$，显然，z 永远是大于零的。

结论：具有纯滞后的一阶惯性环节组成的系统中，数字控制器输出对输入的脉冲传递函数不存在负实轴上的极点，这种关系不存在振铃现象。

（2）具有纯滞后的二阶惯性环节

被控对象为带纯滞后二阶惯性环节时，其脉冲传递函数为式（3-69），闭环系统的期望脉冲传递函数仍为式（3-65），将两式代入式（3-73）有：

$$\Phi_u(z)=\frac{\Phi(z)}{G(z)}=\frac{(1-e^{-T/T_\tau})(1-e^{-T/T_1}z^{-1})(1-e^{-T/T_2}z^{-1})}{Kc_1(1-e^{-T/T_\tau}z^{-1})\left(1+\frac{c_2}{c_1}z^{-1}\right)} \tag{3-76}$$

上式中有两个极点，第一个极点在 $z=e^{-T/T_\tau}$，不会引起振铃现象；第二个极点在 $z=-\frac{c_2}{c_1}$。

由式（3-70），在 $T\to 0$ 时，有：

$$\lim_{T\to 0}\left[-\frac{c_2}{c_1}\right]=-1$$

说明负实轴上可能出现与 $z=-1$ 相近的极点，这一极点将引起振铃现象。

3. 振铃幅度 RA（Ringing Amplitude）

振铃幅度 RA 用来衡量振铃强烈的程度。为了描述振铃强烈的程度，应找出数字控制器输出最大值 u_{max}。这一最大值与系统参数的关系难以用解析式描述出来，所以常用单位阶跃作用下数字控制器第 0 拍输出与第 1 拍输出的差值来衡量振铃现象强烈的程度。

由式（3-73）可知，$\Phi_u(z)=\Phi(z)/G(z)$ 是 z 的有理分式，写成一般形式为：

$$\Phi_u(z)=\frac{1+b_1z^{-1}+b_2z^{-2}+\cdots}{1+a_1z^{-1}+a_2z^{-2}+\cdots} \tag{3-77}$$

在单位阶跃输入函数的作用下，数字控制器输出量的 Z 变换为：

$$U(z)=R(z)\Phi_u(z)=\frac{1}{1-z^{-1}}\cdot\frac{1+b_1z^{-1}+b_2z^{-2}+\cdots}{1+a_1z^{-1}+a_2z^{-2}+\cdots}$$

$$=\frac{1+b_1z^{-1}+b_2z^{-2}+\cdots}{1+(a_1-1)z^{-1}+(a_2-a_1)z^{-2}+\cdots}=1+(b_1-a_1+1)z^{-1}+\cdots$$

所以：
$$RA=1-(b_1-a_1+1)=a_1-b_1 \tag{3-78}$$

对于具有纯滞后的二阶惯性环节组成的系统，其振铃幅度由式（3-76）可得：

$$RA=\frac{c_2}{c_1}-e^{-T/T_\tau}+e^{-T/T_1}+e^{T/T_2} \tag{3-79}$$

根据式（3-70）及式（3-79），当 $T \to 0$ 时，可得：
$$\lim_{T \to 0} RA = 2$$

4. 振铃现象的消除

方法一：找出 $D(z)$ 中引起振铃现象的因子（$z=-1$ 附近的极点），令其中的 $z=1$，根据终值定理，不影响输出的稳态值。

具有纯滞后的二阶惯性环节系统中，数字控制器 $D(z)$ 为：
$$D(z) = \frac{(1-e^{-T/T_\tau})(1-e^{-T/T_1}z^{-1})(1-e^{-T/T_2}z^{-1})}{K(c_1+c_2 z^{-1})[1-e^{-T/T_\tau}z^{-1}-(1-e^{-T/T_\tau})z^{-N-1}]}$$

其极点 $z=-\dfrac{c_2}{c_1}$ 将引起振铃现象。令极点因子 $(c_1+c_2 z^{-1})$ 中 $z=1$，就可消除这个振铃极点。

由式（3-70）得：
$$c_1 + c_2 = (1-e^{-T/T_1})(1-e^{-T/T_2})$$

消除振铃极点 $z=-\dfrac{c_2}{c_1}$ 后数字控制器的形式为：
$$D(z) = \frac{(1-e^{-T/T_\tau})(1-e^{-T/T_1}z^{-1})(1-e^{-T/T_2}z^{-1})}{K(1-e^{-T/T_1})(1-e^{-T/T_2})[1-e^{-T/T_\tau}z^{-1}-(1-e^{-T/T_\tau})z^{-N-1}]}$$

这种消除振铃现象的方法虽然不影响输出稳态值，但却改变了数字控制器的动态特性，将影响闭环系统的瞬态性能。

方法二：从保证闭环系统的特性出发，选择合适的采样周期 T 及系统闭环时间常数 T_τ，使得数字控制器的输出避免产生强烈的振铃现象。从式（3-64）可以看出，单纯滞后的二阶惯性环节组成的系统中，振铃幅度与被控对象的参数 T_1、T_2 有关，与闭环系统期望时间常数 T_τ 以及采样周期 T 有关。通过选择适当的 T 和 T_τ，可以把振铃幅度抑制在最低限度以内。有的情况下，闭环系统时间常数 T_τ 作为控制系统的性能指标被首先确定了，但可以通过式（3-79）选择采样周期 T 来抑制振铃现象。

5. 具有纯滞后系统数字控制器直接设计的步骤

具有纯滞后系统数字控制器的主要性能是控制系统不允许产生超调并要求系统稳定。系统设计时需要考虑振铃现象。设计数字控制器的一般步骤为：

（1）根据系统的性能，确定闭环系统的参数 T_τ，给出振铃幅度 RA 的指标；

（2）由式（3-79）所确定的振铃幅度 RA 与采样周期 T 的关系，解出给定振铃幅度下对应的采样周期 T，如果 T 有多解，则选择较大的采样周期；

（3）确定纯滞后时间 τ 与采样周期 T 之比（τ/T）的最大整数倍 N；

（4）求广义对象的脉冲传递函数 $G(z)$ 及闭环系统的脉冲传递 $\Phi(z)$；

（5）求数字控制器的脉冲传递函数 $D(z)$。

3.3.2 施密斯预估补偿控制算法

施密斯提出了一种纯滞后补偿模型，但由于模拟仪表不能实现这种补偿，致使这种方法在工程中无法实现，但是可以根据算法进行计算机编程，能够方便地实现纯滞后补偿。

1. 施密斯补偿原理

在图 3-32 所示带纯滞后环节的控制系统中，$D(s)$ 表示调节器的传递函数，用于校正

$G_p(s)$ 部分；$G_p(s)e^{-\tau s}$ 表示被控对象的传递函数，$G_p(s)$ 为被控对象中不包含纯滞后部分的传递函数，$e^{-\tau s}$ 为被控对象纯滞后部分的传递函数。

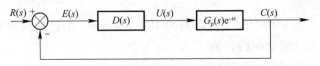

图 3-32　带纯滞后环节的控制系统

施密斯补偿的原理：与 $D(s)$ 并接补偿环节，用来补偿对象中的滞后部分。这个补偿环节称为预估器，其传递函数为 $G_p(s)(1-e^{-\tau s})$，τ 为滞后时间，具有施密斯预估器的控制系统如图 3-33 所示。

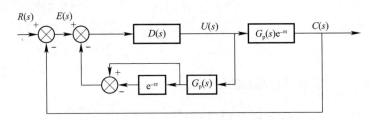

图 3-33　具有施密斯预估器的控制系统

由施密斯预估器和调节器 $D(s)$ 组成的补偿回路称为纯滞后补偿器，其传递函数为：

$$D'(s) = \frac{D(s)}{1 + D(s)G_p(s)(1-e^{-\tau s})}$$

经补偿后的系统闭环传递函数为：

$$\Phi(s) = \frac{D'(s)G_p(s)e^{-\tau s}}{1 + D'(s)G_p(s)e^{-\tau s}} = \frac{D(s)G_p(s)}{1 + D(s)G_p(s)}e^{-\tau s} \tag{3-80}$$

式 (3-80) 说明，经补偿后，式中的 $e^{-\tau s}$ 在闭环控制回路之外，消除了纯滞后部分对控制系统的影响，不影响系统的稳定性。拉氏变换的位移定理说明，$e^{-\tau s}$ 仅将控制作用在时间坐标上推移了一个时间 τ，控制系统的过渡过程及其他性能指标都与对象特性为 $G_p(s)$ 时完全相同。

【例 3.4】采用 PID 控制和采用施密斯预估的 PID 控制系统仿真图分别如图 3-34 和图 3-35 所示。设被控对象的传递函数为 $G_p(s)e^{-\tau s} = \dfrac{1}{2s^2 + 60s + 1}e^{-30s}$，对系统进行仿真对比。

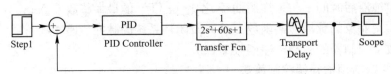

图 3-34　PID 控制系统仿真框图

系统输入为阶跃函数，在相同 PID 参数的情况下，阶跃响应曲线对比图如图 3-36 所示。施密斯预估控制系统中，由于预估器的加入，有效地克服了被控对象纯滞后性质所引起的闭环系统的振荡现象。

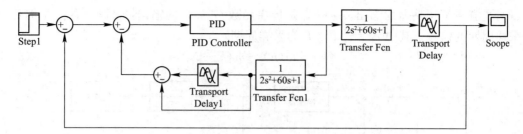

图 3-35　施密斯预估 PID 控制系统仿真框图

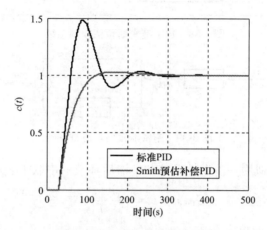

图 3-36　阶跃响应曲线对比图

2. 施密斯预估补偿计算机控制系统

图 3-37 是施密斯预估计算机控制系统结构图。

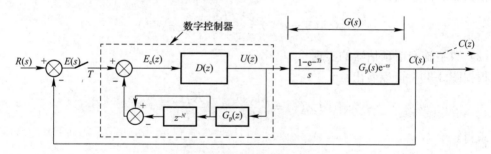

图 3-37　施密斯预估计算机控制系统结构图

图 3-37 中，$D(z)$ 为数字控制器脉冲传递函数，$\dfrac{1-\mathrm{e}^{-Ts}}{s}$ 为零阶保持器传递函数，$G_\mathrm{p}(z)$ 为被控对象中不具有纯滞后部分的脉冲传递函数，z^{-N} 为被控对象纯滞后部分的脉冲传递函数，$N=\tau/T$，τ 是被控对象纯滞后时间，T 是系统采样周期。图 3-37 中的虚线框内为数字控制器的实现部分。

具有纯滞后补偿的数字控制器由两部分组成：一部分是数字 PID 控制器；另一部分是数字施密斯预估器，如图 3-38 所示。

（1）施密斯预估器

施密斯预估器的输出可按图 3-39 的顺序计算。图中 $u(k)$ 是数字 PID 控制器的输出，

$y_\tau(k)$ 是施密斯预估器的输出。$m(k)$ 是传递函数 $G_p(s)$ 的输出，$m(k-N)$ 是滞后 N 个采样周期的信号，其中 $N=\tau/T$（T 为采样周期）。

$$y_\tau(k) = m(k) - m(k-N) \tag{3-81}$$

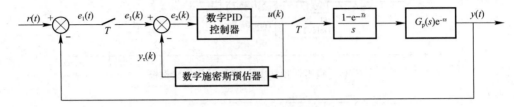

图 3-38　数字施密斯预估控制系统

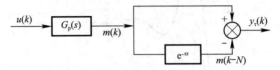

图 3-39　施密斯预估器方框图

许多被控对象可近似用一阶惯性环节和纯滞后环节的串联来表示：

$$G_P(s)\mathrm{e}^{-\tau s} = \frac{K_f}{1+T_f s}\mathrm{e}^{-\tau s} \tag{3-82}$$

式中　K_f——被控对象的放大系数；

　　　T_f——被控对象的时间常数；

　　　τ——纯滞后时间。

预估器的传递函数为：

$$G_P(s)(1-\mathrm{e}^{-\tau s}) = \frac{K_f}{1+T_f s}(1-\mathrm{e}^{-\tau s}) \tag{3-83}$$

(2) 数字施密斯预估器的实现

根据图 3-39，可以看出：

$$G_p(s) = \frac{M(s)}{U(s)} = \frac{K_f}{1+T_f s}$$

求得：

$$T_f \cdot \frac{\mathrm{d}m(t)}{\mathrm{d}t} + m(t) = K_f u(t)$$

离散化后：

$$T_f \cdot \frac{m(k)-m(k-1)}{T} + m(k) = K_f u(k)$$

求得：

$$m(k) = am(k-1) + bu(k) \tag{3-84}$$

其中，$a = \dfrac{T_f}{T+T_f}$，$b = K_f(1-a)$

滞后 N 个采样周期的信号：

$$m(k-N) = am(k-1-N) + bu(k-N) \tag{3-85}$$

由式（3-84）和式（3-85）求得：
$$y_\tau(k) = m(k) - m(k-N) = ay_\tau(k-1) + b[u(k) - u(k-N)] \quad (3\text{-}86)$$

式（3-86）称为施密斯预估控制算式。

(3) 施密斯预估补偿控制算法

1) 计算反馈回路的偏差 $e_1(k)$
$$e_1(k) = r(k) - y(k) \quad (3\text{-}87)$$

2) 计算纯滞后补偿器的输出 $y_\tau(k)$
$$y_\tau(k) = ay_\tau(k-1) + b[u(k) - u(k-N)] \quad (3\text{-}88)$$

3) 计算偏差 $e_2(k)$
$$e_2(k) = e_1(k) - y_\tau(k) \quad (3\text{-}89)$$

4) 计算控制器的输出 $u(k)$
$$\begin{aligned} u(k) &= u(k-1) + \Delta u(k) \\ &= u(k-1) + K_P[e_2(k) - e_2(k-1)] + K_I e_2(k) + \\ &\quad K_D[e_2(k) - 2e_2(k-1) + e_2(k-2)] \end{aligned} \quad (3\text{-}90)$$

式中，K_P 是 PID 控制的比例系数；$K_I = K_P \dfrac{T}{T_I}$ 是积分系数，$K_D = K_P \dfrac{T_D}{T}$ 是微分系数。

数字控制器直接设计方法比模拟控制器离散化方法更灵活，使用范围更广泛。但是，不论是达林算法还是施密斯预估算法，数字控制器直接设计方法使用的前提是必须已知被控对象的传递函数。如果不知道被控对象的传递函数或者传递函数不准确，设计的数字控制器效果将不会是理想的，这是直接设计方法的局限性。

3.4 串级控制算法

串级控制算法是在单回路 PID 控制的基础上发展起来的一种应用非常广泛的控制算法。当 PID 控制应用于单回路单变量控制时，其控制结构简单，控制参数易于整定。但是，当系统中同时有多个变量影响同一个被控量时，或被控对象纯滞后较大时，负荷或干扰变化比较剧烈或频繁时，以及对调节质量要求很高且控制任务比较特殊时，如果只控制一个变量，将难以满足系统的控制性能要求。串级控制就是在原控制回路中，增加一个或几个内控制回路，用以控制可能引起被控量变化的其他因素，从而能有效地提高控制系统性能。

3.4.1 数字 PID 串级控制算法的结构和原理

以变风量空调系统为例，其末端控制可分为压力有关型和压力无关型两类。压力有关型末端装置是单闭环控制回路。这种控制方式受上游风道静压变化的影响较大，房间温度变化波动较大。压力无关型末端装置是双闭环控制回路，副环是风量控制回路，主环为温度控制回路。这类装置在任何条件下都是根据房间需要输送相应的风量，与风管系统的静压无关，能快速补偿风管内压力的变化，维持原风量，消除了"超调"和"欠调"现象，系统运行也较稳定，室内温度波动很小。房间温度控制系统框图如图 3-40 所示。

为了及时检测系统中可能引起被控量变化的风量因素，在房间温度控制的主回路中，增加风量控制副回路，构成串级控制结构，如图 3-41 所示。图中主调节器 $D_1(s)$ 和副调

节器 $D_2(s)$ 分别表示温度调节器和风量调节器的传递函数。

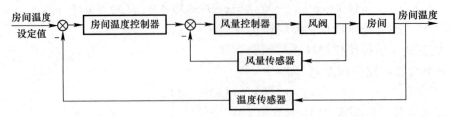

图 3-40　房间温度控制系统框图

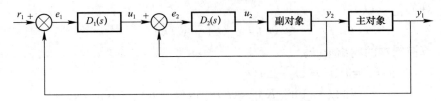

图 3-41　房间温度和风量的串级控制结构

对于串级控制，不管有多少回路，计算的顺序总是先计算最外面的回路，然后，逐步转向里面的回路进行计算。对于图 3-42 所示的双回路数字串级控制系统，计算时有两种情况：一是主回路和副回路采样周期相同（同步采样），二是主回路和副回路采样周期不同（异步采样）。

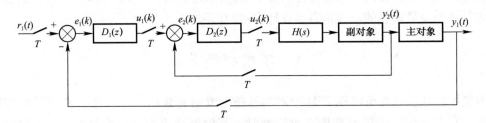

图 3-42　双回路数字串级控制系统

1. 主回路和副回路采样周期相同（同步采样）

(1) 计算主回路的偏差 $e_1(kT)$

$$e_1(kT) = r(kT) - y_1(kT) \tag{3-91}$$

(2) 计算主调节器的增量输出 $\Delta u_1(kT)$

$$\Delta u_1(kT) = K'_P[\Delta e_1(kT)] + K'_I e_1(kT) + K'_D[\Delta e_1(kT) - \Delta e_1(kT-T)] \tag{3-92}$$

式中，$\Delta e_1(kT) = e_1(kT) - e_1(kT-T)$；$\Delta e_1(kT-T) = e_1(kT-T) - e_1(kT-2T)$，$T$ 为采样周期；K'_P 为主调节器的比例系数；K'_I 为主调节器的积分系数，$K'_I = K'_P T/T'_I$；K'_D 为主调节器的微分系数，$K'_D = K'_P T'_D/T$；T'_I 为主调节器的积分时间常数；T'_D 为主调节器的微分时间常数。

(3) 计算主调节器的位置输出 $u_1(kT)$

$$u_1(kT) = u_1(kT-T) + \Delta u_1(kT) \tag{3-93}$$

(4) 计算副回路的偏差 $e_2(kT)$

$$e_2(kT) = u_1(kT) - y_2(kT) \tag{3-94}$$

(5) 计算副调节器的增量输出 $\Delta u_2(kT)$

$$\Delta u_2(kT) = K_P''[\Delta e_2(kT)] + K_I'' e_2(kT) + K_D''[\Delta e_2(kT) - \Delta e_2(kT-T)] \quad (3\text{-}95)$$

式中，$\Delta e_2(kT) = e_2(kT) - e_2(kT-T)$；$\Delta e_2(kT-T) = e_2(kT-T) - e_2(kT-2T)$，$T$ 为采样周期；K_P'' 为副调节器的比例系数；K_I'' 为副调节器的积分系数，$K_I'' = K_P'' T / T_I''$；K_D'' 为副调节器的微分系数，$K_D'' = K_P'' T_D'' / T$；T_I'' 为副调节器的积分时间常数；T_D'' 为副调节器的微分时间常数。

(6) 计算副调节器的位置输出 $u_2(kT)$

$$u_2(kT) = u_2(kT-T) + \Delta u_2(kT) \quad (3\text{-}96)$$

2. 主回路和副回路采样周期不同（异步采样）

在许多串级控制系统中，主对象和副对象的特性相差悬殊，例如，风量与温度的串级控制系统中，风量对象的响应速度比较快，而温度对象的响应速度比较慢。在这种串级系统中，主回路、副回路的采样周期若选择相同，即 $T' = T''$，假如按照快速的流量对象特性选取采样周期，计算机采样频繁，计算的工作量加大，降低了计算机的使用效率。假如按照缓慢的温度对象特性选取采样周期，会降低快速对象回路的控制性能，削弱抑制扰动的能力，以至串级控制没有起到应有的作用。因此，主回路和副回路根据对象特性选择相应的采样周期，称为异步采样调节。通常取 $T' = lT''$，l 为正整数或分数。

3. 主、副调节器控制规律的选择

采用串级控制系统，主要是利用其快速克服扰动的特点。所以在串级控制系统中，主、副调节器所起的作用是不同的，主调节器起定值控制作用，一般要求使整个系统无静差；而副调节器主要是起随动控制作用，跟随主调节器的指令，这是选择控制规律的基本出发点。因此，主调节器应选 PI 或 PID 控制规律；副调节器一般选 P 控制规律，不引入积分作用。因为副参数允许有残差，采用积分作用不但不能提高控制质量，反而会延长调节过程，减弱副回路的快速作用。

但是，当副对象的时间常数和滞后都很小时，则要引入积分作用，为了使副回路单独工作时也能稳定，往往将比例系数调得很小，此时若不加积分作用，则控制作用太弱。通常副调节器不引入微分作用，但是当副对象的容量滞后较大时，则可适当加一点微分作用。

3.4.2 串级副回路微分先行串级控制算法

为了防止主调节器输出（也就是副调节器的给定值）过大而引起副回路的不稳定，同时，也为了克服副对象惯性较大而引起调节品质的恶化，在副回路的反馈通道中加入微分控制，称为副回路微分先行串级控制系统，如图 3-43 所示。

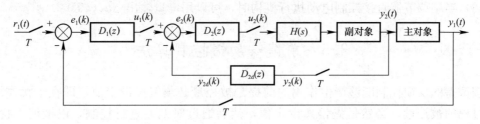

图 3-43 副回路微分先行串级控制系统

微分先行部分的传递函数为：

$$D_{2d}(s) = \frac{Y_{2d}(s)}{Y_2(s)} = \frac{T_2 s + 1}{\alpha T_2 s + 1} \tag{3-97}$$

式中，α 为微分放大系数。式（3-97）相应的微分方程为：

$$\alpha T_2 \frac{dy_{2d}(t)}{dt} + y_{2d}(t) = T_2 \frac{dy_2(t)}{dt} + y_2(t) \tag{3-98}$$

写成差分方程为：

$$\alpha T_2 \left[\frac{y_{2d}(k) - y_{2d}(k-1)}{T} \right] + y_{2d}(k) = T_2 \frac{[y_2(k) - y_2(k-1)]}{T} + y_2(k) \tag{3-99}$$

整理得：

$$\begin{aligned} y_{2d}(k) &= \frac{\alpha T_2}{\alpha T_2 + T} y_{2d}(k-1) + \frac{T_2 + T}{\alpha T_2 + T} y_2(k) - \frac{T_2}{\alpha T_2 + T} y_2(k-1) \\ &= \phi_1 y_{2d}(k-1) + \phi_2 y_2(k) - \phi_3 y_2(k-1) \end{aligned} \tag{3-100}$$

式中，$\phi_1 = \frac{\alpha T_2}{\alpha T_2 + T}$，$\phi_2 = \frac{T_2 + T}{\alpha T_2 + T}$，$\phi_3 = \frac{T_2}{\alpha T_2 + T}$。

系数 ϕ_1、ϕ_2、ϕ_3 可先离线计算，存入内存指定单元，以备控制计算时调用。

副回路微分先行串级控制的算法步骤如下：

（1）计算主回路的偏差 $e_1(kT)$

$$e_1(kT) = r(kT) - y_1(kT) \tag{3-101}$$

（2）计算主调节器的增量输出 $\Delta u_1(kT)$

$$\Delta u_1(kT) = K'_P [\Delta e_1(kT)] + K'_I e_1(kT) + K'_D [\Delta e_1(kT) - \Delta e_1(kT - T)] \tag{3-102}$$

（3）计算主调节器的位置输出 $u_1(kT)$

$$u_1(kT) = u_1(kT - T) + \Delta u_1(kT) \tag{3-103}$$

（4）微分先行调节器的输出 $y_{2d}(kT)$

$$y_{2d}(kT) = \phi_1 y_{2d}(kT - T) + \phi_2 y_2(kT) - \phi_3 y_2(kT - T) \tag{3-104}$$

（5）计算副回路的偏差 $e_2(kT)$

$$e_2(kT) = u_1(kT) - y_{2d}(k) \tag{3-105}$$

（6）计算副调节器的增量输出 $\Delta u_2(kT)$

$$\Delta u_2(kT) = K''_P [\Delta e_2(kT)] + K''_I e_2(kT) + K''_D [\Delta e_2(kT) - \Delta e_2(kT - T)] \tag{3-106}$$

（7）计算副调节器的位置输出 $u_2(kT)$

$$u_2(kT) = u_2(kT - T) + \Delta u_2(kT) \tag{3-107}$$

（8）当副调节器直接控制电动执行机构时，可以用增量输出 $\Delta u_2(kT)$。

3.5　前馈—反馈控制算法

按偏差的反馈控制能够产生作用的前提是被控量必须偏离设定值，即在干扰作用下，生产过程的被控量，必然是先偏离设定值，然后通过对偏差进行控制，以抵消干扰的影响。如果干扰不断增加，则系统总是跟在干扰作用之后波动，特别是系统滞后严重时波动就更为严重。前馈控制则是按扰动量进行控制的，当系统出现扰动时，前馈控制就按扰动量直接产生校正作用，以抵消扰动的影响，这是一种开环控制形式，在控制算法和参数选择合适的情况下，可以达到很高的精度。

3.5.1 前馈控制的结构和原理

前馈控制的典型结构如图 3-44 所示。

图 3-44 中 $G_n(s)$ 对象扰动通道的传递函数，$D_n(s)$ 是前馈控制器的传递函数，$G(s)$ 是被控对象控制通道的传递函数，n、u、y 分别为扰动量、控制量、被控量。

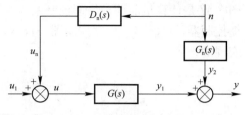

图 3-44 前馈控制的典型结构

为了便于分析扰动量的影响，假定 $u_1=0$，则有：

$$Y(s)=Y_1(s)+Y_2(s)=[D_n(s)G(s)+G_n(s)]N(s) \tag{3-108}$$

若要使前馈作用完全补偿扰动作用，则应使扰动引起的被控量变化为 0，即 $Y(s)=0$，因此：

$$D_n(s)G(s)+G_n(s)=0$$

由此可得前馈控制器的传递函数为：

$$D_n(s)=-\frac{G_n(s)}{G(s)} \tag{3-109}$$

在实际生产过程控制中，因为前馈控制是开环控制，因此，很少只采用前馈控制的方案，常采用前馈—反馈控制相结合的方案。

3.5.2 前馈—反馈控制结构

采用前馈与反馈控制相结合的控制结构，既能发挥前馈控制对扰动的补偿作用，又能保留反馈控制对偏差的控制作用。图 3-45 给出了前馈—反馈控制结构。

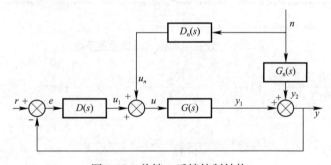

图 3-45 前馈—反馈控制结构

由图 3-45 可知，前馈—反馈控制结构是在反馈控制的基础上，增加了一个扰动的前馈控制，由于完全补偿的条件未变，因此仍有式 $D_n(s)=-\dfrac{G_n(s)}{G(s)}$ 成立。

实际应用中，还常采用前馈—串级控制结构，如图 3-46 所示。图中 $D_1(s)$、$D_2(s)$ 分别为主、副控制器的传递函数；$G_1(s)$、$G_2(s)$ 分别为主、副对象。

前馈—串级控制能及时克服进入前馈回路和串级副回路的干扰对被控量的影响，前馈控制的输出不是直接作用于执行机构，而是补充到串级控制副回路的给定值中，这样就降低了对执行机构动态响应性能的要求，这也是前馈—串级控制结构广泛采用的原因。

3.5.3 数字前馈—反馈控制算法

以前馈—反馈控制系统为例，介绍计算机前馈控制系统的算法步骤和算法流程图。

图 3-47 是计算机前馈—反馈控制系统的方框图。图 3-47 中，T 为采样周期，$D_n(z)$ 为前馈控制器，$D(z)$ 为反馈控制器，$H(s)$ 为零阶保持器。$D_n(z)$、$D(z)$ 是由数字计算机实现的。

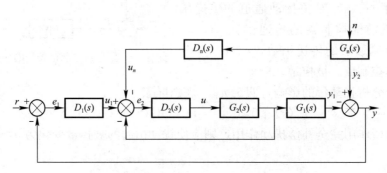

图 3-46　前馈—串级控制结构

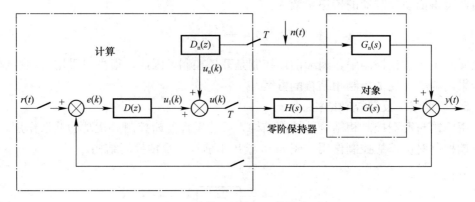

图 3-47　计算机前馈—反馈控制系统

若 $G_n(s) = \dfrac{K_1}{1+T_1 s} e^{-\tau_1 s}$ 和 $G(s) = \dfrac{K_2}{1+T_2 s} e^{-\tau_2 s}$，令 $\tau = \tau_1 - \tau_2$，则：

$$D_n(s) = \frac{U_n(s)}{N(s)} = K_f \frac{s + \dfrac{1}{T_2}}{s + \dfrac{1}{T_1}} e^{-\tau s} \tag{3-110}$$

式中，$K_f = -\dfrac{K_1 T_2}{K_2 T_1}$，由式（3-110）可得前馈调节器的微分方程：

$$\frac{du_n(t)}{dt} + \frac{1}{T_1} u_n(t) = K_f \left[\frac{dn(t-\tau)}{dt} + \frac{1}{T_2} n(t-\tau) \right] \tag{3-111}$$

假如选择采样频率 f 足够高，即采样周期 T 足够短，可对微分方程离散化，得到差分方程。设纯滞后时间 τ 是采样周期 T 的整数倍，即 $\tau = mT$，离散化时，令：

$$u_n(t) \approx u_n(k), \quad n(t-\tau) \approx n(k-m), \quad dt \approx T$$

$$\frac{du_n(t)}{dt} \approx \frac{u_n(k) - u_n(k-1)}{T}$$

$$\frac{dn(t-\tau)}{dt} \approx \frac{n(k-m) - n(k-m-1)}{T}$$

由式（3-111）可得到差分方程：
$$u_n(k) = A_1 u_n(k-1) + B_m n(k-m) + B_{m+1} n(k-m+1) \quad (3\text{-}112)$$

式中，$A_1 = \dfrac{T_1}{T+T_1}$，$B_m = K_f \dfrac{T_1(T+T_2)}{T_2(T+T_1)}$，$B_{m+1} = -K_f \dfrac{T_1}{T+T_1}$。

根据式（3-112），可编制相应算法程序，实现数字前馈调节器。

计算机前馈—反馈控制的算法步骤如下：

（1）计算反馈控制的偏差 $e(k)$
$$e(k) = r(k) - y(k) \quad (3\text{-}113)$$

（2）计算反馈控制器（PID）的输出 $u_1(k)$
$$\Delta u_1(k) = K_p \Delta e(k) + K_1 e(k) + K_D [\Delta e(k) - \Delta e(k-1)] \quad (3\text{-}114)$$
$$u_1(k) = u_1(k-1) + \Delta u_1(k) \quad (3\text{-}115)$$

（3）计算前馈调节器 $D_n(s)$ 的输出 $u_n(k)$
$$\Delta u_n(k) = A_1 \Delta u_n(k-1) + B_m \Delta n(k-m) + B_{m+1} \Delta n(k-m+1) \quad (3\text{-}116)$$
$$u_n(k) = u_n(k-1) + \Delta u_n(k) \quad (3\text{-}117)$$

（4）计算前馈—反馈调节器的输出 $u(k)$
$$u(k) = u_n(k) + u_1(k) \quad (3\text{-}118)$$

3.6 智能控制算法——模糊控制

"模糊"是人类感知万物，获取知识，思维推理，决策实施的重要特征。"模糊"比"清晰"所拥有的信息量更大，内涵更丰富，更符合客观世界。许多系统作用过程时间长，影响因素多，且有很多因素无法测量，无法建立其精确的过程模型。如果经过简化建立其数学模型，用传统方法进行控制，控制效果并不令人满意。自然界也存在大量的物理过程，写不出数学模型，但是有经验的操作人员可以成功地运行该类物理过程。在日常生活中，某些很难实现自动控制的过程，如驾驶汽车和骑自行车，对人来说却能控制自如，人所具有的这种特别优势，可用机器代替，模糊控制方法就是一种可行的有效方法。

模糊控制理论由美国著名学者加利福尼亚大学教授 L. A. Zadeh 于 1965 年首先提出。它是以模糊数学为基础，建立在模糊集合上的一种基于语言规则与模糊推理的控制理论，它属于智能控制的一个重要分支。1974 年，英国伦敦大学教授 E. H. Mamdani 研制出用于锅炉和蒸汽机的第一个模糊控制器，随后，模糊控制理论的研究和应用技术迅猛发展。

3.6.1 模糊控制器结构

模糊控制器结构图如图 3-48 所示。

模糊控制器由以下 4 部分组成：

（1）规则库（IF-THEN 规则集）：它将专家语言描述的成功控制经验量化；

（2）推理机（也称模糊推理模块）：它模仿专家的决策，对怎样最好控制对象的知识做出解释和应用；

（3）模糊化接口：用于将控制器的输入转换成一种信息，推理机能够激活、应用一些规则；

（4）反模糊化接口：将推理机的推理结果转换成过程的实际输入。

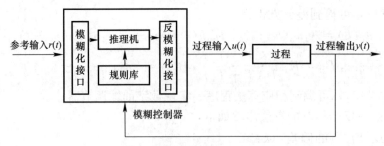

图 3-48 模糊控制器结构图

3.6.2 模糊控制器工作原理

通过一个简单的小车上倒立摆的平衡问题，来说明模糊控制器各部分的作用原理，如图 3-49 所示，被控对象是小车上的倒立摆。

图 3-49 中，y 表示摆杆偏离垂直位置的角度（单位为 rad），垂直位置的右边 y 值为正，左边为负。l 为摆杆的半长（单位为 m），u 为使小车运动的力（单位为 N）。用 r 表示摆杆所希望的角度，目标就是将摆杆平衡在垂直位置，即 $r=0$。当摆杆不在平衡位置时（即 $y \neq

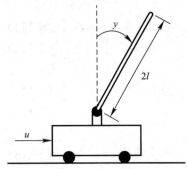

图 3-49 小车上的倒立摆

0），改变作用在小车上的力 u，使其回到平衡位置。

1. 选择模糊控制器的输入和输出

对于被控对象倒立摆来说，其参考输入变量为 $r(t)=0$，其目的就是要求倒立摆保持在垂直位置。当然，也可能 $r(t) \neq 0$，使倒立摆平衡在非垂直位置，要做到这一点，控制器必须使小车保持某一恒定速度，才能使摆杆不倒下。由人作为控制器闭环控制系统示意图如图 3-50 所示。

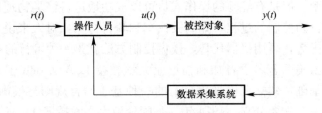

图 3-50 人作为控制器闭环控制系统示意图

将偏差 $e(t)$ 和偏差变化率 $de(t)/dt$ 作为决策过程的输入；而将作用在小车上的力 $u(t)$ 作为决策过程的输出，模糊逻辑控制系统框图如图 3-51 所示。如果偏差 $e(t)$ 较大，并且 $e(t)$ 继续加大 [$de(t)/dt>0$]，则将控制量 $u(t)$ 加大，使得被控参数 $y(t)$ 尽快跟上参考输入 $r(t)$。将控制知识装到模糊控制器中，它能够根据被控参数的变化情况，做出正确的推理、判断，及时调整控制量，使得控制系统满足控制性能指标。

2. 将控制知识装到模糊控制器的规则库

（1）语言描述

用"偏差"描述 $e(t)$；用"偏差变化"描述 $de(t)/dt$；用"力"描述 $u(t)$。这里"偏差""偏差变化"及"力"都是语言变量。对于"偏差""偏差变化"及"力"可以取

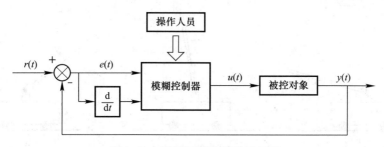

图 3-51　模糊逻辑控制系统框图

如下的语言值：

"neglarge"（"负大"），简称"NL"。

"negsmall"（"负小"），简称"NS"；

"zero"（"零"），简称"ZO"；

"possmall"（"正小"），简称"PS"；

"poslarge"（"正大"），简称"PL"。

采用"NL""NS""ZO""PS"及"NL"表示语言变量的取值，意义明确，简单方便。

倒立摆平衡控制系统中，$r(t)$ 为参考输入，$y(t)$ 为摆杆偏离垂直位置的角度，偏差为 $e(t) = r(t) - y(t)$。

如何用语言量化摆杆的动态行为，参考图 3-52。

1) "偏差为 PL"表示摆杆在垂直位置的左方并且有较大的偏离角度；

2) "偏差为 PS"表示摆杆在垂直位置的左方并且有较小的偏离角度；

3) "偏差为 ZO"表示摆杆接近于垂直位置，且不属于"PS"和"NS"；

4) "偏差为 NL"表示摆杆在垂直位置的右方并且有较大的偏离角度；

5) "偏差为 NS 且偏差变化为 PS"表示摆杆在垂直位置的右方且有较小的偏离角度，摆杆正在向垂直位置方向移动；

6) "偏差为 PL 且偏差变化为 PS"表示摆杆在垂直位置的左方且有较大的偏离角度，摆杆正在向偏离垂直位置方向移动；

7) "偏差为 NS 且偏差变化为 PS"表示摆杆在垂直位置的右方且有较小的偏离角度，摆杆正在向垂直位置方向移动。

(2) 规则

利用上述语言变量的值规定一组规则（规则库），这些规则表示了专家的控制知识，参看图 3-52 所表现的倒立摆的三种不同位置，有"如果…那么…（If…Then…）"规则。

1) 如果偏差为 NL 且偏差变化为 NL，那么力为 PL。

这条规则是针对图 3-52 中（a）的情况，摆杆大角度偏离在垂直位置的右方，并且还在顺时针移动；因此，就应该给小车施加一个较大的正向力（向右），使摆杆朝着垂直位置移动。

2) 如果偏差为 ZO 且偏差变化为 PS，那么力为 NS。

这条规则是针对图 3-52 中（b）的情况，摆杆以近乎零的角度偏离在垂直位置的右方〔语言变量值的 ZO 并不确切意味着 $e(t) = 0$〕，并且还在逆时针移动；因此，就应该给小车施加一个较小的负向力（向左），使摆杆朝着垂直位置移动。

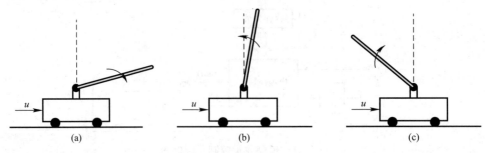

图 3-52 倒立摆的三种不同位置

3) 如果偏差为 PL 且偏差变化为 NS，那么力为 NS。

这条规则是针对图 3-52 中（c）的情况，摆杆大角度偏离在垂直位置的左方，并且还在顺时针移动；因此，就应该给小车施加一个较小的负向力（向左），使摆杆朝着垂直位置移动。

以上的语言规则提取了专家的控制思想。当然，不同的专家，其控制思想并不完全相同，有一定的主观性。

"前提"相应于模糊控制器的输入，放在规则的前半部；"结论"相应于模糊控制器的输出，放在规则的后半部。从上面的规则还可以看出，规则的"前提"可以是几个语言变量采用"并且"（and）的组合。

（3）规则库

对于倒立摆平衡控制系统，模糊控制器有 2 个变量输入，每个变量有 5 个取值，因此规则的最多数目为 5×5＝25（前提中 2 个输入语言值所有可能的组合）。采用列表的方法，把所有的规则表示出来，如表 3-4 所示。

倒立摆的规则表　　　　　　　　　　　　　　　　表 3-4

"力" u		"偏差变化" $\dot{e}$				
		NL	NS	ZO	PS	PL
"偏差" e	NL	PL	PL	PL	PS	ZO
	NS	PL	PL	PS	ZO	NS
	ZO	PL	PS	ZO	NS	NL
	PS	PS	ZO	NS	NL	NL
	PL	ZO	NS	NL	NL	NL

例如规则：如果偏差为 PL 并且偏差变化为 NS，则力为 NS。表 3-4 中，"偏差" e 的值 PL 和"偏差变化" $\dot{e}$ 的值 NS 的交叉点，即为作用"力" u 的值 NS。

3. 知识的模糊量化

（1）隶属函数

偏差 $e(t)$ 取值为"PS"（"正小"）模糊集合的三角形隶属函数，如图 3-53 所示。隶属度 μ 量化了 $e(t)$ 归类于语言值"PS"的确信度。对于 $e(t)$ 的下述情况：

1) 如果 $e(t)=\pi/2$，则 $\mu(\pi/2)=0$，确信 $e(t)=\pi/2$ 完全不属于"PS"；

2) 如果 $e(t)=\pi/8$，则 $\mu(\pi/8)=0.5$；

3) 如果 $e(t)=\pi/4$，则 $\mu(\pi/4)=1.0$，确信 $e(t)=\pi/4$ 完全属于 "PS"。

通过隶属函数就将语言描述的"偏差为 PS"进行了量化。隶属函数的形状不只是三角形，还有其他的形状，在控制工程中用得较多的是三角形隶属函数。将倒立摆平衡控制系统中模糊控制器的输入和输出变量的隶属函数表示出来，小车上倒立摆隶属函数如图 3-54 所示。

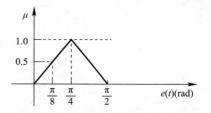

图 3-53 语言值 "PS" 的三角形隶属函数

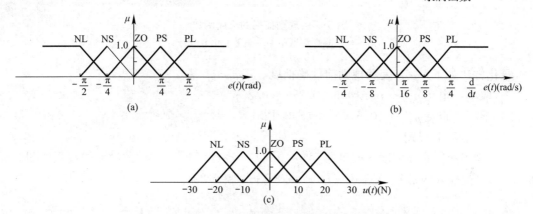

图 3-54 小车上倒立摆隶属函数

在图 3-54 中，对于输入 $e(t)$ 和 $de(t)/dt$ 来说，最外边的隶属函数在隶属度为 1.0 的地方"饱和"了，它的直观意义是，其值大于某一点之后，都归于 "PL"（图 3-54（a）（b）的右边），小于某一点之后就归于 "NL"（图 3-54（a）（b）的左边）。对于输出 u，其边缘的隶属函数不能"饱和"，因为在决策过程中，控制器要输出一个精确的值作为被控对象的输入，不能笼统地指出大于某个值的数。

（2）模糊化

模糊化处理就是求出输入变量隶属函数的值。例如，如果输入 $e(t)=\pi/4$ 及 $de(t)/dt=\pi/16$，模糊化就是求出它们相应隶属函数的值。由图 3-54 可知：

$$\mu_{PS}[e(t)]=1.0 \quad (\text{其他值为 } 0)$$
$$\mu_{ZO}[de(t)/dt]=\mu_{PS}[de(t)/dt]=0.5$$

4. 匹配：确定激活哪些规则

推理过程通常有下述两个步骤：

① 将控制器的输入同所有规则的前提进行比较，确定激活了哪些规则，并求出这些规则的确信度；

② 由所激活的规则求出结论（即控制作用），结论是模糊集合，表示出对象输入变量的确信度。

（1）用模糊逻辑量化规则的前提

前提由两个变量所组成，即偏差和偏差变化，两个变量的组合使用了"并且"，也就是逻辑运算中"and"（即"与"运算），采用标准的布尔（Boolean）逻辑运算。假设 $e(t)=\pi/8$ 且 $de(t)/dt=\pi/32$，如图 3-55 所示，$\mu_{ZO}[e(t)]=0.5$ 且 $\mu_{PS}\left(\dfrac{d}{dt}e(t)\right)=0.25$。

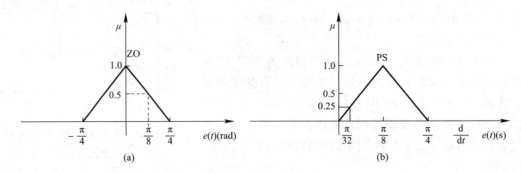

图 3-55 规则前提的隶属函数
(a) 偏差为 ZO；(b) 偏差变化为 PS

量化方法如下，μ_{pre} 表示规则前件确信度。
1) 取小：定义 $\mu_{pre} = \min\{0.5, 0.25\} = 0.25$；
2) 乘积：定义 $\mu_{pre} = (0.5)(0.25) = 0.125$。

（2）确定激活规则

如果规则前件的确信度（或隶属度）$\mu_{pre}[e(t), de(t)/dt] > 0$，被激活的规则如图 3-56 所示，若当前输入 $e(t) = 0$ 且 $de(t)/dt = \pi/8 - \pi/32 = 0.294$。

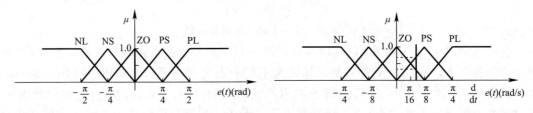

图 3-56 输入的隶属函数

在图 3-56 中，用黑粗垂直线表示当前输入 $e(t)$ 和 $de(t)/dt$，$\mu_{ZO}[e(t)] = 1$，其他的值为零；对于输入 $de(t)/dt$，$\mu_{ZO}[de(t)/dt] = 0.25$ 及 $\mu_{PS}[de(t)/dt] = 0.75$，其他的值为零。这就意味着，含有下列前件项的规则将被激活：

"偏差为 ZO"

"偏差变化为 ZO"

"偏差变化为 PS"

参考表 3-4，下述两条规则被激活：

规则 1：如果偏差为 ZO 并且偏差变化为 ZO，那么力为 ZO；

规则 2：如果偏差为 ZO 并且偏差变化为 PS，那么力为 NS。

所举的例子中，最多有两个隶属函数交叉，所以，最多也只能有四条规则被激活。

5. 推理

每条所激活的规则都有一个结论。首先研究单独一条规则推荐的情况，然后研究多条规则推荐的情况。

（1）规则 1 的推荐

规则 1：如果偏差为 ZO 并且偏差变化为 ZO，则作用力为 ZO。

偏差和偏差变化都是 ZO，摆杆处于垂直位置，不需要给小车施加任何力，否则会使摆杆偏离垂直位置。

用取小原则表示规则前提的隶属度 $\mu_{1,\text{pre}} = \min\{0.25, 1\} = 0.25$。

参考图 3-57（a）为规则 1 结论隶属函数所推荐的模糊集合"ZO"。

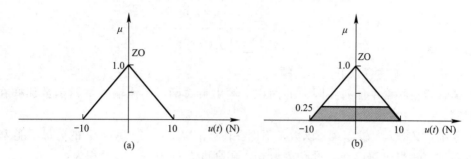

图 3-57　规则 1 的蕴含关系
(a) 规则 1 结论隶属函数；(b) 规则 1 蕴含模糊集合

(2) 规则 2 的推荐

规则 2：如果偏差为 ZO 并且偏差变化为 PS，则力为 NS。

采用取小运算，规则前件确信度（隶属度）为：
$$\mu_{2,\text{pre}}[e(t), \text{d}e(t)/\text{d}t] = \min\{0.75, 1\} = 0.75$$

说明对规则 2 的确信度大于规则 1 的确信度。参考图 3-58，其中图 3-58（a）为规则 2 结论隶属函数的模糊集合 NS，图 3-58（b）中阴影部分为规则 2 蕴含模糊集合，即用 0.75 对 NS 削顶，其隶属函数为 $\mu_2(u) = 0.75$。

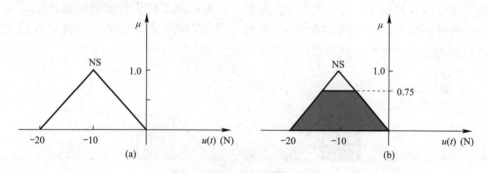

图 3-58　规则 2 的蕴含关系
(a) 规则 2 结论隶属函数；(b) 规则 2 蕴含模糊集合

推理过程的输入就是被激活的规则，推理结果就是被激活规则所得出的蕴含模糊集合。

6. 将推理结果转换成实际作用

反模糊化运算就是根据推理机所产生的蕴含模糊集合求出控制器的输出，如图 3-59 所示。反模糊化运算求出一个 u_0 即模糊控制器的输出。

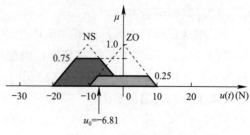

图 3-59　蕴含模糊集合

(1) 综合各条规则的推荐

采用重心法（COG）进行反模糊化运算。令 u_i 表示规则 i 经推理所产生的蕴含模糊集合中心，如图 3-59 所示。

令 $\int \mu_i(u)$ 表示隶属函数 $\mu_i(u)$ 下的面积，那么 COG 方法计算出的 u_0 为：

$$u_0 = \frac{\sum_i u_i \int \mu_i(u)}{\sum_i \int \mu_i(u)} \quad (3-119)$$

对于式（3-119），须注意以下三个问题：

1) 蕴含模糊集合不能有无限大的面积。输出隶属函数不像输入隶属函数那样在边缘处"饱和"。

2) 仔细定义输入、输出隶属函数，不论在什么情况下，式（3-119）的分母不能为零。

3) 对称三角形隶属函数，设底宽为 w，用高度 h 削顶后，其面积为：

$$w\left(h - \frac{h^2}{2}\right)$$

如果隶属函数不对称，则蕴含模糊集合的重心与规则前件的隶属度有关。

对于图 3-59，根据式（3-119），则有：

$$u_0 = \frac{(0)(4.375) + (-10)(9.375)}{4.375 + 9.375} = -6.81\text{N}$$

作为模糊控制器的输出作用到小车上，参看图 3-59。

此例中 $-20 \leqslant u_0 \leqslant 20$，参看图 3-60，即使将隶属函数的外边缘扩展的超出 20 和 -20（图中阴影部分），使用 COG 方法计算，u_0 的值也不会超出 $[-20, 20]$ 的范围，因为这些函数的重心没有超出 $[-20, 20]$。实际上，这就限制了模糊控制器的输出值，也就限制了被控对象的输入，即给倒立摆的小车所施加的力不可能超出 20N。因此，在确定模糊控制器隶属函数时，要考虑到采用什么反模糊化方法。

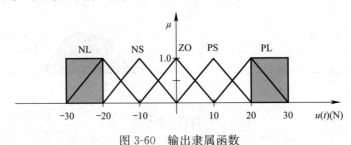

图 3-60 输出隶属函数

(2) 其他综合方法

采用乘积运算来表示由规则所产生的蕴含模糊集合，参看图 3-61，图中虚线表示规则结论的"NS"及"ZO"模糊集合，由规则 1 推理出的蕴含模糊集合，图中由浅色阴影三角形表示，即用 $\mu_{1,\text{pre}}[e(t), de(t)/dt] = 0.25$ 去乘规则 1 所推理的模糊集合"ZO"，蕴含模糊集合的隶属函数为：

$$\mu_1(u) = 0.25 \cdot \mu_{\text{ZO}}(u)$$

由规则 2 推理出的蕴含模糊集合其隶属函数为：

$$\mu_2(u) = 0.75 \cdot \mu_{\text{NS}}(u)$$

图 3-61 中由深色阴影三角形表示。对于三角形来说，底宽为 w、高度为 h 时，其面积为

$\frac{1}{2}wh$,那么采用 COG 方法,得到:

$$u_0 = \frac{(0)(2.5)+(-10)(7.5)}{2.5+7.5} = -7.5(\text{N})$$

上式表明,采用乘积运算表示蕴含模糊集合时,在 $e(t)=0$,$\mathrm{d}e(t)/\mathrm{d}t = \pi/8 - \pi/32 = 0.294$ 时,模糊控制器输出 -7.5N 的力,施加于小车。

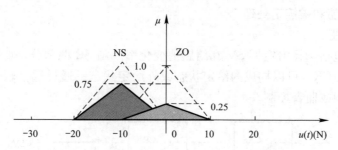

图 3-61 用乘积表示蕴含关系时的蕴含模糊集合

另一种反模糊化方法是"中心-平均"法,令:

$$u_0 = \frac{\sum_i u_i \mu_{i,\text{pre}}}{\sum_i \mu_{i,\text{pre}}} \tag{3-120}$$

式中,u_i 为第 i 条规则蕴含模糊集合中心,$\mu_{i,\text{pre}}$ 为前件隶属度。只要求出 $\mu_{i,\text{pre}}$,用它代替 COG 法中的面积,一般来说,蕴含模糊集合的面积正比于 $\mu_{i,\text{pre}}$。对于上例:

$$u_0 = \frac{(0)(0.25)+(-10)(0.75)}{0.25+0.75} = -7.5$$

这与 COG 方法计算出来的 u_0 值是一样的,而且比 COG 方法简单,并且只要记住输出隶属函数的中点值 u_i。

由上面的计算可以看出,不同的推理和不同的反模糊化方法得出不同的 u_0,如不做进一步的研究,就不能说采用哪一种方法控制效果更好,这也增加了设计的灵活性。

3.7 数字控制器的工程实现

数字控制器是以控制程序的形式实现某种控制算法,如果计算机仅能实现此算法,并不能完全满足实际控制的需要,还必须考虑其他工程实际问题,才能使控制程序具有通用性和实用价值。

以 PID 控制为例,PID 控制程序可以作为一台计算机所控制的所有 PID 控制回路的公共子程序,所不同的只是各个控制回路提供的原始数据不同,输入输出通道也不同。为此,必须给每个 PID 控制器提供一段内存数据区(也称线性表),以便存放各种信息参数。在设计控制程序时,必须考虑各种工程实际情况,并含多种功能,以便用户选择。

数字控制器算法的工程实现可分为 6 部分,如图 3-62 所示。此外,为了便于数字控制器的操作显示,通常给每个数字控制器配置一个回路操作显示器。下面以 PID 控制器为例说明数字控制器的工程实现。

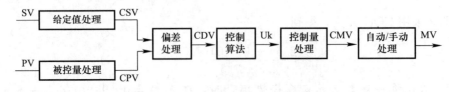

图 3-62 数字控制器（PID）的控制模块

3.7.1 给定值和被控量处理

1. 给定值处理

给定值处理包括选择给定值 SV 和给定值变化率限制 SR 两部分，如图 3-63 所示。通过选择软开关 CL/CR，可以构成内给定状态或外给定状态；通过选择软开关 CAS/SCC，可以构成串级控制或监督控制。

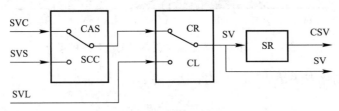

图 3-63 给定值处理

（1）内给定状态

当软开关 CL/CR 切向 CL 位置时，选择操作员设置的给定值 SVL。这时系统处于单回路的内给定状态，利用给定值键可以改变给定值。

（2）外给定状态

当软开关 CL/CR 切向 CR 位置时，给定值来自上位计算机、主回路或运算模块。这时系统处于外给定状态。在此状态下，可以实现以下两种控制方式。

1）监督控制：当软开关 CAS/SCC 切向 SCC 位置时，接收来自上位计算机的给定值 SVS，以便实现二级计算机控制。

2）串级控制：当软开关 CAS/SCC 切向 CAS 位置时，给定值 SVC 来自主调节模块，实现串级控制。

（3）给定值变化率限制

为了减少给定值突变对控制系统的扰动，防止比例、微分饱和，以实现平稳控制，需要对给定值的变化率 SR 加以限制。变化率的选取要适中，过小会使响应变慢，过大则达不到限制的目的。

综上所述，在图 3-63 给定值处理框图中，共有 3 个输入量（SVL、SVC、SVS），2 个输出量（SV、CSV），2 个开关量（CL/CR、CAS/SCC），1 个变化率（SR）。为了便于 PID 控制程序调用这些量，需要给每个 PID 模块提供一段内存数据区，来存储以上变量。

2. 被控量处理

为了安全运行，需要对被控量 PV 进行上下限报警处理，其原理如图 3-64 所示，即：

当 PV>PH（上限值）时，则上限报警状态（PHA）为"1"；

当 PV<PL（下限值）时，则下限报警状态（PLA）为"1"；

当出现上、下报警状态（PHA、PLA）时，它们通过驱动电路发出声或光，以便提醒操作员注意。为了不使 PHA/PLA 的状态频繁改变，可以设置一定的报警死区（HY）。为了实现平稳控制，需要对参与控制的被控量的变化率 PR 加以限制。变化率的选取要适中，过小会使响应变慢，过大则达不到限制的目的。

被控量处理数据区存放一个输入量 PV，3 个输出量 PHA、PLA 和 CPV，4 个参数 PH、PL、HY 和 PR。

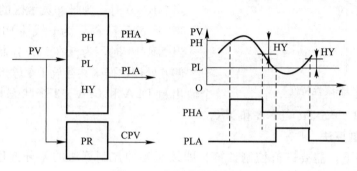

图 3-64　控制量处理原理

3.7.2　偏差处理

偏差处理分为计算偏差、偏差报警、非线性特性和输入补偿 4 个部分，如图 3-65 所示。

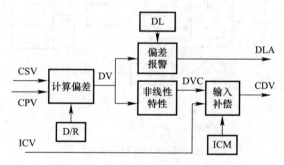

图 3-65　偏差处理

1. 计算偏差

根据正/反作用方式（D/R）计算偏差 DV，即：

当 D/R=0，代表正作用，此时偏差 $DV_+ = CPV - CSV$；

当 D/R=1，代表反作用，此时偏差 $DV_- = CSV - CPV$。

2. 偏差报警

对于控制要求较高的对象，不仅要设置被控制量 PV 的上、下限报警，而且要设置偏差报警。当偏差绝对值 $|DV| > DL$ 时，则偏差报警状态 DLA=1。

3. 输入补偿

根据输入补偿方式 ICM 状态，决定计算偏差 DVC 与输入补偿量 ICV 之间的关系，即：

当 ICM=0，代表无补偿，此时 CDV=DVC；

当 ICM=1，代表加补偿，此时 CDV=DVC+ICV；

当 ICM=2，代表减补偿，此时 CDV=DVC−ICV；

当ICM=3，代表置换补偿，此时CDV=ICV。

利用输入补偿，可以灵活组成复杂的控制器，如纯滞后补偿（Smith）控制。

4. 非线性特性

为了实现非线性PID控制或带非灵敏区的PID控制，设置非线性区[-NA, +NA]和非线性增益NK（0~1），非线性特性如图3-66所示。

当NK=0时，为带非灵敏区的PID控制；
当0<NK<1时，为非线性PID控制；
当NK=1时，为标准PID控制。

偏差处理数据区共存放1个输入补偿量ICV，2个输出量DLA和CDV，2个状态量D/R和ICM，以及4个参数DL、-NA、+NA和NK。

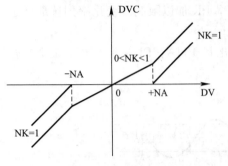

图3-66 非线性特性

3.7.3 控制算法

在自动状态下，需要进行控制计算，即按照各种控制算法的差分方程，计算控制量U，并进行上、下限限幅处理，PID控制算法如图3-67所示。

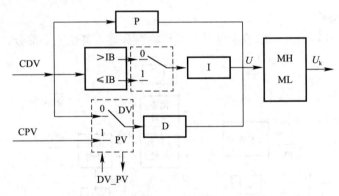

图3-67 PID控制算法

以PID控制算法为例，当DV_PV=0时，偏差微分；当DV_PV=1时，被控量微分。
当CDV>IB时，PD控制；当CDV≤IB时，PID控制。

在PID计算数据区，不仅要存放PID参数和采样控制周期，还要存放微分方式DV_PV，积分分离阈值IB，控制量上限限值MH和下限限值ML，以及控制量U_k。为了进行递推运算，还应保存历史数据，如$e(k-1)$、$e(k-2)$和$u(k-1)$。

3.7.4 控制量处理

一般情况下，输出控制量U_k以前，要经过各项处理和判断，以扩展控制功能，实现安全平稳操作，如图3-68所示。

1. 输出补偿：

根据输出补偿方式OCM的状态，决定控制量U_k与输出补偿量OCV之间的关系：

当OCM=0，代表无补偿，此时$U_c=U_k$；
当OCM=1，代表加补偿，此时$U_c=U_k+OCV$；
当OCM=2，代表减补偿，此时$U_c=U_k-OCV$；

第3章 数字控制器设计

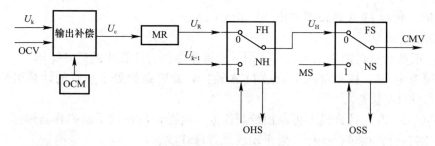

图3-68 控制量处理

当OVM=3，代表置换补偿，此时U_c=OCV。

利用输出补偿，可以灵活组成复杂的数字控制器，如前馈-反馈控制。

2. 控制量变化率限制（MR）

为了实现平稳控制，需要对控制量的变化率加以限制。变化率的选取要适中，过小会使操作缓慢，过大则达不到限制的目的。

3. 输出保持（OHS）

当OHS=1时，控制量$u(k)$等于前一时刻的控制量$u(k-1)$，输出控制量保持不变；

当OHS=0时，恢复正常输出方式。

OHS一般来自系统安全报警开关。

4. 安全输出（OSS）

当OSS=1时，控制量=预置的安全输出量MS；

当OSS=0时，恢复正常输出方式。

为保证无扰切换到正常输出，在输出安全状态的每个控制周期应将MS值赋给$u(k-1)$。

OSS状态一般来自系统安全报警开关。

3.7.5 自动/手动处理

在正常运行时，系统处于自动状态；在调试阶段或出现故障时，系统处于手动状态。图3-69为自动/手动切换处理框图。

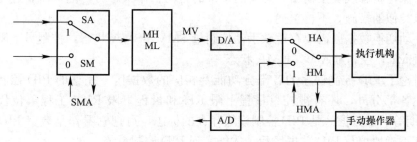

图3-69 自动/手动切换处理框图

1. 软自动/软手动

当SMA=1时，系统处于正常的自动状态，软自动（SA）；

当SMA=0时，控制量来自上位计算机，系统处于计算机手动状态，软手动（SM）。

一般在调试阶段，采用软手动（SM）方式。

2. 控制量限幅

为保证执行机构工作在有效范围内，需对控制量进行上、下限限幅，使得输出在ML

和 MH 之间，再经 D/A 转换器输出 4~20mA DC。

3. 自动/手动

对于一般的计算机控制系统，可采用手动操作器作为计算机的后备操作。

当 HMA=0 时，控制量 MV 通过 D/A 输出，此时系统处于正常的计算机控制方式，为自动状态（HA 状态）。

当 HMA=1 时，计算机不再承担控制任务，由操作员通过手动操作器输出 4~20mA DC 信号，对执行机构进行操作，为手动状态（HM 状态）。

4. 无平衡无扰动切换

所谓无平衡无扰动切换，是指在进行手动到自动或自动到手动的切换之前，无须由人工进行手动输出控制信号与自动输出控制信号之间的对位平衡操作，就可以保证切换时不会对执行机构的现有位置产生扰动。

(1) 从手动到自动的无平衡操作无扰动切换

在手动（SM 或 HM）状态下，并不进行 PID 计算，切向自动控制需保证 PID 控制量的连续性。

1) 应使给定值（CSV）跟踪被控量（CPV），要把历史数据，如 $e(k-1)$ 和 $e(k-2)$ 清零；

2) 使 $u(k-1)$ 跟踪手动控制量（MV 或 VM）。

这样一旦切向自动而 $u(k-1)$ 又等于切换瞬间的手动控制量，这就保证了 PID 控制量的连续性。当然，这一切需要有相应的硬件电路配合。

(2) 从自动（SA 与 HA）切向手动（SM 或 HM）时的无扰动切换

当从自动（SA 与 HA）切向软手动（SM）时，应用程序工作正常，就能保证无扰动切换。

当从自动（SA 与 HA）切向硬手动（HM）时，通过手动操作器电路，也能保证无扰动切换。

(3) 从输出保持状态或安全输出状态切向正常的无扰切换

从输出保持状态或安全输出状态切向正常的自动工作状态时，同样需要进行无扰动切换，可采取类似的措施，不再赘述。

自动手动切换数据区需要存放软手动控制量 SMV，SMA 状态，控制量上限限值 MH 和下限限值 ML，控制量 MV，HMA 状态。

以上讨论了 PID 控制程序的各部分功能及相应的数据区。完整的 PID 控制模块数据区除了上述各部分外，还有被控量量程上限 RH 和量程下限 RL，工程单位代码、采样（控制）周期等。该数据区是 PID 控制模块存在的标志，可把它看作是数字 PID 控制器的实体。只有正确地填写 PID 数据区后，才能实现 PID 控制系统。

采用上述数字控制器，不仅可以组成单回路控制系统，而且可以组成串级、前馈、纯滞后补偿（Smith）等复杂控制系统来满足生产过程控制的要求。

思 考 题

3.1 已知连续传递函数 $D(s) = \dfrac{0.2s+1}{s+1}$，试用一阶后向差分求其等效的脉冲传递函数。

第 3 章 数字控制器设计

3.2 已知某连续控制器的传递函数 $D(s)=\dfrac{U(s)}{E(s)}=\dfrac{1+0.15s}{1+0.08s}$,试用双线性变换法(采样周期 $T=1\text{s}$)求取数字控制器 $D(z)$,并写出增量型控制输出算式。

3.3 请描述试凑法确定 PID 参数的步骤。

3.4 PID 控制中积分饱和的原因及影响是什么?

3.5 积分分离 PID 算法的具体措施是什么?阈值过大或过小对控制系统有什么影响?

3.6 已知某控制系统广义被控对象脉冲传递函数为 $G(z)=\dfrac{1.839z^{-1}(1+0.718z^{-1})}{(1-z^{-1})(1-0.368z^{-1})}$

要求:(1)针对单位阶跃输入设计最少拍无纹波系统数字控制器 $D(z)$;
(2)写出控制量输出 $u(k)$ 的递推算式。

3.7 计算机串级控制系统如下图所示,采样周期 $T=1\text{s}$,其中 $D_1(z)$ 和 $D_2(z)$ 是实现数字 PID 增量型控制规律的数字控制器,$H(s)$ 是零阶保持器,写出数字串级控制输出 $u_2(k)$ 算式。

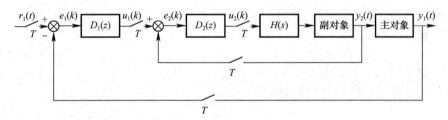

3.8 请简要说明模糊控制器的特点与原理。

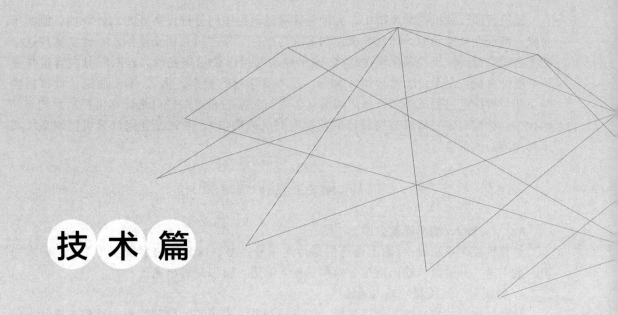

技术篇

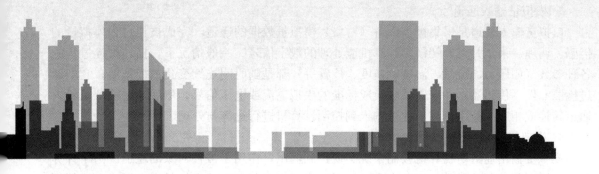

第4章 输入/输出通道与接口技术

建筑智能计算机控制系统中，无论是针对建筑物中的各种设备还是内外环境、能源等对象，都存在共性问题，即计算机控制系统与被控对象之间如何交换信息？通常实现这个功能必须借助计算机控制系统的输入/输出通道与接口技术来完成，这两部分内容也是建筑智能计算机控制系统的重要组成部分，是本章学习的重点。输入/输出通道是计算机控制系统与被控的过程或外部设备之间信息传送与转换的通道；接口是计算机控制系统与外部设备（被控对象）信息交换具体的连接电路（或端口），两者是任何计算机控制系统必不可少的组成部分。

4.1 输入/输出通道概述

4.1.1 输入/输出通道分类

计算机控制系统输入/输出通道根据传送信号类型，可分为数字量（开关量）输入通道、数字量（开关量）输出通道、模拟量输入通道、模拟量输出通道。

1. 数字量（开关量）输入通道

数字量（开关量）输入通道是指计算机控制系统采集实际控制过程中被控对象状态信息的通道。诸如开关的闭合与打开、指示灯的亮与灭、继电器或接触器的吸合与释放，电动机的启动与停止，阀门的打开与关闭等具有两个状态的物理量，这些量可以用二进制中的逻辑"0"和"1"分别来表示不同的状态，具有此特性的物理量称为计算机控制的数字量（开关量）信号。

数字量（开关量）按类型分为电平式和触点式两种，电平式为高电平或低电平；触点式为触点闭合或触点打开。

2. 数字量（开关量）输出通道

数字量（开关量）输出通道是指计算机输出二进制的"0"或"1"，来控制相关设备状态的通道。

3. 模拟量输入通道

模拟量输入通道是采集被控设备（对象）模拟量数据的通道，完成被控过程模拟量的传感、调理、采集并将其转换为计算机能处理的数字信号。一般情况下，描述被控过程的各种参数（如压力、流量、温度、速度、位置等）都是随时间连续变化的模拟量；它们通过检测元件（传感器）和变送器转换成标准的模拟电流或电压信号，然后通过模拟量输入通道转换成相应的数字信号后才能输入到控制计算机进行运算与处理。

4. 模拟量输出通道

模拟量输出通道是计算机控制系统实现控制输出，作用于被控对象的通道。由于计算机本身输出的控制信号是二进制数字量，而很多被控过程的执行机构是由电压或电流等模拟量驱动或控制，这就必须要将这些数字量转换成模拟量，才能作用于被控设备（对象），实现这些功能必然要经过模拟量输出通道，才能达到控制目的。

4.1.2 输入/输出信息类型

如图 4-1 所示为计算机与外部设备之间传送信息类型，可分为如下三种：

1. 数据信息

（1）数字信号。指在时间和数值上都是离散的信号，一般是以二进制形式表示的数或以 ASCII 码表示的数或字符。

（2）模拟信号。指在时间和数值上都是连续变化的信号。模拟量经过传感器可以将非电量（例如温度、压力、流量、液位等）转换为电量（或称为电测），再经过 A/D 转换，变换为数字量输入计算机。

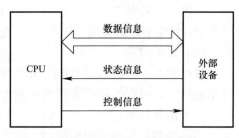

图 4-1 计算机与外设之间传送信息类型

（3）开关信号。指只有两个状态的信号，包括开、关和按键状态的通、断等，通常用"1"和"0"描述，字长 8 位可以表示 8 个输入或输出开关量。

2. 状态信息

状态信息也称握手信息、应答信息，反映外部设备"空、闲"状态。在输入时，计算机 CPU 先查询外部状态数据是否准备就绪（READY）信号，当数据准备就绪后才能输入外部数据；在输出时，计算机 CPU 查询外部设备是否空闲（BUSY）状态信号，当外部设备空闲时才可执行数据输出操作；若外部设备忙，则 BUSY 信号线为高电平，计算机 CPU 不执行输出操作。

3. 控制信息

用来控制计算机输入/输出装置启动或停止的信息，由 CPU 发送至外部设备来执行控制作用。

4.2 数字量输入/输出通道

4.2.1 数字量输入通道

数字量输入通道主要由输入调理电路、输入缓冲器、地址译码器等组成，如图 4-2 所示。

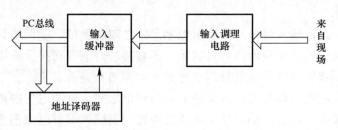

图 4-2 数字量输入通道组成

1. 输入调理电路

数字量（开关量）输入通道的基本功能是接收外部装置或被控过程的状态信号。这些状态信号的形式可能是电压、电流、开关的触点，实际中可能存在瞬时高压、过电压、触点抖动等现象。为了将外部开关量信号正确输入到计算机，必须将现场状态信号经过转换、保护、消除抖动、滤波、隔离等后才能转换为计算机可接收电平信号，这些功能称为输入信号调理。

（1）信号转换

逻辑上表现为"1"或"0"的量，信号形式为电压、电流信号或开关的通断，若幅值范围不符合数字电路的要求（标准 TTL 电平 0～5V），需经转换处理，以适应标准电平范围。

（2）保护措施

对可能出现的输入过电压、瞬间尖峰或极性反接的情况，分别采取稳压管、稳压管与压敏电阻、二极管等装置实现对控制设备的保护。

（3）消除抖动

实际控制系统中的操作按钮、继电器触点、行程开关等机械装置在通/断时会产生机械抖动，表现在计算机控制系统的输入时信号在 0～1 之间多次振荡，可能导致系统误判，因此必须消除这些机械触点的抖动，常用的"消抖"方法有如图 4-3 所示的采用积分电路与采用 R-S 触发器消抖电路。

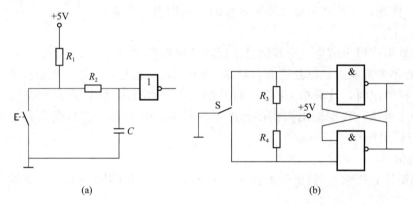

图 4-3 消抖电路
(a) 采用积分电路；(b) 采用 R-S 触发器

（4）滤波技术

在信号的传输过程中，由于电路内外干扰，经常使输入信号中带有干扰信号，造成计算机读取信息不正确，因此对输入信号要进行滤波处理，去除掉各种干扰信号。

（5）隔离技术

隔离技术用于现场输入设备与计算机控制系统之间的保护，能保障计算机系统安全工作；通常使测控装置与现场仅保持信号联系，不直接进行电气联接。常用的隔离方法有光电隔离、变压器隔离等方式（此处只详细介绍光电隔离）。

光电隔离器又称光电耦合器，可实现输入与输出之间信号的电气隔离。它通过光传输信号，输入端为发光二极管，输出端为光敏三极管。当输入端有电流输入时，发光二极管发光，输出端光敏三极管导通，电路输出相应电信号。因为该器件的输入和输出在电气上是隔离的，因此具有隔离干扰的作用。对于大功率系统，当从电磁离合等大功率器件的接点输入信号时，为了使接点工作可靠，接点两端要加 24V 以上的直流电压（因为直流电平的响应快，不易产生干扰）。但是这种电路，由于所带电压高，所以高压与低压之间，用光电耦合器进行隔离,光电隔离电路如图 4-4 所示,当开关 S 闭合时,发光二极管导通发光,光耦合作用使光敏三极管导通,对应"1"状态输入;反之,开关 S 打开,则发光二极管不发光,光敏三极管截止,对应"0"状态输入。

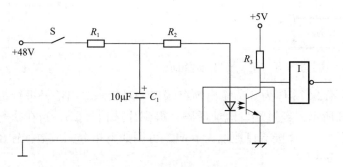

图 4-4 光电隔离电路

光电隔离器的主要优点是:信号单向传输,输入端与输出端实现了完全电气隔离,切断了输出信号与输入信号的相互影响,抗干扰能力强,工作稳定,传输效率高,使用寿命长,在各种电路中得到了广泛应用。光电隔离器种类包括:普通隔离型、交流隔离型、高速隔离型(6N137 系列)、PhotoMOS 继电器(输出为 MOSFET)隔离型等。

2. 输入缓冲器

在数字量(开关量)输入通道中,要根据其状态信息,输出控制决策。数字量输入缓冲接口如图 4-5 所示,一般采用三态门缓冲器 74LS244 来获取状态信息。设片选端口地址为 port,可用如下指令来完成输入数据,经过地址译码,得到片选信号 $\overline{CS}$,当执行 IN 指令周期时,产生 $\overline{IOR}$ 信号,状态信息通过三态门输入到工业控制机数据总线,然后输入 AL 寄存器。

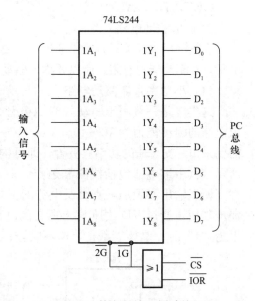

图 4-5 数字量输入缓冲接口

```
MOV  DX,  port
IN   AL,  DX
```

4.2.2 数字量输出通道

数字量(开关量)输出通道主要由输出锁存电路、输出驱动电路、输出地址译码器等组成,如图 4-6 所示。

1. 输出锁存电路

当进行控制时,其控制输出需保持到下次新的输出值为止,由输出锁存器完成此功能。如图 4-7 所示为锁存器结构图,当 CLK(使能端)为高电平时,锁存器输出端 Q 状态与输入端 D 相同;当 CLK 端从高电平变为低电平时(下降沿),输入端数据被锁存于锁存器,数据输入端 D 的变化不再影响其输出值。

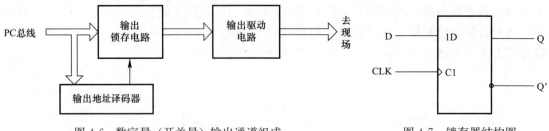

图 4-6 数字量（开关量）输出通道组成　　　　图 4-7 锁存器结构图

还可以使用 74LS273 作为 8 位输出锁存端口，对状态输出信号进行锁存，数字量输出锁存接口如图 4-8 所示。经过端口地址译码，得到片选信号$\overline{CS}$，当在执行 OUT 指令周期时，产生$\overline{IOW}$信号。若片选端口地址为 port，可用如下指令完成数据输出控制。

　　MOV　AL，DATA
　　MOV　DX，port
　　OUT　DX，AL

2. 输出驱动电路

在数字量（开关量）输出通道中，要驱动执行机构动作，因为从锁存器中输出的是 TTL 电平，其驱动能力有限，所以要加入驱动与放大电路。

（1）小功率直流驱动电路

这类电路一般用于驱动发光二极管、LED 显示器、小功率继电器等元件或装置，要求电路的驱动能力为 10~40mA 或 50~500mA。当驱动电流只有十几或几十毫安时，只需要采用一支普通的功率三极管，即可构成驱动电路，功率晶体管输出驱动继电器如图 4-9 所示，其中继电器包括线圈和触点，驱动电路通过线圈供电方式吸合触点，因负载呈感性，所以输出必须加入克服反电势的保护二极管 VD，K 为继电器的线圈。VD 的作用为泄流作用，通过 VD 放掉 K 上所带的电荷，防止反向击穿。R的作用是限流。当 TTL 电平为"1"时，晶体管截止，K 不吸合；当 TTL 电平为"0"时，晶体管导通，K 吸合。

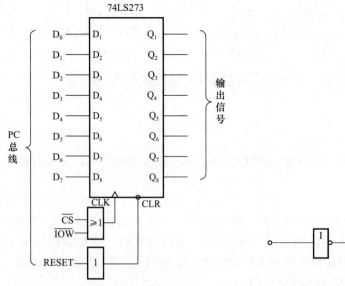

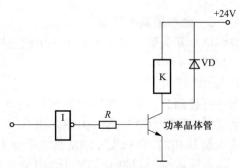

图 4-8 数字量输出锁存接口　　　　图 4-9 功率晶体管输出驱动继电器

当驱动电流需要达到几百毫安时，如驱动中功率继电器、电磁开关等装置，输出电路必须采取多级放大或提高三极管增益。达林顿阵列驱动器是应用中的选择之一，它输入阻抗高、增益高、输出功率大，保护措施完善，适用于计算机控制系统中的多路负荷。图4-10所示为采用达林顿阵列 MC1416 驱动 7 个继电器的电路，它内部含 7 路达林顿复合管，每个复合管的电流都在 500mA 以上，截止时承受 100V 电压。

（2）大功率交流驱动电路

在大功率交流驱动电路中，一般使用固态继电器（Solid State Relay，SSR）作为交流开关。图4-11 所示为采用 SSR 的大功率交流驱动电路，通过 SSR 控制大功率接触器的通断。SSR 是一种无触点通断电子开关，是一种四端有源器件，其中两个端子为输入控制端，另外两个端子为输出受控端，为实现输入与输出之间的电气隔离，该器件采用了高耐压的专用光电耦合器等。

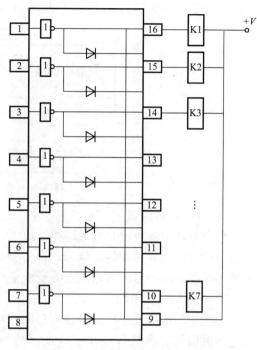

图 4-10 MC1416 驱动 7 个继电器

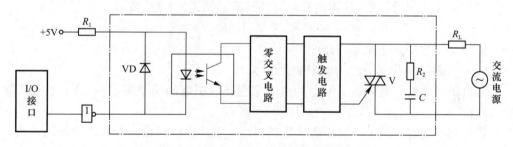

图 4-11 采用 SSR 的大功率交流驱动电路

4.3 模拟量输入通道

模拟量输入通道的任务是将检测到的被控对象的模拟信号变换为二进制数字信号，经接口输入到控制计算机中。传感器将被控过程工艺参数转换为电参数，且其大多数输出为直流电压（或电流）信号，也有一些传感器把电阻值、电容值、电感值的变化作为输出量。为了避免低电平模拟信号传输过程中的衰减，需将测量元器件输出信号经过变送器（如温度变送器、压力变送器、流量变送器等）变换为 0～10mA 或 4～20mA 的标准信号，然后经模拟量输入通道进行传输。

4.3.1 模拟量输入通道组成

模拟量输入通道一般由信号调理或 I/V 变换、多路转换器、采样保持器、A/D 转换器、接口逻辑等组成，如图 4-12 所示。其中，核心器件是 A/D 转换器，简称 A/D，通常把模拟量输入通道简称 A/D 通道或 AI（Analog Input）通道。

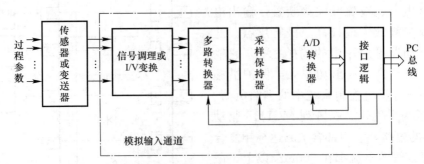

图 4-12 模拟量输入通道组成

4.3.2 信号调理

信号调理主要通过非电量转换、放大、滤波、线性化、隔离等方法，将非电量和非标准的电信号转换成标准的电信号，以方便后续处理。信号调理电路是传感器和 A/D 之间的桥梁，也是模拟量输入通道重要组成部分。

1. 非电量转换电路

非电量转换电路是将跟随被测对象变化的电阻、电感、电容等参数的变化转换为电压或电流输出的变换电路。图 4-13 所示为热电阻测量电桥电路，由精密电阻 R_1、R_2、R_3 和热电阻 R_{pt} 构成。激励源（电压或电流）接到 E 端，AB 端接测量放大电路。一般情况下 $R_2=R_3$，$R_1=100\Omega$，当测量温度为 0℃时，R_{pt} 为 100Ω，此时电桥平衡，输出电压 $V_{out}=0$。当温度变化时，R_{pt} 的阻值是温度的函数，如式（4-1）所示。

$$R_{pt}=R_0+\Delta R \tag{4-1}$$

式中　R_0——零度时的电阻值（Ω）；

　　　ΔR——温度变化所引起的电阻变化值（Ω）。

此时电桥不平衡，电桥输出 V_{out} 为由电阻变化所引起的不平衡电压 ΔV，由 ΔV 即可推出温度值。

用热电阻测温时，测量装置距离计算机很远，引线往往很长。若采用两线制连接，由于导线本身的电阻，可能导致电桥不平衡，产生测量误差。热电阻三线制接线图，如图 4-14 所示。引线 A 和引线 B 分别接在两个可抵消的桥臂上，引线的常值误差和随温度变化引

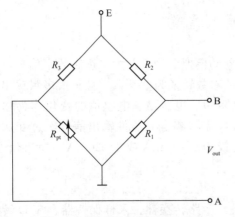

图 4-13 热电阻测量电桥电路

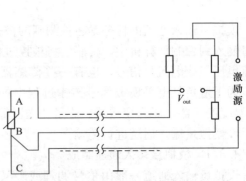

图 4-14 热电阻三线制接线图

起的误差一起被补偿。这种方法简单、廉价，实践中可用于百米以上距离。

2. 信号放大电路

信号放大电路是最常用的信号调理电路之一，例如当上述电桥电路的输出电压达不到要求的电平时，就需要用信号放大电路。信号放大电路的核心是运算放大器，常用的是测量放大器，必须是低噪声、低漂移、高增益、高输入阻抗和高共模抑制比的直流放大器。

（1）基本原理

测量放大器一般采用多运放平衡输入电路，图 4-15 是其基本电路，由图可知，该电路是由三个运算放大器 N1、N2、N3 组成，其中 N1 和 N2 组成具有对称结构的同相并联差动输入/输出级，其作用是阻抗变换（高输入阻抗）和增益调整；N3 为单位增益差动放大器，它将 N1、N2 的差动输入双端输出信号转换为单端输出信号，提高共模抑制比 CMRR 的值。在 N1 和 N2 部分可由电阻 RG 来调整增益，此时 RG 的改变不影响整个电路的平衡。N3 的共模抑制精度取决于四个电阻 RB 的匹配精度。

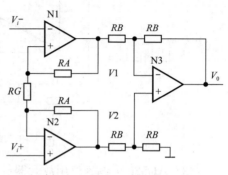

图 4-15 测量放大器的基本电路

根据叠加原理可分析得到：

$$V1 = +\left[1+\frac{RA}{RG}\right]\times V_{i-} - \frac{RA}{RG}\times V_{i+} \quad V2 = +\left[1+\frac{RA}{RG}\right]\times V_{i+} - \frac{RA}{RG}\times V_{i-}$$

则放大器输出电压为：

$$V_0 = V2 - V1 = \left(1+2\frac{RA}{RG}\right)\times (V_{i+} - V_{i-})$$

其增益为：

$$G = 1 + 2\frac{RA}{RG}$$

由于对两个输入信号的差动作用，漂移减少，且具有高输入阻抗、低失调电压、低输出阻抗和高共模抑制比以及线性度良好的高增益。

运算放大器主要考虑精度要求、速度要求、幅度要求及共模抑制要求。目前有许多性能优异的测量放大器集成电路，常用的前置运算放大器有 ICL7650、OP07 等，在需要软件编程的放大电路中也常用可编程仪用放大器 AD526。

（2）基于 ICL7650 的前置放大电路

基于 ICL7650 的前置放大电路如图 4-16 所示，第一级差分放大电路采用了性能优良的自校零放大器 ICL7650，该放大器失调电压为 $0.7\mu V$，失调电压平均温度系数为 $0.01\mu V/℃$，输入偏置电流为 35pA，输入电阻为 $10^{12}\Omega$，输出电压摆幅为 $-4.85\sim +4.95V$，共模抑制比为 130dB，单位增益带宽为 2MHz，放大器增益可以设置为 $K=1\sim 500$ 倍，输入电压精度 $\leqslant 0.2\%$，输入噪声 $\leqslant 5mV$。对于热电偶信号调理可用该信号放大电路。

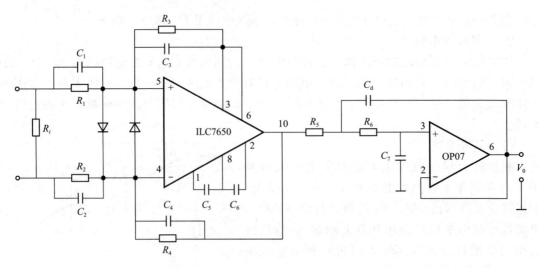

图 4-16 基于 ICL7650 的前置放大电路

(3) AD526 可编程仪用放大器

AD526 是一款单端、单芯片软件可编程增益放大器（SPGA），提供 1、2、4、8、16 五种增益。它配有放大器、电阻网络和 TTL 兼容型锁存输入，使用时无需外部器件。低增益误差和低非线性度使 AD526 非常适合要求可编程增益的精密仪器应用。增益为 16 时，小信号带宽为 350kHz。此外，该器件具有出色的直流精度。利用激光调整技术，可保证最大输入失调电压为 0.5mV，增益误差低至 0.01%。AD526 可以在锁存模式或透明模式下工作，便于系统设计人员灵活使用。当输出与远端或低阻抗负载相连时，驱动/检测配置可确保精度不变。AD526 提供一种商用级产品（J 级，0~+70℃）和三种工业级产品（A、B、C 级，−40~+85℃）。J 级采用 16 引脚塑封 DIP 封装，其他等级采用 16 引脚密封侧面钎焊陶瓷 DIP 封装。AD526 内部结构与基本接法如图 4-17 所示。

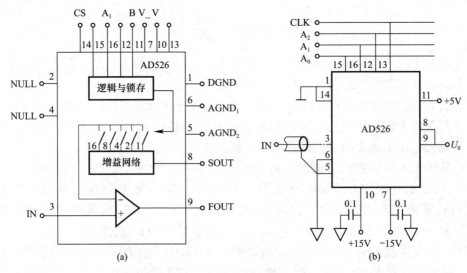

图 4-17 AD526 内部结构与基本接法
(a) 内部结构；(b) 基本接法

3. 滤波和限幅电路

大信号的限幅电路一般采用漏电流比较小的稳压管,小信号的限幅电路可以采用漏电流小的硅二极管,但是这两种方法都会产生一定非线性且降低灵敏度。

无源滤波一般都采用 RC 网络。对于低频或直流等慢变化信号,电阻 $R_1 \sim R_4$ 一般取 $10\text{k}\Omega$ 左右,电容 $C_1 \sim C_3$ 一般选 $10\mu\text{F}$ 左右的钽电容,如图 4-18 所示。

4.3.3 I/V 变换

变送器输出的信号为 $0 \sim 10\text{mA}$ 或 $4 \sim 20\text{mA}$ 的统一信号,而 A/D 转换器只能处理电压信号,因此需要经过 I/V 变换电路把标准电流信号变成标准电压信号。I/V 变换电路的实现方式有无源 I/V 变换和有源 I/V 变换。

(1) 无源 I/V 变换

如图 4-19 所示,无源 I/V 变换主要是利用无源器件电阻来实现,并加电容滤波和二极管限幅等保护电路构成,其中 R_1 为限流电阻;VD 为输出限幅二极管,用来将电压钳制在 $5\text{V}+0.3\text{V}$ 以内;R_2 为电压采样电阻,其压降即为输出电压,为保证变换精度,一般要求采用精密电阻;C 为输出滤波电容。

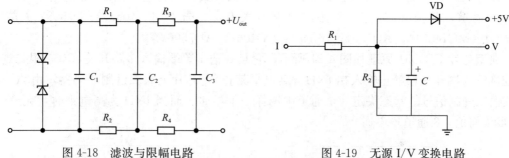

图 4-18 滤波与限幅电路 　　　　　图 4-19 无源 I/V 变换电路

对于 $I = 0 \sim 10\text{mA}$ 的输入信号,可取 $R_1 = 100\Omega$,$R_2 = 500\Omega$,使输出电压为 $0 \sim 5\text{V}$。对于 $I = 4 \sim 20\text{mA}$ 的信号,可取 $R_1 = 100\Omega$,$R_2 = 250\Omega$,使输出电压为 $1 \sim 5\text{V}$。

(2) 有源 I/V 变换

如图 4-20 所示,有源 I/V 变换电路主要由有源器件——运算放大器和电阻组成,其中 R_2 为变换电阻,一般采用精密电阻。利用运算放大器的虚短(Empty Short)和虚断(Empty Break)的概念,可以求出该同相放大电路的放大倍数。合理选择相应的电阻,就可以得到相应的电压输出。

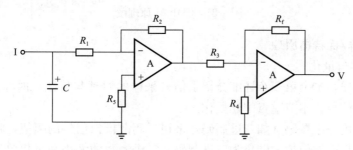

图 4-20 有源 I/V 变换电路

4.3.4 多路转换器

多路转换器又称多路开关,是用来切换模拟电压信号的元件。利用多路开关可将多个模拟输入信号依次或随机地连接到共用放大器或 A/D 转换器上,实现多路共享。为提高过程参数的测量精度,理想的多路开关开路电阻无穷大、导通电阻无穷小、切换速度快、噪声小、寿命长、工作可靠。常用的多路转换器有机械触点式和电子无触点式两种。

1. 机械触点式

机械触点式多路转换器结构简单,闭合电阻小(小于 50mΩ),断开电阻大,寿命长,输入电压、电流容量大,动态范围宽,不受环境温度影响。切换动作时间长约 1ms,体积大,工作频率低,通断时有机械抖动现象,一般用于低速高精度检测系统,如干簧继电器、水银继电器等。

2. 电子无触点式

电子无触点式多路选择器为半导体集成模拟多路开关。切换速度快,体积小,应用方便,比机械式导通电阻大几十至几百欧,输入电压、电流容量小,动态范围有限,各通道间有时会互相串扰,常用于高速且系统体积小的场合。

计算机控制系统中多采用电子无触点式的多路开关,其种类、型号都比较多,有 8 通道、16 通道,甚至 32 通道。常用的多路开关有:4 选 1:CD4052,AD7502;8 选 1:CD4051(MC14051),AD7501;16 选 1:CD4067,AD7506 等。

典型芯片 CD4051 原理如图 4-21 所示,它是 8 选 1 单端输入多路开关,有三根二进制的控制输入端和一根禁止输入端 INH(高电平禁止)。芯片上有二进制译码器,由 A、B、C 三根二进制信号的状态决定 8 个通道中选择一个导通。而当 $\overline{INH}$ 为高电平时,无论 A、B、C 为何值,8 通道均不通。

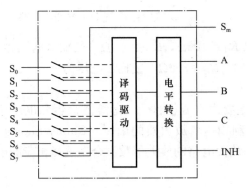

$\overline{INH}$	C	B	A	S 接通
0	0	0	0	S_0
0	0	0	1	S_1
…				…
0	1	1	1	S_7
1	×	×	×	全不通

图 4-21 CD4051 原理图

4.3.5 采样/保持器原理

1. 信号采样与量化

关于信号采样,本书第 2 章详细介绍了信号采样的原理与特征,内容详见本书 2.1.2 采样及理想采样信号。本节重点阐述量化。

量化是指采用一组数码(如二进制码)来逼近离散模拟信号的幅值,将其转换为数字信号的过程,即将离散模拟量转化为二进制码,二进制数的大小和量化单位有关。将采样信号转换为数字信号的过程称为量化过程,执行量化动作的装置为 A/D 转换器。字长为 n

的 A/D 转换器把 $y_{min} \sim y_{max}$ 范围内变化的采样信号变换为数字量 $0 \sim (2^n-1)$，其最低有效位（LSB）所对应的模拟量 q 称为量化单位。

$$q = \frac{y_{max} - y_{min}}{2^n - 1} \tag{4-2}$$

量化过程实际上是一个用 q 去度量采样值幅值高低的小数归整过程，如同人们用单位长度（毫米或其他）去度量人的身高一样。由于量化过程是一个小数归整过程，因而存在量化误差，量化误差为 $(\pm 1/2)q$。例如，$q=20\text{mV}$ 时，量化误差为 $\pm 10\text{mV}$，$0.990 \sim 1.009\text{V}$ 范围内的采样值，其量化结果是相同的，都是数字 50。

根据以上分析，在 A/D 转换器的输出位数 n 足够多时，可以使量化误差达到足够小，就可以认为数字信号近似于采样信号。如果在采样过程中，采样频率足够高，就可以用采样、量化后得到的一系列离散的二进制数字量来表示某一时间上连续的模拟信号，从而可以由计算机来进行计算和处理。

2. 采样保持器

（1）孔径时间和孔径误差

在模拟量输入通道中，A/D 转换器将模拟信号转换成数字量所需的时间，即完成一次 A/D 转换所需时间，称为孔径时间。对于随时间变化的模拟信号，孔径时间决定了每一个采样时刻的最大转换误差，称为孔径误差。如图 4-22 所示正弦模拟信号，如果从 t_0 时刻开始进行 A/D 转换，转换结束时已为 t_1，模拟信号已发生了 ΔU 的变化。对于一定的转换时间，原信号为正弦信号时，最大可能的误差发生在信号过零时刻，因为此时 $\mathrm{d}U/\mathrm{d}t$ 最大，孔径时间 $t_{A/D}$ 一定，所以 ΔU 最大。

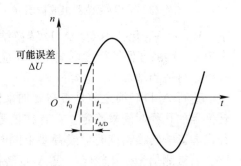

图 4-22 由 $t_{A/D}$ 引起的误差

令 $U = U_m \sin\omega t$，则：

$$\frac{\mathrm{d}U}{\mathrm{d}t} = U_m \omega \cos\omega t = U_m 2\pi f \cos\omega t$$

式中，U_m 为正弦模拟信号的幅值，f 为信号频率。在坐标的原点上：

$$\frac{\Delta U}{\Delta t} = U_m 2\pi f$$

取 $\Delta t = t_{A/D}$，则得原点处转换的不确定电压误差为：

$$\Delta U = U_m 2\pi f t_{A/D}$$

误差的百分数为：

$$\sigma = \frac{\Delta U \times 100}{U_m} = 2\pi f t_{A/D} \times 100 \tag{4-3}$$

由此可知，对于一定的转换时间 $t_{A/D}$，误差的百分数和信号频率成正比。为了确保 A/D 转换的精度，使它不低于 0.1%，不得不限制信号的频率范围。

例如，一个 10 位的 A/D 转换器，若要求转换精度为 0.1%，孔径时间为 $10\mu s$，则允许转换的正弦波模拟信号的最大频率为：

$$f = \frac{0.1}{2\pi \times 10 \times 10^{-6} \times 10^2 \text{s}} \approx 16\text{Hz}$$

为提高模拟量输入信号的频率范围,适应某些随时间变化较快的信号的要求,可采用带有保持电路的采样器(采样保持器),使得 A/D 转换器在转换期间读入的是一个稳定的值。

(2) 采样/保持原理

A/D 转换过程需要时间,在 A/D 转换期间,如果输入信号变化较大,就会引起转换误差。因此,一般情况下采样原信号都不直接送至 A/D 转换器转换,还需加保持器。采样保持器平时处于"采样"状态,跟踪输入信号变化;进行 A/D 转换前使其处于"保持"状态,在转换期间保持转换开始时刻的模拟输入电压值不变;转换结束后,仍使其为"采样"状态。

如图 4-23 所示,采样/保持器由输入/输出缓冲器 A_1、A_2、采样开关 S、保持电容 C_H 组成。采样时,S 闭合,V_{IN} 通过 A_1 对 C_H 快速充电,V_{OUT} 跟随 V_{IN};保持期间,S 断开,由于 A_2 的输入阻抗很高,理想情况

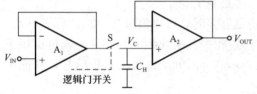

图 4-23 采样/保持器组成框图

下,$V_{OUT}=V_C$ 保持不变。A/D 转换结束后,通过逻辑控制 S 闭合,重新进入采样状态。电容 C_H 对采样保持精度影响很大,应选取漏电阻抗较大的电容,同时在保证采样速度前提下,可适当增加 C_H 电容量。

进行 A/D 转换之前是否需要加采样/保持器,需根据模拟输入信号的变化频率和 A/D 转换器的孔径时间来确定。只有在信号变化频率较高且 A/D 转换速度不高情况下,当孔径误差影响转换精度时,或者要求同时进行多路采样的情况下,才需要设置采样/保持电路。若被测信号变化较慢,或 A/D 转换器转换时间足够短时可以不加采样/保持电路。

(3) 常用采样/保持器

选择采样/保持器的主要因素有获取时间和电压下降率。常用采样/保持器主要有 LF398、AD582 等。LF398(NS 公司生产)管脚图如图 4-24 所示。第 8 脚为采样/保持控制引脚,当第 8 脚为高电平"1"时,进入采样状态;当第 8 脚为低电平"0"时,进入保持状态。OFFSET ADJUST 用于零位调整。

LF398 保持电容是外接的,常选 510~1000PF。减小 C_H 可提高采样频率(充电时间短),但会降低精度(电压下降率较大)。C_H 取为 $0.01\mu F$ 时,信号达到 0.01% 精度所需的获取时间为 $25\mu s$,保持期间的输出电压下降率为每秒 3mV。LF398 典型应用电路如图 4-25 所示。

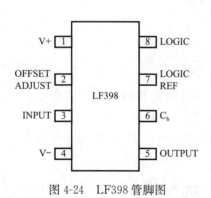

图 4-24 LF398 管脚图

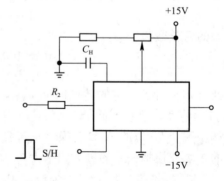

图 4-25 LF398 典型应用电路

4.3.6 A/D 转换器及其接口技术

1. 8 位 A/D 转换器

ADC0809 逻辑结构图如图 4-26 所示,8 位 A/D 转换器 ADC0809 是一种带有 8 通道模拟开关的 8 位逐次逼近式 A/D 转换器,转换时间为 $100\mu s$ 左右,线性误差为($\pm 1/2$) LSB,采用 28 脚双列直插式封装。模拟量输入电压范围为 0~5V,对应 A/D 转换输出值为 00H~FFH;内部带 8 路模拟开关,具有输出锁存功能、工作频率为 500kHz,可以输入 8 路模拟信号。

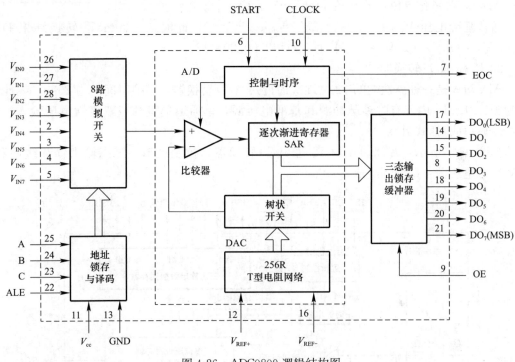

图 4-26 ADC0809 逻辑结构图

(1) 8 通道模拟开关及通道选择逻辑

为实现模拟量 8 选 1 操作,选择信号 C、B、A 与所选通道之间的关系见表 4-1。C、B、A 上的通道选择信号在地址锁存允许信号的作用下送入通道选择逻辑后,通道 i (INi,$i=0,1,2,\cdots,7$) 上的模拟输入被送至 A/D 转换器转换。

通道选择逻辑 表 4-1

所选通道	地址线		
	C	B	A
IN0	0	0	0
IN1	0	0	1
IN2	0	1	0
IN3	0	1	1
IN4	1	0	0
IN5	1	0	1
IN6	1	1	0
IN7	1	1	1

(2) 8位A/D转换器

用于对输入端信号V进行转换，转换结果D存入三态输出锁存器。在START上收到一个启动转换命令（正脉冲）后开始转换，$100\mu s$左右（64个时钟周期）后转换结束。转换结束时，EOC信号由低电平变为高电平，通过查询或中断方式读取结果。

(3) 三态输出锁存器

用于存放转换结果D，输出允许信号OE为高电平时，D由$DO_7 \sim DO_0$输出。OE为低电平时，输出数据线$DO_7 \sim DO_0$为高阻状态。

ADC0809量化单位：$q=[V_{REF}(+)-V_{REF}(-)]/256$。

通常基准电压$V_{REF}(+)=5.12V$，$V_{REF}(-)=0$，此时$q=20mV$，转换结果$D=V_{IN}(mV)/q(mV)$。如$V_{IN}=2.5V$时，$D=2500/20=125$。

2. 12位A/D转换器

AD574A是一种高性能的12位逐次逼近式A/D转换器，转换时间约为$25\mu s$，线性误差为$\pm 1/2 LSB$，内部有时钟脉冲源和基准电压源，单通道单极性或双极性电压输入，采用28脚双列直插式封装。

如图4-27所示，AD574A由12位A/D转换器、控制逻辑、三态输出锁存缓冲器、10V参考电压源4部分等组成。

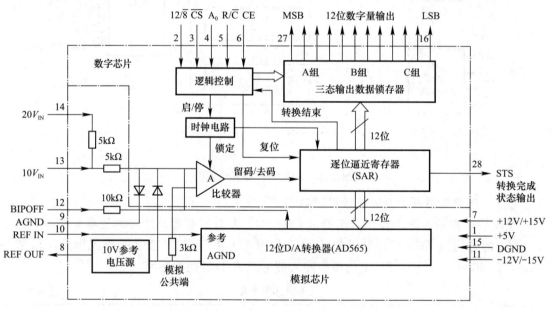

图4-27 AD574A原理结构图

(1) 12位A/D转换器

输入AD574A的模拟电压，既可以是单极性的，也可以是双极性的。单极性输入模拟电压范围为$0\sim 10V$或$0\sim 20V$；双极性输入电压范围为$\pm 5V$或$\pm 10V$。

单极性输入时，应将BIPOFF端接0，电路连接如图4-28（a）所示。图中的BIP OFF端通过100Ω电阻接地，通过RW1可以进行零点调整，RW2可以调节增益（满量程）。

双极性输入时，BIPOFF端接+10V，电路连接如图4-28（b）所示。电路中的BIP OFF端通过100Ω电位器RW1与REF OUT端的+10V电压连接。

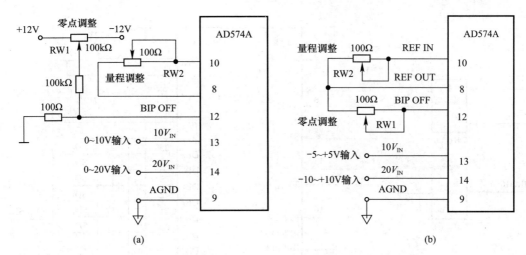

图 4-28 AD574A 输入信号连接方法
(a) 单极性输入；(b) 双极性输入

(2) 控制逻辑

控制逻辑包含：启动转换、控制转换过程和控制转换结果 D 的输出，AD574A 控制信号真值表如表 4-2 所示。

AD574A 控制信号真值表　　　　　　　　　表 4-2

CE	$\overline{CS}$	$R/\overline{C}$	$12/\overline{8}$	A_0	功能
1	0	0	×	0	启动 12 位转换
1	0	0	0	1	启动 8 位转换
1	0	1	1	×	允许 12 位并行输出
1	0	1	0	0	允许高 8 位输出
1	0	1	0	1	允许低 4 位输出
0	×	×	×	×	禁止，无操作
×	1	×	×	×	禁止，无操作

(3) 三态输出锁存器

用于存放 12 位 A/D 的转换结果，有 12 位同时输出和高 8 位低 4 位分时输出两种方式，由引脚 $12/\overline{8}$ 决定输出方式。当引脚 $12/\overline{8}=1$ 时，12 位同时输出；当引脚 $12/\overline{8}=0$ 时，高 8 位低 4 位分时输出。

3. AD574A 与 PC 总线工业控制机接口

12 位 A/D 转换器 AD574A 接口电路原理图如图 4-29 所示。模拟输入信号接 V_{IN0} 或 V_{IN1}，A/D 数据输出线接数据总线 $SD_0 \sim SD_7$，8 位输出方式。转换结束信号 STS 经反相器 74HC04 后接 IRQ10。

假设片选信号有效时，高位地址为 BASE，则 12 位 A/D 启动控制端口地址 BASE+0，A/D 数据输出高 8 位端口地址 BASE+2，低 4 位端口地址为 BASE+3。

A/D 转换的子程序如下：

(1) 启动子程序

　　ADSTART：MOV　DX，BASE+0

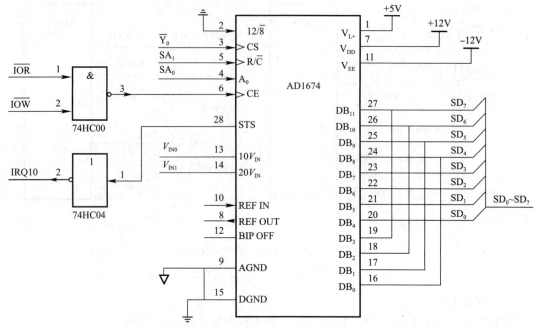

图 4-29 AD574A 接口电路原理图

```
        OUT    DX, AL
        NOP
        RET
```

（2）读数子程序

```
ADREAD: MOV    DX, BASE+2
        IN     AL, DX
        MOV    AH, AL
        MOV    DX, BASE+3
        IN     AL, DX
        RET
```

4.4 模拟量输出通道

模拟量输出通道的任务是把计算机输出的数字信号转换成模拟信号，经过功率放大等环节，从而驱动相应的执行机构，实现特定的控制作用。模拟量输出通道通常由接口电路、数/模转换器和电压/电流（V/I）变换器等构成，其核心器件是数/模转换器，简称 D/A 或 DAC（Digital-to-Analog Converter）。通常也把模拟量输出通道简称 D/A 通道或 AO（Analog Output）通道。

4.4.1 模拟量输出通道结构

控制计算机输出的是数字信号，经过 D/A 转换后的信号是时间上离散的模拟信号，保持器可将本次输出量保持到下一个采样输出时刻，从而将离散的模拟信号变为时间上连续的模拟信号，然后才可作用于执行机构。

保持器一般有数字保持和模拟保持两种方案,这就决定了模拟量输出通道两种基本结构形式。

(1) 每个通道单独设置 D/A 转换器数字保持方式

如图 4-30 所示每个通道单独设置 D/A 转换器的结构形式是一种数字保持方案。采用这种结构,每个通道输出的数据由独立的 I/O 接口数据寄存器或 D/A 转换器数据寄存器保持,可使前一时刻输出的数据保持到下一时刻输出新数据。这种方案的优点是转换速度快、工作可靠,即使某一路 D/A 转换器有故障,也不会影响其他通道的工作。其缺点是如果输出通道数量很多,将使用较多的 D/A 转换器,增加系统成本。随着大规模集成电路技术发展以及摩尔定律作用,芯片成本越来越低,这种方案越来越可行。

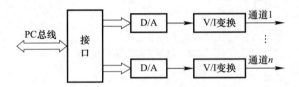

图 4-30 每个通道单独设置 D/A 转换器的结构

(2) 多个通道共用单个 D/A 转换器的模拟保持方式

如图 4-31 所示为多个通道共用单个 D/A 转换器的模拟结构,除了设置一个多路转换开关外,每个通道还要设置一个输出保持器结构。输出数据时,D/A 转换器的模拟输出量依次通过多路开关传送到各路输出保持器。其优点是节省了 D/A 转换器,缺点是电路复杂,精度差,可靠性低,占用主机时间,要用多路开关,且要求输出保持器的保持时间与采样时间之比较大。

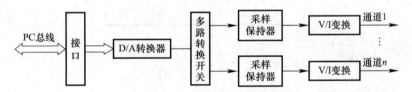

图 4-31 多个通道共用单个 D/A 转换器的模拟结构

4.4.2 D/A 转换器及其接口技术

1. 8 位 D/A 转换器及接口

以 8 位电流型输出 D/A 转换器 DAC0832 为例,其分辨率为 8 位,采用 20 脚双列直插式封装。如图 4-32 所示,DAC0832 主要由 8 位输入寄存器、8 位 DAC 寄存器、8 位 D/A 转换器、选通控制逻辑 4 部分组成。

8 位 DAC0832 芯片通过三种方式与计算机相连,即直通方式、单缓冲方式及双缓冲方式。

(1) 直通方式

当 DAC0832 的片选信号 $\overline{CS}$、写信号 $\overline{WR_1}$、$\overline{WR_2}$ 及传送控制信号 $\overline{XFER}$ 的引脚全部接地,允许输入锁存信号 ILE 引脚接 +5V 时,DAC0832 工作于直通方式,一旦有数字量输入,就直接进入 DAC 寄存器,进行 D/A 转换。但由于直通方式不能直接与系统的数据总线相连,需另加锁存器保存数据,一般较少应用。

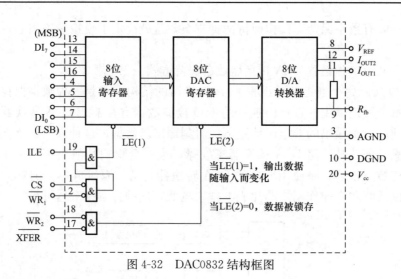

图 4-32 DAC0832 结构框图

(2) 单缓冲方式

所谓单缓冲方式，就是使 DAC0832 的两个输入寄存器中有一个处于直通方式，而另一个处于受控的锁存方式，当然也可以使两个寄存器同时选通及锁存。因此，单缓冲方式有三种不同的连接方法，如图 4-33 所示。在实际应用中，如果只有一路模拟量输出，或虽有几路模拟量输出但并不要求同步的情况下，就可以采用单缓冲方式。

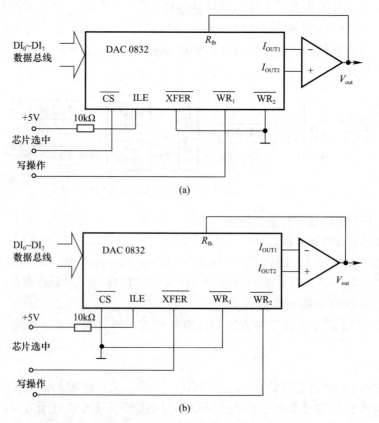

图 4-33 DAC 0832 的三种单缓冲连接方法 (一)
(a) DAC 寄存器直通方式；(b) 输入寄存器直通方式

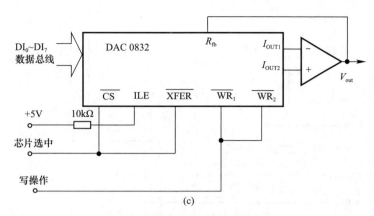

图 4-33　DAC 0832 的三种单缓冲连接方法（二）
(c) 两个寄存器同时选通及锁存方式

实际应用中注意下述两点：第一是 $\overline{WR}$ 选通脉冲应有一定的宽度，通常要求大于或等于 500ns，尤其是选择+5V 电源时更应满足此要求，如电源选+15V，则 $\overline{WR}$ 脉冲宽度只需大于或等于 100ns，此时为器件最佳工作状态；第二是保持数据输入有效时间不小于 90ns，否则将锁存错误数据。

若 DAC0832 转换器 $\overline{CS}$ 端口地址为 BASE，则数据 07FH 转换为模拟电压的程序为：

```
DAOUT: MOV   DX, BASE
       MOV   AL, 7FH
       OUT   DX, AL
       RET
```

（3）双缓冲方式

双缓冲方式就是将 DAC0832 的两个锁存器都设置为受控锁存方式，因芯片中有两个数据寄存器，这样就可以将 8 位输入数据先保存在"输入寄存器"中，当需要 D/A 转换时，再将此数据从输入寄存器送至"DAC 寄存器"中锁存进行 D/A 转换并输出。采用这种方式，可以克服在输入数据更新期间输出模拟量随之出现的"跳跃"不稳定。这时，可以在上一次模拟量输出的同时，将下一次要转换的数据事先存入"输入寄存器"中，一方面克服了不稳定现象，另一方面提高了数据的转换速度；用这种方式还可以同时更新多个 D/A 转换器的输出；此外，采用两级缓冲方式也可将位数较高的 DAC 器件应用于数据位数较低的系统之中。

图 4-34 为采用线选法、利用两位地址码、进行两次输出操作完成数据传送及转换的 DAC0832 双缓冲连接方式。第一次当 P2.0＝0 时，完成将 $DI_0 \sim DI_7$ 数据线上数据锁存输入寄存器；第二次当 P2.1＝0 时，完成将输入寄存器中的内容锁存到 DAC 寄存器中。

由于两个锁存器占据两个地址，因此在程序中需要使用两条传送指令，才能完成一次数模转换。假设输入寄存器地址为 0FEFFH，DAC 寄存器地址为 0FDFFH，则完成一次 D/A 转换的程序如下所示：

```
MOV   A, #DATA       ;转换数据送入 A
MOV   DPTR, #0FEFFH  ;指向输入寄存器
MOVX  @DPTR, A       ;转换数据送输入寄存器
```

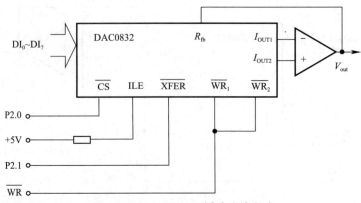

图 4-34 DAC0832 双缓冲连接方式

  MOV DPTR，♯0FDFFH；指向 DAC 寄存器
  MOVX@DPTR，A   ；数据输送 DAC 寄存器并进行 D/A 转换

  最后一条指令，表面上看是把 A 中数据送 DAC 寄存器，实际上这种数据传送并不真正进行。该指令的作用只是打开 DAC 寄存器，允许输入寄存器中的数据输入，以后便可进行 D/A 转换。

  2. 12 位 D/A 转换器及接口

  该接口电路由 12 位 D/A 转换芯片 DAC1210、输出放大器组成，如图 4-35 所示。端口地址译码器输出 $\overline{Y_0}$ 地址为基地址 BASE，则 D/A 高 8 位地址为 BASE+1，低 4 位地址为 BASE+0。

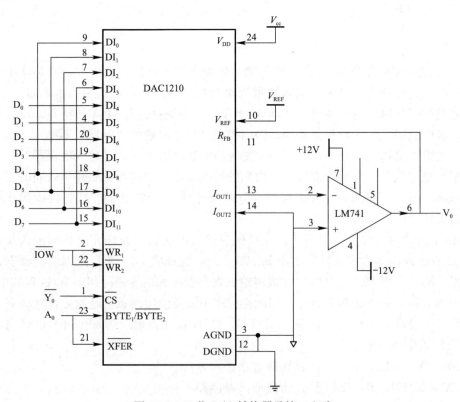

图 4-35 12 位 D/A 转换器及接口电路

该电路的转换过程是：当 $\overline{Y_0}$ 信号有效且 $A_0=1$，则 $BYTE_1/\overline{BYTE_2}$ 为高电平，同时当 $\overline{IOW}$ 信号有效时，高 8 位数据被写入 DAC1210 高 8 位输入寄存器和低 4 位数据寄存器，当又一次 $\overline{IOW}$ 信号有效时，$A_0=0$，由于 $BYTE_1/\overline{BYTE_2}$ 为低电平，则高 8 位输入寄存器被锁存，低 4 位数据写入低 4 位输入寄存器，原先写入的内容被冲掉，同时 DAC1210 内 12 位 DAC 寄存器和高 8 位及低 4 位输入第二级寄存器直通，新的数据由片内的 12 位 D/A 转换器开始转换。

则接口程序为：

```
DAC1210 OUT： MOV DX, BASE+1
              MOV AL, dataH        ;送高 8 位数据
              OUT DX, AL
              MOV DX, BASE+0
              MOV AL, dataL        ;送低 4 位数据
              OUT DX, AL           ;12 位数据进行转换
              RET
```

4.4.3 单极性与双极性 D/A 转换电压输出电路

实际应用中，通常采用 D/A 转换器外加运算放大器的方法，把 D/A 转换器的电流输出转换为电压输出。图 4-36 所示为 D/A 转换器单极性与双极性输出电路。

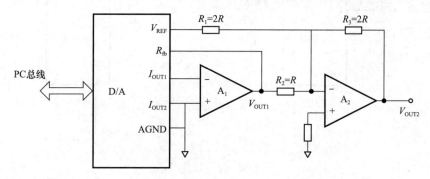

图 4-36 D/A 转换器单极性与双极性输出电路

V_{OUT1} 为单极性输出，若 D 为输入数字量，V_{REF} 为基准参考电压，且为 n 位 D/A 转换器，则有：

$$V_{OUT1} = -\frac{D}{2^n} V_{REF} \tag{4-4}$$

V_{OUT2} 为双极性输出，且可推导得到：

$$V_{OUT2} = -\left(\frac{R_3}{R_1} V_{REF} + \frac{R_3}{R_2} V_{OUT1}\right) = V_{REF}\left(\frac{D}{2^{n-1}} - 1\right) \tag{4-5}$$

4.4.4 V/I 变换

因为电流信号易于远距离传输且抗干扰性强，尤其在计算机过程控制中，仪表直接连接电流信号，所以在计算机控制模拟量输出通道中常以电流信号传送信息，这就需要将电压信号再转换成电流信号。对于电压型 D/A 转换器而言，V/I 变换电路将其电压输出信号转换为 0～10mA DC 或 4～20mA DC 的电流信号。在实现 0～5V、0～10V、1～5V 直

流电压信号到 0~10mA、4~20mA 转换时，可直接采用 V/I 转换电路实现，如采用高精度 V/I 转换器 ZF2B20 或 AD694。

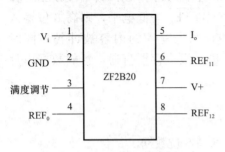

图 4-37　ZF2B20 引脚图

1. V/I 转换器 ZF2B20

ZF2B20 是通过 V/I 变换的方式产生一个与输入电压成比例的输出电流。它的输入电压范围是 0~10V，输出电流是 4~20mA（加接地负载），采用单正电源供电，电源电压范围 10~32V。它的特点是低漂移，在工作温度为 $-25 \sim +85℃$ 范围内，最大漂移为 $0.005\%/℃$，可用于控制和遥测系统，作为子系统之间的信息传送和连接。图 4-37 所示为 ZF2B20 引脚图，其输入电阻为 $10k\Omega$，动态响应时间小于 $25\mu s$，非线性误差小于 $\pm 0.025\%$。

利用 ZF2B20 实现 V/I 转换极为方便，图 4-38（a）所示电路是一种带初值校准的 0~10V 到 4~20mA 转换电路；图 4-38（b）则是一种带满度校准的 0~10V 到 0~10mA 转换电路。

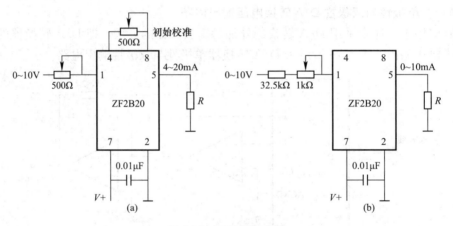

图 4-38　V/I 转换电路
(a) 0~10V 到 4~20mA 转换电路；(b) 0~10V 到 0~10mA 转换电路

2. V/I 转换器 AD694

AD694 是一种 4~20mA 转换器，适当接线也可使其输出范围为 0~20mA。AD694 的主要特点如下：

(1) 输出范围：4~20mA，0~20mA。
(2) 输入范围：0~2V 或 0~10V。
(3) 电源范围：$+4.5 \sim 36V$。
(4) 可与电流输出型 D/A 转换器直接配合使用，实现程控电流输出。
(5) 具有开路或超限报警功能。

图 4-39 为 AD694 的引脚图，对于不同的电源电压、输入和输出范围，其引脚接线也各不相同。AD694 使用较为简单，对于 0~10V 输入、输出为 4~20mA、电源电压大于 12.5V 的情况，可参考图 4-40 的基本接法，在这种情况下，输出最大驱动能力为 $R_L=(V_s-2)/20mA$。当电源电压为 12.5V 时，其最大负载电阻为 525Ω。

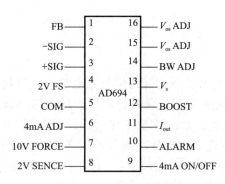

图 4-39　AD694 引脚图

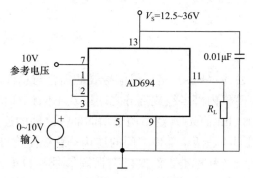

图 4-40　AD694 基本接法

AD694 还可与 8 位、10 位、12 位等电流型 D/A 转换器直接配合使用，如利用 12 位 D/A 转换器 DAC1210 时，可参考图 4-41 的连接图，其中 DAC1210 用单电源供电，AD694 输出范围为 4～20mA。AD694 还设有调零端和满度调整端，具体调整方法可参考其使用手册。

4.4.5　功率放大与驱动电路

针对建筑设备等对象的控制，其控制系统中许多执行机构需要 4～20mA 电流信号进行控制，但 D/A 转换器输出或经转换后的电流

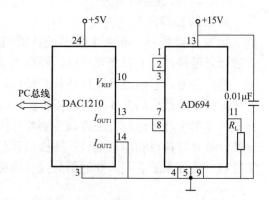

图 4-41　DAC1210 与 AD694 连接图

信号负载能力比较弱，无法直接驱动执行机构，因此需要进行功率放大与提高其驱动能力，一般需考虑如下几个问题：

（1）输出功率。为了获得较大的输出功率，要求功放电路输出电压有足够大幅度，并能承载较大负载，即负载电阻能获得较大电流。

（2）输出效率。由于输出功率大，因此直流电源消耗功率也大。将交流输出功率与直流输入功率之比值称为功率放大器效率，要求这个比值越大越好。

（3）频带宽度。根据驱动对象的特性，线性功率驱动电路必须要有足够的频带宽度。

（4）非线性失真。功率放大电路是在大信号下工作，所以不可避免地会产生非线性失真，而且同一功放管输出功率越大，非线性失真就越大。对于不同系统，对非线性失真要求不同。例如，在测量系统和电声设备中，对非线性失真要求较高；而在某些工业控制系统中，则主要以输出功率为目的，对非线性失真要求不太高。

（5）散热问题。在功率放大器中，有相当大的功率消耗在功放管上，因此功放管必须有良好的散热。低频功率放大器的电路形式主要有两类：一类是通过变压器与负载耦合，这类功率放大器的效率高，可实现阻抗变换，但是变压器笨重，频率特性差，且无法集成；另一类无输出变压器，这类功率放大器体积小、重量轻、频率特性好，非常容易集成，所以目前的功率放大器绝大多数采用无输出变压器类型。

（6）集成电路。随着线性集成电路的发展，集成功率放大器应用越来越广泛，在计算机控制系统中一般可选用现成的集成功率放大器产品。

4.5 总线接口技术

总线（Bus）是一组信号线的集合与总称，它定义了各引线的信号、电气、机械特性，使计算机内部各组成部分之间以及不同计算机之间建立信号联系，进行信息传送和通信。接口（Interface）泛指两个功能部件之间的连接装置。总线注重于多个部件的互联，而接口强调的是两个部件之间的连接；总线注重可扩展性、灵活性、规范性，许多总线都有相应的规范和标准，而接口则强调信号和数据形式的转换。总线和接口都有相互连接的含义，它们通常联系在一起合称为总线接口或接口总线。

4.5.1 总线接口概述

1. 总线接口分类

如图 4-42 所示，在一个典型的计算机控制系统中，按接口所连接的功能部件来分，有过程通道接口、人机交互接口、外存接口和通信接口。其中，过程通道接口包括输入通道、输出通道，它们也可视作特殊的接口，主要完成将来自控制对象的物理信号转换为计算机能接收的数据形式或者将计算机输出的数字信号转换为执行器能接收的物理信号，这部分内容越来越多地融合到智能传感器和执行器中。另外，按接口的数据传输特征进行分类，有并行接口和串行接口；按接口和总线连接部件的技术特征可分为芯片级总线、板级总线（也称系统总线）和通信总线（也称外部总线）。

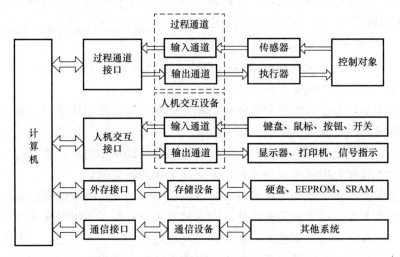

图 4-42 计算机通过接口与外部设备连接

芯片级接口总线以连接芯片为主，其特征为连线少、速度较快、距离短。常见芯片级接口总线有 I^2C、SPI、1-Wire 等。板级总线用于连接系统内各部件，其特征为并行传输、速度高、接口比较复杂，利用板级总线易构成母版模块结构，常见板级总线有 PC/104 和 Compact PCI 等。通信总线用于系统间通信，其特征为串行传输、距离远、抗干扰要求高，常见通信总线有 RS-232C、RS-485 等。另外，在控制系统中，越来越多地使用计算机网络技术来实现数据通信。

计算机的接口总线品种繁多，性能各异。另外，人机交互设备、外部存储设备和通信设备非常丰富，许多都设有常规的接口，如标准键盘、鼠标、显示器、打印机、硬盘等。在计算机控制系统中，应尽可能选用标准的接口和总线。

2. 总线接口功能

（1）地址译码和设备选择。

（2）进行定时和协调，选择数据传输方式。

（3）设置中断控制逻辑，保证接收正常中断请求，连接中断数据传输。

（4）设置 DMA 控制逻辑，保证接收正常 DMA 请求，并在接收 DMA 应答后，完成 DMA 传输。

（5）提供数据的锁存、缓冲逻辑，以匹配 CPU 与外设之间的速度差异和提供相应的驱动能力。

（6）进行 CPU 和外设的信号类型转换，如电平转换、串/并转换、数/模或模/数转换等。

总线作为连接多个功能部件之间的一组连线，也需有相应的接口电路，这部分接口也属于总线的组成，因此总线与接口也有许多共同的功能，如设备的选择、定时和协调、选择数据传输方式、设置数据的锁存和缓冲逻辑和提供相应的驱动能力等。但总线更注重各部件的互联，注重使用总线的规则，除了要有定时和协调功能外，还要有多个部件争用总线时采取的仲裁机制。

4.5.2 接口技术

计算机接口技术要解决两类基本问题：一是将在数据格式、信号类型、传输速度、处理方式等方面都具有各自特点的外部数据转换为计算机 CPU 容易处理的数据形式；二是将计算机 CPU 处理后的数据以更容易接受的形式提供给外围电路。

计算机接口技术包括 I/O 端口编址方式、数据传输方式、I/O 端口地址译码技术等内容。

1. I/O 端口编址方式

根据计算机"程序存储和程序控制"工作原理，CPU 与外部输入输出数据所对应的访问单元通常称为端口，它是指 I/O 接口中与 CPU 直接存取、访问的寄存器或某些特定的硬件电路。一个 I/O 接口一般包括若干个端口，分别为：数据传输的数据端口、控制的命令端口、状态设置和检测的端口等。对端口的读写操作与访问存储器一样，也是"按址访问"；端口的编址方式通常有两种：统一编址和独立编址。

统一编址方式就是端口的地址与程序存储器和数据存储器地址统一编址，访问端口所使用的指令与访问存储器的指令相同，扩展端口电路所使用的控制信号线也与扩展存储器所用的控制信号线一样，只是在地址空间范围上进行了划分；独立编址就是端口地址与存储器地址相互独立，访问端口所使用的指令不同于访问程序与数据存储器的指令，扩展端口电路所使用的控制信号线也有别于扩展存储器所用的控制信号线，通常端口地址空间要比存放数据和程序的存储器空间小；统一编址方式和独立编址方式如图 4-43 所示。

2. 数据传输方式

通过接口传输数据的方式主要与输入/输出定时和协调有关。为了使计算机与外部设备进行正确数据传输，通常有两个条件，一是在时间上保持两者的同步，这需要有统一时钟脉冲来定时；二是允许两者能相互等待，这需要有协调的方法。

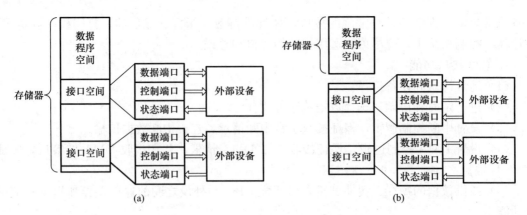

图 4-43 统一编址方式和独立编址方式
(a) 统一编址方式；(b) 独立编址方式

通常由 CPU 发出读（Read）或写（Write）定时信号，来实现 CPU 与外设之间数据传输；或者由专门定时控制器发出同步信号，进行计算机内存与外设之间数据传输，这种方式常称为"直接存储器访问"（Direct Memory Access，DMA）方式。

协调主要通过握手信号进行，主要的握手信号有请求（REQ）和应答（ACK）、选通（strobe）和就绪（ready），协调可在数据传输前后进行：数据传输前，请求方发出请求（REQ）信号，等待应答方做出应答（ACK）后，才进行数据传输；数据传输后，请求方发出请求（REQ）信号，等待应答方做出应答（ACK）后，才确认数据已传输结束。如可靠性要求不高，协调可只在数据传输前进行，如图 4-44（a）所示，否则在数据传输前后都应进行，如图 4-44（b）所示。数据传输前后的协调可以使用同一对握手信号，也可使用不同的两对握手信号。

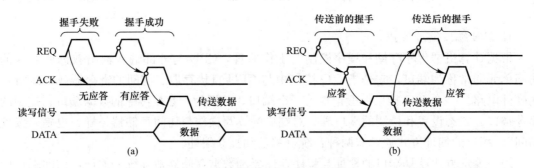

图 4-44 利用握手信号进行协调

根据定时和协调的不同要求，数据传输的实现有程序查询、中断传输和 DMA 等方式。

（1）程序查询方式

在数据传输前，通过程序对外设状态进行查询，也就是通过握手信号进行协调，在外设就绪情况下，才进行数据传输。必要时，在数据传输后，再进行握手联络，确保数据传输已正常结束。这种方式的传输效率较低，因为程序查询外设状态需要较长的时间，在不能预见外设就绪所需时间时，还容易造成长时间等待现象。

（2）中断传输方式

利用中断机制实现协调，即通过硬件将外设的握手信号（外设的请求或应答信号）作为中断请求信号,快速响应外设的请求或应答。在相应的中断服务程序中,完成数据传输。这种传输方式效率高,适用于打印机、报警设备等。但这种方式需要有相应中断控制电路、中断服务程序实现该功能。

(3) DMA 方式

利用专用的 DMA 控制器,CPU 不参与数据传输,并需要释放相应的数据总线和地址总线,实现内存与外设的直接数据传输,这种方式适用于高速的外设,如磁盘等外存设备。这种传输方式效率非常高,但需要有专门 DMA 控制器,硬件线路比较复杂。

3. I/O 端口地址译码技术

计算机控制系统中有多个接口,接口内部往往包含多个端口,I/O 操作就是 CPU 对端口寄存器的读写操作。CPU 通过地址对不同的接口或端口加以区分。把 CPU 送出的地址转变为芯片选择和端口区分的依据是地址译码电路。每当 CPU 执行输入输出指令时,就进入 I/O 端口读写周期。

(1) I/O 端口地址译码电路信号

译码电路与地址信号、控制信号有关。它把地址和控制信号进行组合,产生对芯片或端口的选择信号。以 ISA 总线为例,I/O 译码电路除了受 $A_0 \sim A_9$ 这十根地址线所确定的地址范围的限制之外,还要用到其他一些控制信号,如利用 $\overline{IOR}$ 或 $\overline{IOW}$ 信号控制对端口的读写、利用 AEN 信号控制非 DMA 传送、用 $\overline{IO16}$ 控制对 8 位或是 16 位端口操作、用信号 $\overline{ISBHE}$ 控制端口的奇偶地址。

因此,在设计地址译码电路时,不仅要选择地址范围,还要根据 CPU 和与 I/O 端口交换数据时的流向(读写)、数据宽度(8 位/16 位),以及是否采用奇偶地址等要求来引入相应的控制信号,从而形成端口地址译码电路。

(2) I/O 端口地址译码方法及电路形式

I/O 端口地址译码的方法灵活多样,通常可由地址信号和控制信号的不同组合来选择端口地址。与存储器的地址单元类似,一般把地址信号分为两部分:一部分是高位地址线与 CPU 或总线的控制信号组合,经过译码电路产生一个片选信号去选择某个 I/O 接口芯片,从而实现接口芯片的片间选择;另一部分是低位地址线直接连到 I/O 接口芯片,经过接口芯片内部的地址译码电路选择该接口电路的某个寄存器端口,实现接口芯片的片内寻址。

I/O 端口的译码一般有两种,即固定地址译码和开关选择译码。

1) 固定地址译码

固定地址译码是目前 PC 系统板卡译码常用的方法,它是根据确定的地址字段来设计译码电路。图 4-45 给出一个典型的固定地址 I/O 端口译码电路,该电路译码出 8 个端口地址。

① 根据要求选择译码器:2E0H~2E7H 共 8 个,故采用 3-8 译码器 74HCT138。

② 根据地址限定确定逻辑电路与译码器接法。

2E0H~2E7H 中仅 $A_2 \sim A_0$ 变化,接译码器 A、B、C 三个输入端;不变的 $A_9 \sim A_3 =$ 1011100B,是确定高地址与译码器控制端链接的关键。其中,A_9、A_7、A_6、A_5 接四输入与门 74HCT21 的输入端,74HCT21 的输出端接译码器的高电平使能端上。AEN 是 ISA 总线上的 DMA 周期的地址使能信号。CPU 控制总线时,AEN 输出逻辑 0;DMA 控制总

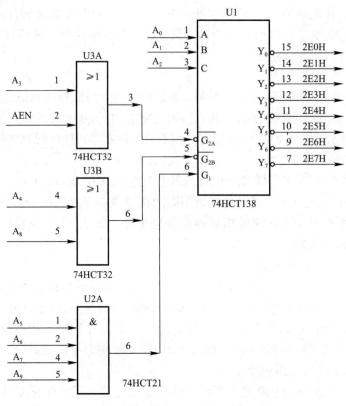

图 4-45 固定地址 I/O 端口译码电路

线时，AEN 输出逻辑 1。把 AEN 连接在译码器的低电平使能端上，保证该数据采集卡是在 CPU 控制下工作的。在 CPU 工作周期该扩展卡是可以被访问的，而在 DMA 控制周期数据采集系统是无效的。AEN 与 A_3、A_4、A_8 两两组合分别接至两个两输入或门 74HCT32 的输入端，两个 74HCT32 的输出端分别接译码器的两个低电平使能端上。

2) 开关选择译码

固定地址译码的一个缺点是它可能会与将来加入系统的同类板卡地址译码冲突。ISA 板卡的地址一般设计成用户可以设置的，通常采用数据比较器和一组逻辑开关来实现 ISA 板卡高位地址的设定。

常用的数据比较器如 74LS688，将比较器的一组数据输入端连接逻辑选择开关，另一组数据输入端接到 ISA 总线的高位地址线上。逻辑选择开关可设定成任意一组二进制编码，作为给该 ISA 板卡分配的高位地址。当 ISA 地址总线上发出地址时，数据比较器将它和开关设定的地址值相比较，如果相等，比较器的输出端（P＝Q）输出有效的低电平，表示该板卡被选中。再将（P＝Q）端连接板内的低位地址译码器，作为板内地址译码器的使能。图 4-46 中地址线 $A_{15} \sim A_{10}$ 和 $A_9 \sim A_4$ 确定了板卡的基地址，$A_3 \sim A_1$ 确定了板卡内各端口的地址。如果把连接 $Q_5 \sim Q_0$ 的逻辑开关全部设置为断开状态，则该板卡的高 12 位地址为 FFExH。因此，由译码器 Y_0 端连接的端口地址为 FFE0H，由 Y_1 连接的端口地址为 FFE2H。

除了上述两种地址译码方法外，可编程逻辑器件 PLD 也被广泛地应用于译码电路，

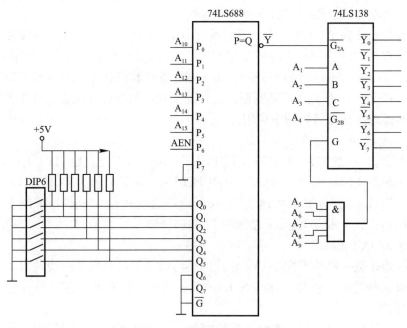

图 4-46　开关选择译码电路

如通用阵列逻辑 GAL、可编程阵列逻辑 PAL 器件、可擦除可编程门阵列 EPLD、现场可编程门阵列 FPLD、复杂可编程门阵列 CPLD 等。

4.5.3 并行接口总线

并行接口中的数据线通常有 8 位、16 位、32 位和 64 位。并行接口早期主要用于外部的打印机设备、数据存储设备，现主要用于系统各部件的连接。

1. PC/104 总线

PC 总线的发展一直对工控机有着重要影响，IEEE-P996 是 PC/XT 和 PC/AT 工业总线 ISA 规范，而 PC/104 是在 PC 总线基础上专门为嵌入式控制而定义的工业控制总线，被定义为 IEEE-P996.1。

PC/104 有 8 位和 16 位两个版本，分别与 PC/XT 和 PC/AT 相对应。PC/104 有两个连接件，P1 为 64 针，P2 为 40 针，合计 104 个总线信号，PC/104 因此得名。在硬件上 PC/104 与 PC 主板的不同处有：

（1）小尺寸结构

PC/104 标准模块的机械尺寸为 3.8×3.6 英寸（96mm×90mm），这有利于抗干扰性能和减小安装空间。

（2）堆栈式结构

采用堆栈式"针-孔"连接，即 PC/104 总线模块之间总线的连接是通过上层的针和下层的孔相互连接，无须母版，有较好的抗震性，这有利于提高系统的可靠性。

2. PC/104 plus 总线

PC/104plus（也称为 PC/104+），它与 PC 的 PC/AT 及 PCI 总线兼容，有时也被称为 PC/104 的 PCI I（Peripheral Component Interconnect）总线。PC/104plus 总线实际上包含 ISA 和 PCI 两个总线，其中 PCI 部分称为 PCI-104。PCI-104 连接件为单列三排 120

个总线管脚，其有效信号线和控制线和PCI总线完全兼容。

PC总线由Intel在1992年发布，是目前商业PC总线标准。PCI是一种独立于处理器的数据总线。它有32位和64位两种数据宽度，总线速度可达66MHz，理论数据处理能力32位为264MB/s，64位为528MB/s。大多数计算机和操作系统都支持PCI。因为有大量支持PCI的产品，使得PCI产品既便宜又容易买到。拥有这些优势，PCI总线非常适合在高速计算和高速数据通信领域中应用。

3. PCI/104 Express总线

PCI/104 Express被称为PC/104上的PCI Express＋PCI总线。PCI/104-Express总线同时包含PCI和PCI-Express两个总线，其中PCI-Express部分称为PCIe/104。PCIe/104实际上已是高速串行总线，有20个PCI Express内部总线通道（lane），采用156芯高密堆栈式总线连接器将各个带有Expres总线的PC/104相连。

4. Compact PCI总线

Compact PCI是一种基于标准PCI总线的小巧而坚固的高性能总线技术，它的主要特点有PCI局部总线的电气信号、标准的Eurocard尺寸、高密度气密式针孔连接器、支持"即插即用"功能。

Compact PCI能广泛应用于实时机器控制器、工业自动化、实时数据记录、测控及军用系统，同时也非常适合制作高速计算模块，将它装入加固机箱里则可用于恶劣的工业环境。此外，通过扩充总线宽度，Compact PCI也适用于高速数据通信应用领域。

从理论上看，并行接口总线的数据传输率会高于串行接口，但随着传输率的提高，并行导线的增多，相互之间的干扰和接口成本也会增大。除了在组成高速高性能计算机系统中，会保留部分并行接口，而更多的会采用串行接口。

4.5.4 串行接口总线

串行传输方式由于具有传输线数少、接口电路简单、成本低等特点，所以是计算机在与外部设备进行数据通信时采用的最主要传输方式。

1. RS-232C总线

RS-232C是一种普遍的异步串行通信标准，最少只需用3根信号线，便可实现全双工的通信。它适用于通信距离不大于15m、传输速率小于20Kbps的场合。

RS-232C标准（协议）的全称是EIA RS-2320标准，其中EIA（Electronic Industry Association）代表美国电子工业协会，RS（Recommended Standard）代表推荐标准，232是标识号，C代表RS-232是RS-232B，RS-232A之后的一次修改（1969年）。它规定了连接电缆和机械、电气特性、信号功能及传输过程。

RS-232-C标准最初是为远程通信连接数据终端设备DTE（Data Terminal Equipment）与数据通信设备DCE（Data Communication Equipment）而制定的。通常计算机属于DTE，而调制解调器属于DCE，在两台计算机之间直接传输信息时，两者都可看成是DTE。RS-232C标准中所提到的"发送"和"接收"，是站在DTE立场上来定义的。RS-232C是较早用于计算机之间、计算机与外部设备之间的数据通信协议。目前在PC上的COM1，COM2接口，就是RS-232C接口。

（1）RS-232C的连接器

如图4-47所示，RS-232 C早期使用25芯D型连接器（DB25），插头用于DTE侧，插座用于 DCE 侧。在实际使用中,许多信号线可以省略掉,所以常见的是 9 芯 D 型连接器(DB9)。

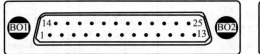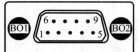

图 4-47　DB25 和 DB9 连接器

(2) 信号线定义

RS-232C 主要信号线定义见表 4-3。

RS-232C 主要信号线定义　　　　　　　　表 4-3

DB-9	DB-25	助记符	信号方向	功能指令
1	8	DCD	DTE←DCE	数据载波检测 data carrier detect
2	3	RXD	DTE←DCE	接收数据 received data
3	2	TXD	DTE→DCE	发送数据 transmitted data
4	20	DTR	DTE→DCE	数据终端就绪 date terminal ready
5	7	SG	—	信号地 signal ground
6	6	DSR	DTE←DCE	数据装置就绪 data set ready
7	4	RTS	DTE→DCE	请求发送 request to send
8	5	CTS	DTE←DCE	清除发送 clear to send
9	22	RI	DTE←DCE	振铃指示 ring indicator

RS-232C 信号线中,最重要是的 TXD(发送数据)和 RXD(接收数据),其次是两对握手信号 RTS(请求发送)和 CTS(清除发送)、DSR(数据装置就绪)和 DTR(数据终端就绪)。RTS 有效时,表示 DTE 将要发送数据,而 CTS 有效时,表示 DCE 可以接收数据了。DSR 有效时,表示 DCE 已有数据发送过来,而 DTR 有效时,表示 DTE 已准备好接收数据了。另外,DCD(数据载波检测)和 RI(振铃指示)是 DCE(如调制解调器)向 DTE 表示外部情况的信号线。

(3) RS-232C 的连接

常见的 RS-232C 连接有两种,一种是作为 DTE 与 DCE 之间的连接,如计算机(DTE)与调制解调器(DCE)的连接,如图 4-48 所示;另一种是 DTE 之间的连接,如两台计算机(DTE)之间的连接,最简单的情况是三线制连接方式(也称零调制三线制),如图 4-49 所示。

2. RS-485 总线

早期推出的 RS-232C 虽然使用广泛,但鉴于其数据传输速率低,传输距离短的缺点,EIA 在 1977 年制定了新标准 RS-449。新标准除了与 RS-232C 兼容外,在提高传输速率、增加传输距离、改进电气性能方面作了很大努力。RS-449 标准有多个子集,分别为 RS-422A、RS-423A 和 RS-485。其中 RS-485 在控制系统中得到了广泛的应用。

RS-485 是 RS-422 的变型,是一种多发送器的电路标准。它进一步扩展了 RS-422A 的性能,允许双导线上一个发送器驱动 32 个负载设备。负载设备可以是被动发送器、接收器或收发器(发送器和接收器的组合)。RS-485 电路允许共用电话线通信。电路结构是

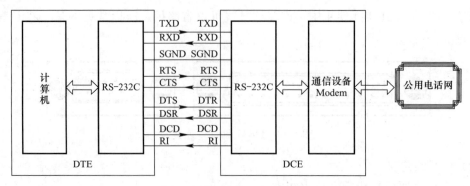

图 4-48 DTE 和 DCE 的连接

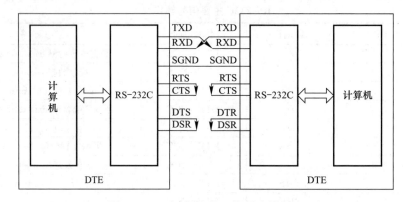

图 4-49 DTE 之间的三线制连接方式

在平衡连接电缆两端有终端电阻（54Ω），在平衡电缆上挂发送器、接收器、组合收发器。使用不同型号电路可方便组成半双工或全双工通信电路。RS-485 最大传输距离可达 1200m，传输速率可达 100Kbps（1200m）～10Mbps（12m）。

在差分平衡系统中，一般选择双绞线作为信号传输线。由于双绞线在长度、方向上完全对称，因而它们所受的外界干扰程度完全相同，干扰信号以共模方式出现。在接收器的输入端由于共模干扰受到抑制，所以能实现信号的可靠传输。

信号在传输线上传输，若遇到阻抗不匹配的情况，会出现反射现象，从而影响信号的远距离传输，因此必须在传输线终端加接匹配电阻来消除反射现象。

在实际应用中，为减少误码率，通信距离越远，通信速率应取低一些。例如，RS-485/RS-422 规定，通信距离为 120m 时，最大通信速率为 1Mbps；若通信距离为 1.2km，则最大通信速率为 100Kbps。

3. I^2C 总线

I^2C 总线（Inter Integrated Circuit Bus，也简称 IIC）是 Philips 公司首先推出的芯片间同步串行传输总线。I^2C 总线与另一个串行总线系统管理总线（SMBus：System Management Bus）基本类似，都是两线式串行总线。在 I^2C 总线上可以挂接各种类型的外围器件，如 RAM、EEPROM、I/O 扩展、A/D、D/A、日历、时钟和许多彩电芯片等。

I^2C 总线的传输速率可达 100Kbps（Standard Mode），400Kbps（Fast Mode），3.4Mbps（High-speed Mode），但 I^2C 属于芯片级总线，不适宜远距离和系统级之间的连接。

I^2C 总线的优点有：

(1) 只用两根连线，大大简化了系统硬件设计。
(2) 便于扩展，容易实现按模块设计，易更换、升级和维修。
(3) 功耗低，电源电压范围宽，抗干扰性能较好。
(4) I^2C 总线已整合在许多接口芯片和单片机内，无须设计额外的接口电路和译码电路。

I^2C 串行总线有两根信号线，一根是双向的数据线 SDA，另一根是时钟线 SCL。所有接到 I^2C 总线上的器件，其串行数据都接到总线的 SDA 线，各器件的时钟线都接到总线的 SCL 线。SDA 和 SCL 都是双向 I/O 线，器件地址由硬件设置，通过软件寻址可避免器件的片选线寻址。

连接到 I^2C 串行总线上的器件（或设备）有主从之分。总线上的数据传输由主器件控制，它发出启动信号启动数据的传输，发出停止信号结束传输，此外还发出时钟信号。被主器件寻访的器件都称为从器件。

为了进行通信，每个接到 I^2C 总线上的器件都有一个唯一的地址，以便于主器件寻访。主器件和从器件的数据传输是双向的，可以由主器件发送数据到从器件，也可以由从器件发到主器件。凡是发送数据到总线的器件被称为发送器，从总线上接收数据的器件被称为接收器。

I^2C 总线上允许连接多个主器件和从器件。为了保证数据可靠地传输，任一时刻总线只能由某一台主器件控制，通常主器件是微处理器。为了妥善解决多台微处理器同时启动数据传输（总线控制权）的冲突，可通过仲裁决定由哪一台微处理器控制总线。I^2C 总线也允许连接不同传输速率的器件。

4. SPI 总线

SPI（Serial Peripheral Interface）串行外围设备接口技术是早期 Motorola 公司推出的一种同步串行通信接口。SPI 采用主从模式（Master Slave）架构，通常 SPI 总线上有一个主设备（Master）和一个或多个从设备（Slave）。由于 SPI 的硬件电路简单，推出历史较长，应用比较广泛，支持 SPI 总线的外围器件很多，如 RAM，EEPROM，A/D 和 D/A 转换器、实时时钟、LED/LCD 驱动器以及无线电音响器件等。

SPI 总线的传输速率取决于连接的芯片，可以实现全双工传输，传输速率比较高，可达几百 Kbps 至几 Mbps。虽然从名称上看，SPI 总线是外设之间的接口，但通常用于芯片间的数据传输，不太适宜远距离和系统级之间的连接，也不太适用于多个主设备之间的通信。

标准的 SPI 总线有 4 根信号线：MISO（Master In/Slave Out），MOSI（Master Out/Slave In），SCK（Serial Clock）和 SS（Save Select）。连接到 SPI 的有主设备和从设备，两者连接到 SPI 总线的信号线方向有所不同，利用 SPI 总线一个主设备与多个从设备进行数据通信的连接如图 4-50 所示，各信号线如表 4-4 所示。

5. 其他串行接口总线

USB（Universal Serial Bus）通用串行总线广泛应用于 PC 与外部设备的连接和通信。USB 接口连接简单，数据传输速率较高（USB 1.0/1.1 为 12Mbps，USB2.0 为 480Mbps，USB3.0 可达 5Gbps），不需要外接电源，支持热插拔，总线还可向设备提供电源（5V/500mA），但 USB 传输距离较短，一般不超过 5m。

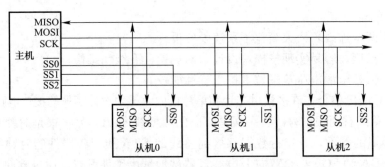

图 4-50 利用 SPI 总线进行数据通信的连接

SPI 总线信号线　　　　　　　　　　表 4-4

引脚	方式	SPI 功能
MISO	主器件	串行数据输入（到 SPI 总线）
	从器件	串行数据输出（来自 SPI 总线）
MOSI	主器件	串行数据输出（来自 SPI 总线）
	从器件	串行数据输入（到 SPI 总线）
SCK	主器件	时钟输出（到 SPI 总线）
	从器件	时钟输入（来自 SPI 总线）
$\overline{SS}$	主器件	选择从器件（到 SPI 总线），低电平有效
	从器件	待选中（来自 SPI 总线），低电平有效

USB 为非对称式接口总线，它由一个主机（Host）控制器和若干通过集线器（Hub）设备以树形连接的设备组成。一个控制器下最多可以有 5 级 hub（包括 Hub 在内），最多可以连接 127 个设备，而一台计算机可以同时有多个控制器。但两个主机间不能直接连接。

在控制系统中，USB 接口除了用于 PC 连接通用的外部输入输出设备外，还可用于 PC 连接高速采样接口板和输出接口板，可通过 USB 接口转换为传统的 RS-232C、RS-485 和并行接口等。

IEEE 1394（也称火线 Fire Wire）也是一个高速串行总线，它并不需要计算机来控制所有设备，也不需要 hub，用网桥可连接成多个 IEEE 1394 网络。IEEE 1394 主要用于连接高速数码产品设备，没有 USB 应用广泛。

1-wire（也称单总线）是 Maxim 全资子公司 Dallas 的一项专有技术。它只采用单根信号线，同时传输时钟和数据，而且数据传输是双向的，在采用寄生供电模式（Parasite Power Mode）时，该信号线还可提供电源。1-wire 具有节省连线资源、结构简单、成本低廉、便于扩展和维护方便等独特的优点。但 1-wire 也有传输距离短、适应面有限等不足。目前，Dallas 公司生产的 1-wire 总线器件约有几十种，主要为 NVRAM、EPROM、温度传感器、实时时钟、可寻址开关和数字电位器等。

从本质上看，目前广泛应用的计算机局域网也是基于串行通信原理的，如 BASE-T 以太网的传输速率可达 10Mbps、100Mbps、1000Mbps，传输距离 100m，通过互连设备可使传输距离更远。

4.6 数据处理技术

由于模拟量输入通道存在非线性、漂移和干扰等因素，数据采集过程中难免包含噪声信号，影响了数据的正确性，因此需要对采集的数据进行预处理，如误差修正、标度变换、线性化处理、报警处理等过程，以保证采集正确的数据。

4.6.1 误差修正

在模拟量输入通道中，一般存在放大器等器件的零点偏移和漂移，会造成放大电路的增益误差及器件参数不稳定等现象，这些都会影响测量数据的准确性，产生的误差属于系统误差。其特点是在一定的测量条件下，变化规律是可以掌握的，产生误差的原因一般也是知道的。因此，系统误差可以通过适当的技术方法来确定并加以校正，一般采用软件程序进行处理，即可对这些系统误差进行自动校准。

1. 数字调零

零点偏移是造成系统误差的主要原因之一，因此零点的自动调整在实际应用中最多，常把这种用软件程序进行零点调整的方法称为数字调零。

在测量输入通道中，数字调零电路如图 4-51 所示。CPU 依次采集 1 路校准电路与 n 路传感变送器送来的电压信号。V_0（接地信号）作为校准信号，理论上电压值为零，经放大电路、A/D 转换电路进入 CPU 的数值也应当为零，而实际上由于零点偏移产生了一个不等于零的数值，这个值就是零点偏移值 N_0；然后依次采集 1, 2, …, n 路，每次采集到的数字量 N_1, N_2, …, N_n 值就是实际值与零点偏移值 N_0 之和。数字调零就是做一次减法运算，使（$N_i - N_0$）的差值成为本次测量的实际值。采用这种方法，可以去掉放大电路、A/D 转换电路本身的偏移及随时间与温度而发生的各种漂移的影响，从而大大降低对这些电路器件的偏移值的要求，降低硬件成本。

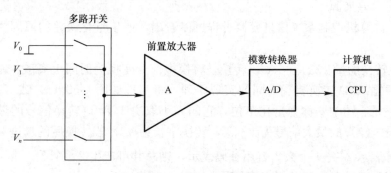

图 4-51 数字调零电路

2. 系统校准

上述数字调零不能校正由传感器本身引入的误差。为了克服这种缺点，可采用系统校准处理技术。

系统校准的原理与数字调零相似，只是把测量电路扩展到现场传感器，而且不是在每次采集数据时都进行校准，在需要校准时，由人工接入标准参数进行校准测量，把测得的数据存储起来，供以后实际测量使用。一般自动校准系统只测一个标准输入信号 V_R，零点漂移的补偿仍由数字调零来完成。

数字调零后测得标准输入信号 V_R 的数据为 N_R，而测得实际被测输入信号 V 时的数据为 N，则可按校准式（4-6）来计算 V。

$$V = \frac{V_R}{N_R} N \tag{4-6}$$

3. 量化误差及有限字长问题

（1）量化误差

设 A/D 转换器字长为 n，针对 $y_{\min} \sim y_{\max}$ 范围内变化的信号，其量化单位 $q = \frac{y_{\max} - y_{\min}}{2^n - 1}$，则模拟电压 x 相当于多少个整量化单位，即可用式（4-7）表示：

$$x = Lq + \varepsilon \tag{4-7}$$

式中，L 为整数，对于余数 $\varepsilon(\varepsilon < q)$ 可以用截尾或舍入来处理。

所谓截尾就是舍掉数值中小于 q 的余数 $\varepsilon(\varepsilon < q)$，其截尾误差为 ε_t：

$$\varepsilon_t = x_t - x \tag{4-8}$$

式中，x 为实际数值，x_t 为截尾后的数值。显然 $-q < \varepsilon_t \leq 0$。

所谓舍入误差，是指当被舍掉的余数 ε 大于或等于量化单位的一半时，则最小有效位加 1；而当余数 ε 小于量化单位的一半时，则舍掉 ε。这时舍入误差为：

$$\varepsilon_r = x_r - x \tag{4-9}$$

式中，x 为实际数值，x_r 为舍入后的数值。显然，$-q/2 < \varepsilon_r \leq q/2$。

通常数值误差源有 3 个：首先被测参数（模拟量）经 A/D 转换器变成数字量时产生了第一次量化误差。在运算之前，运算式的参数（如 PID 算式中的 K_P、T_I、T_D 等）必须预先置入指定的内存单元。由于字长有限，对参数可采用截尾或舍入来处理；另外，在运算过程中也会产生误差，这些是在 CPU 内产生的第二次量化误差。计算机输出的数字量经 D/A 转换器变换为模拟量，在模拟量输出装置内产生了第三次量化误差。

（2）量化误差来源

从图 2-1 计算机控制系统信息变换过程可以看出，产生量化误差的原因主要有以下几个方面。

1）A/D 转换的量化效应　A/D 转换是将模拟信号变换为时间上离散、幅值上量化的数字信号，根据 A/D 转换装置不同的实现原理，将实现如图 4-52（a）或（b）所示的两种输入输出关系。图中 q 称为量化单位，它的大小取决于 A/D 转换信号的最大幅度及转换的字长，设 $y(k)$ 的最大信号为 $\pm y_{\max}$，转换字长为 n_1，若转换后的二进制数用原码表示，则总共可表示 $2^{n_1} - 1$ 个数，若用补码表示，则总共可产生 2^{n_1} 个数。由于在计算机中的数一般采用补码表示，因此可以算得量化单位 q 的大小为：

$$q = \frac{2y_{\max}}{2^{n_1}} = \frac{y_{\max}}{2^{n_1 - 1}} \tag{4-10}$$

式中，q 的大小反映了 A/D 转换装置分辨能力，通常称 $q/2y_{\max} = 2^{-n_1}$ 为 A/D 转换的分辨率，典型的 A/D 转换的位数为 8 位、10 位、12 位或 14 位，其分辨率分别为 0.4%、0.1%、0.025% 或 0.006%。

图 4-52 所示的输入输出关系显示了典型的非线性特性，当 n_1 比较大，例如 $n_1 \geq 12$，即 A/D 转换的分辨率较高时，A/D 转换量化效应对系统性能的影响较小，一般可以忽略

不计,但当 $n_1 \leqslant 10$ 时,它将对系统性能产生影响。

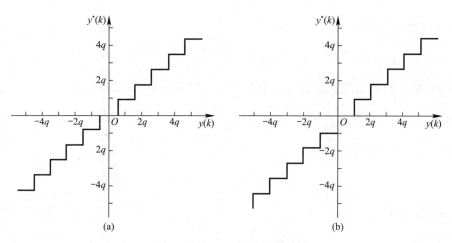

图 4-52 A/D 转换器输出关系
(a) 舍入;(b) 截尾

2) 计算控制规律的量化效应 模拟信号经量化后送入计算机的 CPU 进行控制规律的计算,若计算机字长为 n_2,一般 $n_2 \geqslant n_1$,由于计算所用字长也是有限的,因此计算过程中也产生量化误差;另外,在计算过程中,采用定点还是浮点运算也是很关键的问题,由于浮点运算一般均需要用双倍字长,因此量化误差通常很小,可以忽略不计;但浮点数运算速度较慢,在计算机实时控制中,常对计算速度有很高的要求,因此通常以采用定点计算为主,对于定点数表示,加或减的运算是准确的,主要问题是如何选定合适的比例因子,以避免出现上溢或下溢的问题。对于乘或除的运算,结果产生双倍的字长,但是结果数仍只能用单字长来表示,此时也产生量化误差,这里对于低位数也可采用舍入或截尾两种方法进行处理。

3) 控制参数的量化效应 在进行控制规律的计算时,其中一些参数与要求的参数值也会存在一定的误差,字长越长,这种误差越小。在工程上,由于控制对象的数学模型不精确,其参数误差有时可高达 20%,因而控制器参数也不非常准确,控制参数的量化效应通常可以忽略;但在有些问题中,若问题本身对控制器参数很灵敏,其量化效应可能对系统性能也会产生很大的影响。

4) D/A 转换的量化效应 由于计算所用字长通常比 D/A 转换的字长要长,因此经过 D/A 转换后,控制量也存在如图 4-52 所示的量化效应。

(3) A/D 转换器和 D/A 转换器字长选择
1) A/D 转换器字长选择
为把量化误差限制在所允许范围内,应使 A/D 转换器有足够字长。确定字长要考虑输入信号动态范围和所需的分辨率。

设 A/D 转换输入信号 x 的最大值和最小值之差为:

$$x_{\max} - x_{\min} = (2^{n_1} - 1)\lambda \tag{4-11}$$

式中, n_1 为 A/D 转换器的字长,λ 为转换当量(mv/bit)。则动态范围为:

$$2^{n_1} - 1 = \frac{x_{\max} - x_{\min}}{\lambda} \tag{4-12}$$

因此，A/D 转换器字长为：

$$n_1 \geqslant \log_2\left(1 + \frac{x_{\max} - x_{\min}}{\lambda}\right) \tag{4-13}$$

有时对 A/D 转换器的字长要求以分辨率形式给出。分辨率定义为：

$$D = \frac{1}{2^{n_1} - 1} \tag{4-14}$$

例如，8 位的分辨率为：

$$D = \frac{1}{2^8 - 1} \approx 0.0039215$$

16 位的分辨率为：

$$D = \frac{1}{2^{16} - 1} \approx 0.0000152$$

如果所要求的分辨率为 D_0，则字长：

$$n_1 \geqslant \log_2\left(1 + \frac{1}{D_0}\right) \tag{4-15}$$

例如，某温度控制系统的温度范围为 0～200℃，要求分辨为 0.005（即相当于 1℃），可求出 A/D 转换器字长：

$$n_1 \geqslant \log_2\left(1 + \frac{1}{D_0}\right) = \log_2\left(1 + \frac{1}{0.005}\right) \approx 7.65$$

因此，选取 A/D 转换器字长 n_1 为 8 位。

2）D/A 转换器字长选择

D/A 转换器输出一般都通过功率放大器驱动执行机构。设执行机构最大输入值为 $u_{\max}$，最小输入值为 $u_{\min}$，灵敏度为 λ，参照式（4-13）可得 D/A 转换器的字长：

$$n_1 \geqslant \log_2\left(1 + \frac{u_{\max} - u_{\min}}{\lambda}\right) \tag{4-16}$$

即 D/A 转换器的输出应满足执行机构动态范围的要求。一般情况下，可选 D/A 字长小于或等于 A/D 字长。

常用的 A/D 和 D/A 转换器字长为 8 位、10 位和 12 位，按照上述公式估算出的字长取整后再选这 3 种之一。特殊被控对象，可选更高分辨率（如 14 位、16 位）的 A/D 和 D/A 转换器。

4.6.2 标度变换

实际被控对象各种参数都有不同量纲和数值，经过数据采集、A/D 转换后，这些参数变为无量纲的二进制数据，当系统在执行显示、记录、打印和报警等操作时，必须将这些二进制数据还原为具有相应量纲的物理量，这就需要进行标度变换。

标度变换的任务是把检测的对象参数的二进制数值还原为原物理量的工程实际值。图 4-53 所示为标度变换原理图，某热电偶将现场温度 0～1200℃ 转换为 0～48mV 信号，经运算放大器放大到 0～5V，再由 8 位 A/D 转换成 00～FFH 的数字量，这一系列过程由输入通道完成，CPU 读入该数字信号后经过内部运算处理，当需要显示时，必须将这一无量纲的二进制数值还原为实际的温度值，就是将最小值 00H 变换为对应的 0℃，最大值 FFH 变换为对应的 1200℃。

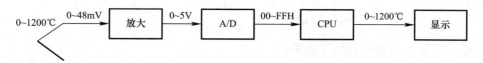

图 4-53　标度变换原理图

标度变换有不同的算法，取决于被测参数的工程量与转换后数字量之间的函数关系。一般而言，模拟量输入通道中的放大器、A/D 转换器是线性的，因此，传感器的输入输出特性就决定了这个函数关系的表达形式，也就决定了不同的标度变换方法。以下为几种主要的标度变换方法。

1. 线性标度变换

线性标度变换是最常用的标度变换方法，其前提条件是传感器的输出信号与被测参数之间呈线性关系。数字量 N_x 对应的工程量 A_x 的线性标度变换公式为：

$$A_x = (A_m - A_0) \frac{N_x - N_0}{N_m - N_0} + A_0 \tag{4-17}$$

式中　A_0——一次测量仪表的下限（测量范围最小值）；

A_m——一次测量仪表的上限（测量范围最大值）；

A_x——实际测量值（工程量）；

N_0——仪表下限所对应的数字量；

N_m——仪表上限所对应的数字量；

N_x——实际测量值所对应的数字量。

该式为线性标度变换的通用公式，其中 A_0，A_m，N_0，N_m 对某一个具体的被测参数与输入通道来说都是常数，不同的参数有着不同的值。为使程序设计简单，一般把一次测量仪表的下限 A_0 所对应的 A/D 转换值置为 0，即 $N_0 = 0$。这样变换公式可写成：

$$A_x = (A_m - A_0) \frac{N_x}{N_m} + A_0 \tag{4-18}$$

在很多测量系统中，仪表下限值 $A_0 = 0$，此时进一步简化为：

$$A_x = A_m \frac{N_x}{N_m} \tag{4-19}$$

2. 非线性标度变换

如果传感器的输出信号与被测参数之间呈非线性关系时，上面的线性标度变换式均不适用，需要建立新的标度变换公式。由于非线性参数的变化规律各不相同，故应根据不同的情况建立不同的非线性变换式，但前提是它们的函数关系可用解析式来表示。

例如，在差压法测流量中，流量与差压间的关系为：

$$Q = K\sqrt{\Delta P} \tag{4-20}$$

式中　Q——流体流量；

K——刻度系数，与流体的性质及节流装置的尺寸有关；

ΔP——节流装置前后的差压。

可见,流体的流量与被测流体流过节流装置前后产生的压力差的平方根成正比,于是得到测量流量时的标度变换公式为:

$$Q_x = (Q_m - Q_0)\sqrt{\frac{N_x - N_0}{N_m - N_0}} + Q_0 \tag{4-21}$$

式中 Q_0——差压流量仪表的下限值;

Q_m——差压流量仪表的上限值;

Q_x——被测液体的流量测量值;

N_0——差压流量仪表下限所对应的数字量;

N_m——差压流量仪表上限所对应的数字量;

N_x——差压流量仪表测得差压值所对应的数字量。

对于流量仪表,一般下限皆为0,即$Q_0=0$,若取流量表的下限对应的数字量$N_0=0$,又Q_m、N_m都是常数,还可进一步简化。

3. 其他标度变换法

更多的非线性传感器并不能写出一个简单的标度变换公式,或者虽能写出,但计算相当困难,此时可采取多项式插值法、线性插值法、查表法等来进行标度变换计算。

4.6.3 线性化处理

虽然实际传感器大多数是非线性的,但是控制系统希望输入输出特性是线性的,这样可以减少计算量、提高运算速度、满足线性刻度、使用方便,因此,可对实际的参数之间进行线性化处理。

1. 线性插值法

(1) 线性插值原理

设某传感器输入信号X和输出信号Y之间的关系如图4-54所示,从图中可以看出:

1) 曲线斜率变化越小,替代直线越逼近特性曲线,则线性插值法带来的误差就越小。因此,线性插值法适用于斜率变化不大的特性曲线的线性化。

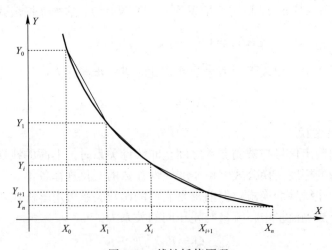

图4-54 线性插值原理

2) 插值基点取得越多,替代直线越逼近实际的曲线,插值计算的误差就越小。因此,只要插值基点足够多,就可以获得足够的精度。

(2) 线性插值的计算机实现

利用计算机实现线性插值的步骤如下:
1) 用实验法测出传感器输出特性曲线,应尽可能保证该曲线的精确性;
2) 选取插值点,将绘制好的曲线分段;
3) 计算并存储各相邻插值点间逼近曲线的斜率 K_i;
4) 计算 $X-X_i$;
5) 读出 X 所在区间的斜率 K_i,计算 $K_i(X-X_i)$;
6) 计算 $Y=X_i+K_i(X-X_i)$。

根据以上步骤可以画出计算机实现的线性插值计算流程图,如图 4-55 所示。

2. 二次抛物线插值法

二次抛物线插值法就是通过特性曲线上三点做一条抛物线,用此抛物线替代特性曲线进行参数计算。由于抛物线比直线能更好地逼近特性曲线,所以抛物线插值法能够提高非线性补偿的精度。线性插值法和抛物线插值法补偿精度比较如图 4-56 所示。

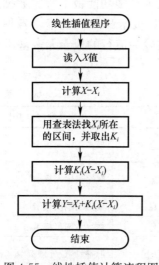

图 4-55 线性插值计算流程图　　图 4-56 线性插值法和抛物线插值法补偿精度比较

4.6.4 报警处理

在计算机控制系统中,根据工艺参数与设备运行要求,都设有重要参数上、下限监测及报警系统,以便提醒操作人员采取相应措施。其方法就是把计算机采集的数据经数字滤波、标度变换处理之后,与该参数上、下限给定值进行比较,如果高于(或低于)上限(或下限),则进行报警,否则就作为采样的正常值,以便进行显示和控制。例如,锅炉水位自动调节系统中,水位的高低是非常重要的参数,水位太高将影响蒸汽的产量,水位太低则有爆炸的危险,所以要做越限报警处理。

越限报警是常见而又实用的一种报警形式,它分为上限报警、下限报警及上下限报警。如果需要判断报警参数是 x_n,该参数的上下限约束值分别是 x_{max} 和 x_{min},则上下限报警的物理意义如下。

(1) 上限报警:若 $x_n > x_{max}$,则上限报警,否则继续执行原定操作。

（2）下限报警：若 $x_n < x_{min}$，则下限报警，否则继续执行原定操作。

（3）上下限报警：若 $x_n > x_{max}$，则上限报警，否则对下限作判别：$x_n < x_{min}$ 否？若是则下限报警，否则继续执行原定操作。

根据以上规定，程序可以实现对被控参数 y、偏差 e 以及控制量 u 进行上下限检测等处理。

4.7 典型 I/O 接口板卡

工业控制计算机（Industrial Personal Computer，简称 IPC）通过基于 PC 总线的板卡进行实时数据采集，并按照一定的控制规律实时决策，产生控制指令，并通过板卡输出，对被控过程直接进行控制。

基于 PC 总线的板卡是指计算机厂商为了满足用户需要，利用总线模板化结构设计的通用功能模板。基于 PC 总线的板卡种类很多，其分类方法也有很多种。根据板卡处理信号的不同可以分为模拟量输入板卡（A/D 卡）、模拟量输出板卡（D/A 卡）、数字量输入板卡（DI 卡）、数字量输出板卡（DO 卡）、脉冲量输入板卡、多功能板卡等。数据采集卡的种类和用途如表 4-5 所示。根据总线的不同，可分为 PC 板卡和 ISA 板卡。各种类型板卡依据其所处理的数据不同，都有相应的评价指标，现在较为流行的板卡大多基于 PCI 总线设计的。

数据采集卡的种类和用途   表 4-5

输入/输出信息来源及用途	信息种类	相配套的接口板卡产品
温度、压力、位移、转速、流量等来自现场设备运行状态的模拟电信号	模拟量输入信息	模拟量输入板卡
限位开关状态、数字装置的输出数码、接点通断状态"0""1"电平变化	数字量输入信息	数字量输入板卡
执行机构的测控执行、记录等（模拟电流/电压）	模拟量输出信息	模拟量输出板卡
执行机构的驱动执行、报警显示蜂鸣器、其他（数字量）	数字量输出信息	数字量输出板卡
流量计算、电功率计算、转速、长度测量等脉冲形式输入信号	脉冲量输入信息	脉冲计数/处理板卡
操作中断、事故中断、报警中断及其他需要中断的输入信号	中断输入信息	多通道中断控制板卡
前进驱动机构的驱动控制信号输出	间断信号输出	步进电机测控板卡
串行/并行通信信号	通信收发信息	多口 RS-232/RS-422 通信板卡
远距离输入/输出模拟（数字）信号	模拟/数字量远端信息	远程 I/O 板卡（模块）

数据采集卡的性能优劣对整个计算机控制系统举足轻重。选购时不仅要考虑其价格，更要综合考虑、比较其质量、软件支持能力、后继开发和服务能力。还有其他一些专用 I/O 板卡，如智能接口卡、虚拟存储板（电子盘）、信号调理板、专用（接线）端子板等，这些种类齐全、性能良好的 I/O 板卡与 IPC 配合使用，使系统的构成十分容易。

1. 模拟量输入卡（A/D 卡）

在计算机控制系统中，输入信号往往是模拟量，这就需要一个装置把模拟量转换成数字量，各种 A/D 芯片就是用来完成此类转换的。在实际系统中，不是以 A/D 芯片为基本单元，而是制成商品化的 A/D 板卡。对应用设计人员来讲，只需要合理地选用商品化的 A/D 转换板卡，掌握它们的功能和使用方法。

模拟量输入板卡根据使用的 A/D 转换芯片和总线结构不同，性能有很大的区别。板卡通常有单端输入、差分输入以及两种方式组合输入三种。板卡内部通常设置一定的采样缓冲器 FIFO（先入先出存储器），对采样数据进行缓冲处理，缓冲器的大小也是板卡的性能指标之一。在抗干扰方面，A/D 板卡通常采取光电隔离技术，实现信号的隔离。板卡模拟信号采集的精度和速度指标通常由板卡所采用的 A/D 转换芯片决定。

例如，图 4-57 所示为研华 PCI-1713U 32 路隔离高速模拟量输入卡。该板卡具有 32 路单端或 16 路差分模拟量输入，或组合输入方式，12 位 A/D 转换分辨率，A/D 转换器的采样速率可达 100KS/s，每个输入通道的增益可编程，卡上有 4K 采样 FIFO 缓冲器，2500VDC 隔离保护，支持软件、内部定时器触发或外部触发。

2. 模拟量输出卡（D/A 卡）

计算机内部处理采用的是数字量，而执行采用的是模拟量。计算机通过 D/A 板卡将数字量转化为模拟量，从而通过控制执行机构的动作去控制生产过程或外部设备。

D/A 转换板卡同样依据其采用的 D/A 转换芯片的不同，转换性能指标有很大的差别。例如，图 4-58 所示为研华 PCI-1720U 4 路隔离模拟量输出卡。该板卡具有四路 12 位 D/A 输出通道，多种输出范围，系统重启后保持输出设置和输出值，具有便于接线的 DB-37 接口，是通用 PCI 和板卡 ID 开关。由于能够在输出和 PCI 总线之间提供 2500V DC 的直流隔离保护，PCI-1720U 非常适合需要高电压保护的工业场合。

图 4-57 研华 PCI-1713U 32 路隔离
高速模拟量输入卡

图 4-58 研华 PCI-1720U 4 路隔离
模拟量输出卡

3. 数字量输入/输出卡（I/O 卡）

计算机控制系统通过数字量输入板卡采集现场的离散输入信号，并通过数字量输出板卡对控制设备进行开关式控制（二位式控制）。将数字量输入和数字量输出功能集成在一块板卡上，就称为数字量输入/输出板卡，简称 I/O 板卡。

例如，图 4-59 所示为研华 PCI-1730U 32 路隔离数字量输入/输出卡，它提供了 16 路数字量输入和 16 路数字量输出，高输出驱动能力和中断能力，2 个 20 针接口用于隔离数字量 I/O 通道，2 个接口用于 TTL 数字量 I/O 通道，具有用于隔离输入和输出通道的 D 型接口，隔离保护电压可达到 2500V DC，是要求采取高电压隔离工业应用的理想选择。此外，所有输出通道都提供高电压保护。

图 4-59 研华 PCI-1730U 32 路隔离数字量输入/输出卡

4. 脉冲量输入/输出板卡

控制现场有许多高速的脉冲信号，如旋转编码器、流量检测信号等，这些都要用脉冲量输入板卡或一些专用测量模块进行测量。脉冲量输入/输出板卡可以实现脉冲数字量的输出和采集，并可以通过跳线器选择计数、定时、测频等不同工作方式，计算机可以通过该板卡方便地读取脉冲计数值，也可测量脉冲的频率或产生一定频率的脉冲。考虑现场强电的干扰，该类型板卡多采用光电隔离技术，使计算机与现场信号之间全部隔离，来提高板卡测量的抗干扰能力。

例如，图 4-60 所示为研华 PCI-1780U 8 通道计数器/定时器卡。该卡使用了 AM9513 芯片，能够通过 CPLD 实现计数器/定时器功能。此外，该卡还提供 8 个独立 16 位计数器通道，并具有 8 通道可编程时钟资源，8 路 TTL 数字量输出/8 路 TTL 数字量输入，最高输入频率达 20MHz，有多种时钟可以选择，可编程计数器输出，同时有计数器门选通功能，灵活的中断源选择，以及 BoardID^{TM} 开关。

5. 多功能板卡

多功能板卡可以集成多个功能，如数字量输入/输出板卡将模拟量输入和数字量输入/输出集成在同一张卡上。

例如，图 4-61 所示为研华 PCI-1710 总线多功能数据采集卡，是一款功能强大的低成本多功能 PCI 总线数据采集卡。该板卡提供 16 路单端或 8 路差分模拟量输入，或组合方式，12 位 A/D 转换分辨率，采样速率可达 100KS/s，每个输入通道的增益可编程，单端或差分输入自由组合，卡上有 4K 采样 FIFO 缓冲器。此外，还提供 2 路 12 位模拟量输出，16 路数字量输入及 16 路数字量输出，具有可编程触发器/定时器，以及短路保护等功能。

图 4-60 研华 PCI-1780U 8 通道计数器/定时器卡

图 4-61 研华 PCI-1710 总线多功能数据采集卡

思 考 题

4.1 简述工业计算机控制系统中输入/输出通道的分类与功能。

4.2 采用 74LS244 和 74LS273 与 PC 总线工业控制计算机连接，设计 8 路数字量

（开关量）输入接口和 8 路数字量（开关量）输出接口，试画出接口电路原理图。

4.3 请分别说明计算机控制系统中模拟量输出通道与输入通道的结构和组成。

4.4 采用 DAC0832 和 PC 总线控制工控机连接，试分别画出单缓冲和双缓冲连接方式的接口电路原理图。

4.5 简述模拟量输入通道中的采样过程、量化和孔径时间的概念。

4.6 简述总线与接口的分类及其二者之间的联系和区别。

4.7 简述计算机控制系统中串行接口总线的类别与特点。

4.8 某加热炉温度变化范围为 0~2000℃，要求其计算机控制系统的分辨率为 4℃，温度变送器输出范围为 0~5V。若 A/D 转换器的输入范围为 0~5V，则 A/D 转换器的字长应为多少位？若 A/D 转换器的字长不变，现在通过变送器零点迁移而将信号零点迁移到 500℃，此时计算机控制系统对炉温变化的分辨率为多少？

4.9 某反应器内压力变化范围为 0~1.0MPa，经压力变送器变换为 1~5V 电压送至 ADC0809，ADC0809 的输入范围为 0~5V。若此时 ADC0809 的转换结果为 99H，那反应器内压力实际为多少？

第5章　控制系统的可靠性与抗干扰技术

5.1　可靠性的基本概念

所谓建筑智能计算机控制系统的可靠性主要是指在建筑设备计算机控制的现场条件下，在一定时间内，按照指定的性能指标要求，完成有关控制任务的能力。可靠性设计的主要目的是减少系统故障发生的概率，提高系统的无故障工作时间，抗干扰技术是提高可靠性的关键技术之一。

5.1.1　可靠性定义

建筑智能计算机控制系统的运行环境往往存在各种干扰，它会影响系统的正常工作，轻则影响控制精度，重则可能使系统失灵瘫痪。控制系统通常要求长期连续工作，不能随意关机、复位或重新启动。这就要求控制系统具备很高的可靠性，否则一旦出现故障，就可能酿成重大事故，造成重大经济损失。

综上所述，控制系统的可靠性是指在一定条件下，在规定时间段内完成规定功能的能力。一定条件包括环境条件（如温度、相对湿度、粉尘、气体、振动、电磁干扰等）、工作条件（如电源电压、频率允许波动的范围、负载阻抗、允许连接的用户终端数等）、操作和维护条件（如开机关机过程、正常操作步骤、维修时间和次数等）。规定时间是可靠性的重要特征，常以数学形式表示可靠性的基本参数，如可靠度、失效率、平均故障间隔时间（Mean Time Between Failures，MTBF）、平均维护时间（Mean Time To Repair，MTTR）等。规定的功能是指控制系统能完成任务的各项性能指标。对于不同的系统，规定功能是不同的，如对温度的控制系统，规定的功能有温度控制范围、控制精度和过渡过程时间等。

5.1.2　可靠性设计的一般原则

可靠性技术与可靠性设计是产品研发与系统工程设计中的一个专门技术领域，涉及一系列的可靠性理论与可靠性设计方法。在此仅对建筑智能计算机控制系统可靠性设计的一些共性问题做简要介绍。可靠性设计的原则一般包括以下几方面：

（1）在满足系统功能的前提下，应尽可能简化系统结构。一般情况下，系统结构越复杂，系统的可靠性相对越低，或者相应的可靠性设计越复杂，代价也越高。

（2）不必追求过高的性能指标和过多的系统功能。同样，过高的性能指标和过多的系统功能也会增加系统的复杂性，系统越复杂，影响系统可靠性的因素就越多。

（3）合理划分系统硬件、软件功能。对于建筑智能计算机控制系统而言，一般情况下，一个相对完善且不太复杂的软件功能模块的可靠性比实现同样功能的硬件或硬件模块的可靠性要高，因为硬件可靠性不仅取决于各个元器件本身的可靠性，还取决于这些元器件之间的相互联系，并受到使用时间的影响，从而使硬件元器件失效的概率一般也大于程序失效概率。因此,在系统功能划分时,在实时性满足要求的情况下,能够用不太复杂的软件实现的功能尽量用软件实现。

(4) 控制系统必须具备良好的散热条件。控制系统涉及大量的电子元器件,这些元器件的参数对温度具有一定的敏感性。一般情况下,温度每升高 10℃,失效率可能提高一倍。同时,温度升高,电路绝缘能力与金属的防腐能力也会下降。因此,系统散热设计也是可靠性设计的一个重要方面。

(5) 电路连接一定要可靠。电子电路中的焊点虚焊或断裂、接插件的松动往往是发生概率最高的一类故障。因此,在系统设计时就应考虑焊点的可靠性与接插件的紧固性等问题,并尽量少用接插件。

(6) 由于控制系统的应用环境较为复杂,根据不同的应用环境,一般还应考虑系统或相应部件的机械防振、防尘、防辐射、防潮、防水等相关设计。

5.1.3 硬件可靠性设计

硬件失效或发生故障的概率一般高于软件故障。因此,硬件可靠性设计一方面从元器件本身着手,筛选可靠性高的元器件,另一方面则要提高发生元器件故障时的硬件容错能力。

1. 元器件的选择

元器件的可靠性通常用元器件的失效率来衡量。失效率是指元器件工作到 t 时刻后,在单位时间内发生故障的概率。在工程上,通常定义为系统运行到 t 时刻时,单位时间内发生故障的元器件数与时刻 t 时完好的元器件数之比。

电子元器件的典型失效率曲线如图 5-1 所示。第一部分为早期失效期,这一时期内引起产品失效的主要原因是生产过程中的缺陷,随着 t 的增加这种情况迅速减少。第二部分为偶然失效期,失效率很低,并且几乎与时间 t 无关,这一时期也称为寿命期,它持续的时间很长。通常研究的可靠性一般是指产品在偶然失效期的可靠性指标。第三部分为损耗失效期,这一时期内产品已达到其寿命,失效率迅速上升。

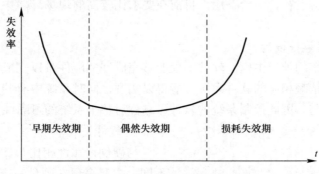

图 5-1 电子元器件的典型失效率曲线

为使元器件能够长期稳定地工作,必须使其渡过早期失效期,进入偶然失效期,这一步骤就是元器件的老化。采用的方法是在正式使用前将元器件在严格的条件下加电工作一段时间,例如对 74 系列元器件加电后将其环境温度以 8h 为周期在 0～70℃ 之间循环,工作 3～10d 后进行筛选,这样得到的元器件基本上可进入偶然失效期,用它们构成的系统工作稳定,可靠度高。

另外元器件的选择应尽可能地选择质量信誉高的制造商所生产的产品。当元器件工作在其额定参数下，适当的降级使用可以使元器件的失效率降低一到两个数量级。元器件的额定工作条件包括多个方面，如电气条件、机械条件、环境条件等，当确定了工作条件后，应选用额定值远高于工作条件的元器件。例如，对于电阻器，额定功率应是工作功率的2倍以上，对于电容器，额定电压应是其工作电压的2.5倍以上。

2. 硬件容错技术

任何元器件都不可能永远不失效。因此，当系统中一些关键部件或功能模块出现故障时，是否可以采用相应的措施以确保故障发生时系统仍能正常工作，而不会对系统造成较大影响？这通常称为容错技术。所谓容错技术，是指在容忍和承认系统局部错误或故障的前提下，考虑如何消除、抑制和减少这些错误或故障对整个系统影响的技术。硬件容错通常利用硬件冗余技术来实现，其实质是利用资源来换取高的可靠性。

硬件冗余可以在元器件级、部件级、分系统级乃至系统级上进行。这种系统，只要有一套元部件或一套分系统不发生故障，系统便可继续工作。硬件发生故障一般可分为两类，一类是独立故障，即系统中各个备份的元部件或分系统的故障彼此独立；另一类是相依性故障，即系统中各个备份的元部件或分系统的故障相互影响。

针对不同的故障类型，硬件冗余一般有工作冗余与后备冗余两种基本方式。工作冗余（独立故障）：每个备份的元部件或分系统与正常工作的元部件或分系统均同时工作，只有待所有备份的元部件或分系统都失效时，系统才失效。后备冗余（相依性故障）：所有备份的元部件或分系统中，只有一个处于正常工作状态，其余均为备用件。若正在运行的模块发生故障时，它便被切除而由备用模块取代，直到最后一个备用部件或分系统发生故障后，系统才出现故障。

对于计算机控制系统，后备冗余一般分为模块级与系统级。对于模块级，这些模块通常连接于一个多路开关，并配备相应的故障检测机构。当检测到正在运行的模块发生故障时，则通过多路开关切换到备用模块上。而对于系统级后备冗余，最常见的是双机冗余系统，系统中一台运行，一台备用。目前在要求比较高的现场环境中，也有采用三冗余系统的。

5.1.4 软件可靠性设计

软件是整个系统的神经中枢。软件不仅能够完成许多硬件难以完成的功能，而且不少硬件的功能也需要依赖相应的软件系统才能得以实现，同时系统中有些硬件故障的检测与排除也需要软件参与，因此控制系统的软件可靠性对整个系统的可靠性具有重要意义。

1. 软件失效率

与硬件可靠性相比，软件可靠性有明显的不同，主要表现在硬件有老化和损耗的现象，而软件设计完成后却不会发生变化，也没有磨损现象，只有陈旧落后的问题。因此软件的失效率与前面介绍的元器件的失效率也有所不同，图5-2是软件失效率曲线。

在图5-2中，第1部分故障率较高，此时故障原因是设计过程中残留的逻辑错误，随着

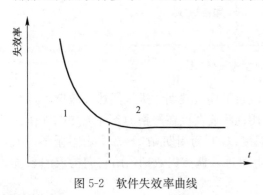

图5-2 软件失效率曲线

使用时间的增长,这些错误逐渐被发现和改正。第 2 部分,软件的逻辑错误几乎为零,因此失效率也接近为零,表明软件已逐渐成熟。因此,要保证软件具有高可靠性,主要是设法保证软件在投入现场使用前,已进入成熟阶段。

2. 软件缺陷与软件测试

软件缺陷是导致软件失效的一个根本原因。所谓软件缺陷,是指计算机软件或程序中存在的某种破坏正常运行能力的问题、错误或隐藏的功能缺陷。缺陷的存在会导致软件产品在某种程度上无法满足用户的要求。根据缺陷的严重程度不同,有些缺陷可能只导致软件的局部功能失效,而有的缺陷在被激发后则可能导致整个系统的失效或混乱。因此软件缺陷需要尽量避免或减少。

但是在软件开发过程中,软件缺陷的产生是不可能彻底避免的。软件缺陷除与软件本身的复杂程度有关,还与开发人员的专业水平以及项目管理的规范性有关。为了减少软件开发过程留下的软件缺陷,必须遵循严格的软件开发与设计规范。

由于软件缺陷通常具有隐蔽性,不少缺陷难以在设计过程中直接发现,而是在软件使用过程中,在适当的条件下这些缺陷才得以激发和暴露。因此,软件测试就成为软件开发过程的一个重要组成部分。软件测试的目的,一方面是检验软件的功能,另一方面是尽量发现软件存在的缺陷,并进行修正。因此软件测试还必须能够模仿各种缺陷的诱发机制或条件。一般情况下,一个设计良好的软件测试过程,可以发现大部分由软件设计过程留下的软件缺陷。

对于计算机控制系统的软件设计而言,除了严格按照相应的软件开发规范进行设计之外,还需要模拟现场运行的各种情况进行软件测试,以排除缺陷,提高软件系统的可靠性。

3. 软件容错技术

软件容错技术有两层含义:一是对软件自身缺陷的容忍、屏蔽或恢复能力;二是对外界因素引起的错误具有较好的防错纠错能力。与硬件容错技术类似,软件容错也是以冗余技术为主。

(1) 软件冗余

软件冗余是通过提供足够的冗余信息和算法程序,使系统在实际运行时能够及时发现程序设计错误,采取补救措施,以提高软件可靠性,保证整个控制系统的正常运行。常用的软件冗余技术包括 N 版本法与恢复块法。

N 版本法是一种静态的故障屏蔽技术。在 N 版本软件系统中,有 N 个不同的模块同时独立地执行,每个模块以不同的方式完成相同的任务,各自向表决器提交它们的结果,由表决器确定正确的结果,并作为模块的结果返回。利用设计多样性得到 N 版本软件系统能克服大多数软件中出现的设计故障。N 版本软件的一个重要特性是系统包含多个版本软件,目的是增加差异以避开共有的故障。开发 N 版本软件过程中,对于每个不同版本,尽可能以不同的方式实现,并有不同的设计人员独立设计,N 版本软件才能真正做到容错。

恢复块法是最早的软件容错方案之一,与判决器一起使用,判决器用于确认同一算法的不同执行结果。在使用恢复块的系统中,系统被划分成一个个故障恢复模块,每个块包含一个首要执行的模块和用来替换的模块。首要执行模块在第一时间运行,其输出要通过接受测试来检查可接受性。当接受测试判断输出不可接受时,系统将恢复到首要执行模块运行之前的状态，然后调用第二个模块，运行获得结果并进行接受测试，如此往复循环，直到用完所有的模块，或超出规定的时间限制。使用恢复块法会引起时间开销，包括保存全局状态和启动一个或多个替换模块。这时的恢复块系统很复杂，因为在重试下一个系统之前，需要系统状态具有回滚能力。

（2）时间冗余

时间冗余是以牺牲时间来换取设备高可靠性的一种手段。以重复执行指令或程序来消除瞬时错误带来的影响，当指令执行结果有错误则产生错误恢复请求信号，重复执行该指令。

（3）信息冗余

信息冗余是为了检测和纠正信息在运算或传输过程中的错误而外加的一部分冗余信息码。在通信或计算机系统中，信息常以编码的形式出现，编码技术是冗余容错技术在信息领域里的具体应用。采用奇偶码、循环码等冗余码作为校验码和纠错码。

（4）针对输入参数错误的容错设计

软件输入参数的偶然错误也是引发系统故障的一个重要原因。因此，在相关软件设计中，应针对软件输入参数进行必要的容错设计，包括对输入参数的判断、分析、比较，以确定其是否符合当前的正常状况。如不符合，则要求重新输入参数或自动调整为与系统当前状态相适应的参数，以避免参数错误对系统的不利影响或导致系统故障。

（5）针对人为操作错误的容错设计

计算机控制系统离不开现场操作人员的干预，而人难免会出现错误操作，有些错误操作可能导致十分严重的后果。因此控制系统还必须针对这类人为操作错误具备较好的容错能力。例如针对一些可能引起严重后果的错误操作进行强制性保护设计，以预防这类错误操作的发生或消除其影响。而对一些可能是错误操作但不致引起严重后果的人为操作进行必要的提示性防护。

5.2 硬件抗干扰技术

所谓干扰是指有用信号以外的噪声或造成计算机设备不能正常工作的破坏因素。对于建筑智能计算机系统来说，干扰源可能来自外部，也可能来自内部。外部干扰与系统结构无关，而是由外界环境因素决定的。内部干扰则是由系统结构、制造工艺等决定的。外部干扰主要是空间电或磁的影响，比如各种电气装置（电机、家电和交通工具等）的启停以及运行中发出的电磁波、太阳以及其他天体发出的电磁波、供电电源的波动以及沿供电线路串入的干扰等。环境温度、相对湿度等气象条件也是外来干扰。内部干扰主要是分布式电容、分布式电感引起的耦合感应，电磁辐射感应，长线传输的波反射，多点接地造成的电位差引起的干扰，寄生振荡引起的干扰，甚至元器件产生的噪声也属于内部干扰。

计算机抗干扰措施有硬件措施也有软件措施。硬件措施如果得当，可以将绝大多数干扰拒之门外。硬件抗干扰一般不需经过CPU，因此运行效率高，但要增加系统的投资和设备的体积。

干扰的传输途径有辐射和传导两大类。对于辐射传输的干扰，消除干扰的措施主要是屏蔽技术，对于传导传输的干扰，则要根据具体情况采取相应的措施。

5.2.1 屏蔽技术

屏蔽技术主要包括以下几方面：

(1) 电场屏蔽：抑制电路之间由于分布电容的耦合而产生的电场干扰。方法是利用低电阻金属材料的屏蔽体，屏蔽效果依赖于该屏蔽体对地连接的质量。

(2) 电磁场屏蔽：防止高频电磁场对电路的影响。方法是屏蔽加滤波，屏蔽罩用非磁性材料制作，不能有孔缝，并让屏蔽罩接地，在受干扰设备的输入端加入 LC 组合的滤波器。

(3) 磁场屏蔽：将低频磁场干扰限制在屏蔽体内。方法是利用高导磁率的金属材料做屏蔽罩，要求屏蔽罩不能有孔缝，屏蔽物的厚度影响屏蔽效果。

(4) 导线屏蔽：在信号线上加一个金属编织的网状屏蔽套，从而屏蔽两点之间由于单根导线连接而产生的干扰。在使用屏蔽套时，屏蔽套必须接地。

5.2.2 过程通道抗干扰技术

1. 串模干扰及其抑制方法

所谓串模干扰是指叠加在被测信号上的干扰噪声。串模干扰和被测信号在回路中所处的地位是相同的，输入信号是两者之和。串模干扰也称为常态干扰，如图 5-3 所示，U_s 为信号源，U_n 为干扰源。

串模干扰的抑制方法应根据干扰信号的特性和来源采用不同的措施。

(1) 如果串模干扰信号频率比被测信号频率高，则采用输入低通滤波器来抑制高频串模干扰；如果串模干扰信号频率比被测信号频率低，则采用高通滤波器来抑制低频串模干扰；如果串模干扰信号频率落在被测信号频谱的两侧，则应采用带通滤波器。一般情况下串模干扰信号频率都比被测信号频率高，因此低通滤波器是最常用的串模干扰抑制措施。

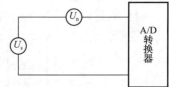

图 5-3 串模干扰示意图

(2) 对于尖峰型串模干扰，用双积分式 A/D 转换器可以削弱串模干扰的影响。因为此类转换器对输入信号的平均值而不是瞬时值进行转换，所以对尖峰干扰具有抑制能力。如果取积分周期等于主要串模干扰的周期或整数倍，则通过积分比较变换后，对串模干扰有更好的抑制效果。

(3) 对于串模干扰主要来自电磁感应的情况，对被测信号应尽可能早地进行前置放大，从而达到提高回路中信号噪声比的目的，也可采用隔离或屏蔽的措施。

(4) 通过逻辑器件的选择也可抑制串模干扰。此时可采用高抗扰度逻辑器件，通过高阈值电平来抑制低噪声的干扰，也可采用低速逻辑器件来抑制高频干扰，也可通过附加电容器，以降低某个逻辑电路的工作速度来抑制高频干扰。对于主要由所选用元器件内部热扰动产生的随机噪声形成的串模干扰，或在数字信号的传送过程中夹带低噪声或窄脉冲干扰，这种方法比较有效。

(5) 采用双绞线作信号引线的目的是减少电磁感应，因为双绞线的每一分节形成一个相互靠近的环路，环路空间中电流方向相反，使各个小环路的感应电势互相呈反向抵消。选用带有屏蔽的双绞线或同轴电缆做信号线，且要良好接地，并对测量仪表进行电磁屏蔽。

2. 共模干扰及其抑制方法

计算机的地、信号放大器的地以及现场信号源的地之间，通常要相隔一段距离，少则几米，多则几十米。在两地之间往往存在一定的电位差。这种干扰可能是直流电压，也可能是交流电压，其幅值可达几伏甚至更高，取决于现场产生干扰的环境条件和计算机等设备的接地情况。共模干扰也称为共态干扰。

设备的绝缘不良、分布电容及静电感应等因素，特别是这些设备的电气部分对地浮空或者对地电阻较大时，都会耦合一定的共模电压。当用电设备负荷急剧变化时，共模电压值也随之急剧变化。共模电压会通过计算机的输入输出信号传输线加到各 I/O 口上，轻则导致信号失真，影响测量精度，重则击穿器件，损伤设备。

单个设备的良好接地可使共模电压消除，而对于不能接地的多个设备而言，隔离是克服共模干扰影响的有效措施。特别是当现场有多个设备互联时，隔离措施的安全可靠性更加明显。

在有以下情况出现时，应采取隔离措施：
1) 比较差分测量时若有高共模，表明差分信号源有很高的对地阻抗；
2) 计算机与现场设备之间的距离较远，可能产生很高的地间共模；
3) 由于安全原因，两个互联的设备必须分别接地，此时设备间可能产生地间共模；
4) 测量探头同带强电的设备直接接触或者绝缘度不高。

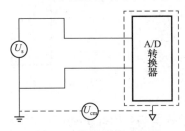

图 5-4 共模干扰示意图

在控制系统中，被控制和被测量的参数可能很多，并且分散在生产现场的各个地方，一般都用很长的导线来传输控制信号或被测信号。在这种情况下，传输导线两端的参考接地点之间往往存在一定的电位差 U_{cm}，如图 5-4 所示。对于两个输入端来说，分别是 $U_s + U_{cm}$ 和 U_{cm}，其中 U_{cm} 就是共模干扰电压。

对于存在共模干扰的场合，不能采用单端对地输入的方式，因为此时共模干扰电压将变成串模干扰电压。由于共模干扰产生的主要原因是不同"地"之间存在共模电压，因此抑制共模干扰的主要措施就是将不同的"地"隔离开来，使之不成回路，比如变压器隔离、光电隔离、浮地屏蔽、采用仪表放大器提高共模抑制比。

(1) 变压器隔离

变压器隔离是利用变压器电磁耦合将信号从原边传输至副边，把不同的电路隔离开来，也就是把模拟地与数字地断开，以使共模干扰电压不成回路，从而抑制了共模干扰。尤其带多重屏蔽的隔离变压器，通过屏蔽层的合理接地，更能有效抑制共模干扰。同时，隔离前和隔离后应分别采用两组互相独立的电源，切断两部分的地线联系。

在图 5-5 所示的变压器隔离图中，被测信号 U_s 经放大后，首先通过调制器变换成交流信号，经隔离变压器 T 传输到副边，然后用解调器再将它变换为直流信号 U_{s2}，再对 U_{s2} 进行 A/D 转换。

(2) 光电隔离

光电隔离是利用光电耦合器把两端的电路隔离开来，从而抑制共模干扰电压。光电耦合器是由发光二极管和光敏三极管封装在一个管壳内组成的，发光二极管两端为信号输入端，光敏三极管的集电极和发射极分别作为光电耦合器的输出端，它们之间的信号是靠发光二极管在信号电压的控制下发光,传给光敏三极管来完成的。

在图5-6所示的光电隔离图中,模拟信号U_s经放大后,再利用光电耦合器的线性区,直接对模拟信号进行光电耦合传送。由于光电耦合器的线性区一般只能在某一特定的范围内,因此,应保证被传信号的变化范围始终在线性区内。为保证线性耦合,既要严格挑选光电耦合器,又要采取相应的非线性校正措施,否则将产生较大的误差。另外,光电隔离前后两部分电路分别采用两组独立的电源。

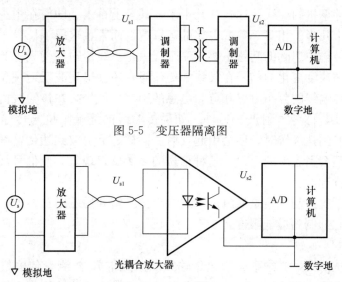

图5-5 变压器隔离图

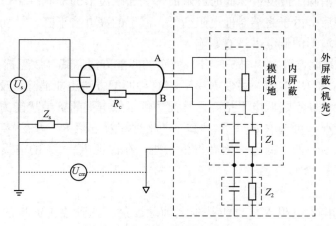

图5-6 光电隔离图

光电隔离与变压器隔离相比,实现起来比较容易,成本低,体积也小。因此在控制系统中,光电隔离得到了广泛的应用。

(3) 浮地屏蔽

浮地屏蔽是利用双屏蔽层浮地来抑制共模干扰的。所谓浮地是指各装置的系统地与大地绝缘,即悬浮方式。浮地输入双层屏蔽放大器如图5-7所示,其中Z_1和Z_2分别为模拟地与内屏蔽层之间以及内屏蔽层和外屏蔽层之间的绝缘阻抗,由漏电阻和分布电容构成,阻抗非常大,一般在$50\text{M}\Omega$以上。用于传输信号的屏蔽线的屏蔽层与Z_2为共模电压U_{cm}

图5-7 浮地输入双层屏蔽放大器

提供了通路，但由于模拟地和内屏蔽层的绝缘隔离，不会产生串模干扰。

（4）仪表放大器

仪表放大器具有共模抑制能力强、输入阻抗高、漂移低、增益可调等优点，是一种专门用来分离共模干扰与有用信号的器件。

3. 长线传输干扰及其抑制方法

建筑智能计算机控制系统是一个从现场的传感器到计算机，再到现场执行机构的庞大系统。由现场到计算机的连线往往长达几十米，甚至上百米。即使在中央控制室内，各种连线也有几米到十几米。相对于集成电路的运算速度而言，这属于长线。

信号在长线传输中遇到的问题主要有三个：一是长线传输易受到外界干扰；二是具有信号延时；三是高速度变化的信号在长线中传输时，还会出现波反射现象。当信号在长线中传输时，由于传输线的分布电容和分布电感的影响，信号会在传输线内部产生正向前进的电压波和电流波，称为入射波。另外，如果传输线的终端阻抗与传输线的波阻抗不匹配，那么当入射波到达终端时，便会引起反射。同样，反射波到达传输线始端时，如果始端电阻也不匹配还会引起新的反射。这种信号的多次反射现象，使信号波形严重失真和畸变，并且引起干扰脉冲。

长线传输的干扰抑制主要是通过采用终端阻抗匹配和始端阻抗匹配，消除长线传输中的波反射或者把它抑制到最低限度。

（1）终端匹配

为了进行阻抗匹配，必须事先知道传输线的波阻抗 R_p。测量传输线波阻抗的方法如图 5-8 所示。调节可变电阻 R，用示波器观察门 A 的波形，当达到完全匹配时，即 $R=R_p$ 时，门 A 输出的波形不畸变，反射波完全消失，这时 R 值就是传输线的波阻抗。

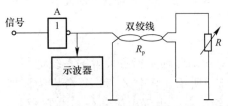

图 5-8 测量传输线波阻抗

为了避免外界干扰的影响，在计算机中常采用双绞线和同轴电缆做信号线，双绞线的波阻抗一般为 $100\sim200\Omega$，绞花越密，波阻抗越低。同轴电缆的波阻抗为 $50\sim100\Omega$。

最简单的终端匹配方法如图 5-9（a）所示。如果传输线的波阻抗是 R_p，那么当 $R=R_p$ 时，便实现了终端匹配，消除了波反射。此时终端波形和始端波形的形状一致，只是时间上有所滞后。但这样处理后，由于终端对地电阻变低，波形的高电平下降，从而降低了高电平的抗干扰能力，但对波形的低电平没有影响。

为了克服上述缺陷，可采用图 5-9（b）所示的匹配方法。其等效阻抗 $R=R_1R_2/(R_1+R_2)$，通过调整 R_1 和 R_2 的值，可使 $R=R_p$。这种匹配方法也能消除波反射，优点是波形的高电平下降较少，缺点是低电平抬高，从而降低了低电平的抗干扰能力。为了兼顾低电平和高电平两种情况，可选取 $R_1=R_2=2R_p$，此时等效电阻 $R=R_p$。实践中，宁可使高电平降低得稍多一些，而让低电平抬高得少一些，在保证 $R=R_p$ 的前提下，可通过适当选取电阻 $R_1>R_2$ 来实现。

（2）始端阻抗

在传输线始端串入电阻 R，也能基本上消除反射，达到改善波形的目的，如图 5-10 所示。

第 5 章 控制系统的可靠性与抗干扰技术

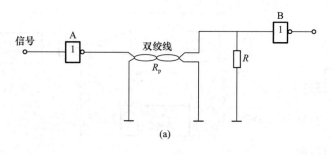

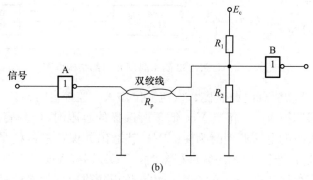

图 5-9 终端阻抗匹配方法

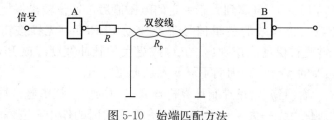

图 5-10 始端匹配方法

一般选择始端匹配电阻 R 为：

$$R = R_p - R_{sc}$$

式中，R_{sc} 为门 A 输出低电平时的输出阻抗（Ω）。

这种匹配方法的优点是波形的高电平不变，缺点是低电平会抬高。其原因是终端负载门 B 的输入电流在始端匹配电阻 R 上的压降所造成的。显然，终端所带负载门个数越多，则低电平抬高越显著。

5.2.3 主机抗干扰技术

控制计算机的 CPU 抗干扰措施常常采用 watchdog、电源监控（掉电检测及保护）、复位等方法。这些方法可用微处理器监控电路芯片来实现，如 MAX1232、X5045、IMP813 等。

MAX1232 微处理器监控电路给微处理器提供辅助功能以及电源供电监控功能。MAX1232 通过监控微处理器系统电源供电及监控软件的执行，来增强电路的可靠性，它提供一个反弹的（无锁）手动复位输入。MAX1232 的引脚图和内部结构框图如图 5-11 所示。

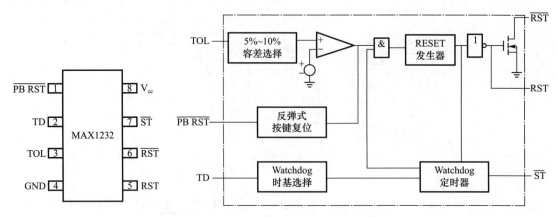

图 5-11　MAX1232 的引脚图和内部结构框图

MAX1232 的主要功能有电源监控、按钮复位输入、监控定时器。

采用电压监测器监控 Vcc，每当 Vcc 低于所选择的容限时（5％容限时的电压典型时为 4.62V，10％容限时的电压典型时为 4.37V）就输出并保持复位信号。选择 5％ 的容许极限时，TOL 端接地；选择 10％ 的容许极限时，TOL 端接 Vcc。当 Vcc 恢复到容许极限内，复位输出信号至少保持 250ms 的宽度，才允许电源供电并使微处理器稳定工作。

MAX1232 的 $\overline{PBRST}$ 端为按键复位输入，靠手动强制复位输出，该端保持 t_{PBD} 是按钮复位延迟时间，当 $\overline{PBRST}$ 升高到大于一定的电压值后，复位输出保持至少 250ms 的宽度。一个机械按钮或一个有效的逻辑信号都能驱动 $\overline{PBRST}$，无锁按钮输入至少忽略了 1ms 的输入抖动，并且被保证能识别出 20ms 或更大的脉冲宽度。该 $\overline{PBRST}$ 在芯片内部被上拉到大约 $100\mu A$ 的 Vcc 上，因而不需要附加上拉电阻。

watchdog 俗称"看门狗"，是控制计算机普遍采用的抗干扰措施。尽管系统采用各种抗干扰措施，仍然难保万无一失，watchdog 则有看守大门的作用，刚好弥补了这一遗憾。watchdog 有多种用法，但最主要用于因干扰引起的系统程序跑飞等出错的监测和自动恢复。MAX1232 则具有看门狗的功能。微处理器用一根 I/O 线来驱动输入 $\overline{ST}$，微处理器必须在一定时间内触发 $\overline{ST}$ 端（其时间取决于 TD），以便来检测正常的软件执行。如果一个硬件或软件的失误导致 $\overline{ST}$ 没被触发，在一个最小超时间隔内，$\overline{ST}$ 的触发只能被脉冲的下降沿作用，这时 MAX1232 的复位输出至少保持 250ms 的宽度。

5.2.4　系统供电与接地技术

1. 供电技术

建筑智能计算机控制系统的供电一般采用图 5-12 所示的结构。其中，交流稳压器保证 220VAC 供电，低通滤波器保证让 50Hz 的基波通过，滤除高频干扰信号，直流稳压器给计算机供电，一般采用开关电源。

图 5-12　建筑智能计算机控制系统的供电结构

控制系统的供电不允许中断，一旦中断将会影响系统运行。为此，可采用不间断电源（UPS：Uninterruptible Power Supply），或增加电源电压监视电路，及早监测到掉电状态，从而进行应急处理。在图 5-13 所示的交流发电机供电线路中，电池充电器、电池组、逆变器为交流发电机第二路交流供电线路，两路供电线路通过无触点进行不间断切换。

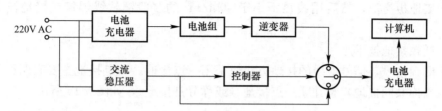

图 5-13　交流发电机供电线路

2. 接地技术

（1）地线系统分析

地线有安全地和信号地两种。前者是为了保证人身安全、设备安全而设置的地线，后者是为了保证电路正确工作所设置的地线。造成电路干扰现象的主要是信号地。在进行电磁兼容问题分析时，对地线使用的定义：地线是信号电流流回信号源的低阻抗路径。在计算机控制系统中，一般有以下几种地线：模拟地、数字地、安全地、系统地、交流地。

模拟地作为传感器、变送器、放大器、A/D 和 D/A 转换器中模拟电路的零电位。

数字地作为计算机中各种数字电路的零电位，应该与模拟地分开，避免模拟信号受数字脉冲的干扰。

安全地的目的是使设备机壳与大地等电位，以避免机壳带电而影响人身及设备安全。通常安全地又称为保护地或机壳地，机壳包括机架、外壳、屏蔽罩等。

系统地就是上述几种地的最终回流点，直接与大地相连。众所周知，地球是导体而且体积非常大，因而其静电容量也非常大，电位比较恒定，所以人们把它的电位作为基准电位，也就是零电位。

交流地是计算机交流供电电源地，即动力线地，它的地电位很不稳定。

在计算机控制系统中，正确接地是一个十分重要的问题。根据接地理论分析，低频电路应单点接地，高频电路应就近多点接地。一般来说，当频率小于 1MHz 时，可采用单点接地方式；当频率高于 10MHz 时，可采用多点接地方式；频率在 1～10MHz 之间时，如果用单点接地，其地线长度不应超过波长的 1/20，否则应采用多点接地。单点接地的目的是避免形成地环路，地环路产生的电流会引入到信号回路内引起干扰。地环路干扰发生在通过较长电缆连接的相距较远的设备之间，其产生的内在原因是设备之间的地线电位差，地线电压导致地环路电流，由于电路的非平衡性，地环路电流导致对电路产生串模干扰电压。

计算机控制系统的一般采用回流法单点接地，即模拟地、数字地、安全地（机壳地）的分别回流法，如图 5-14 所示。回流线往往采用汇流条而不采用一般的导线。汇流条是由多层铜导体构成，截面呈矩形，

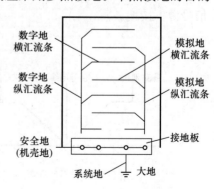

图 5-14　回流法单点接地示例

各层之间有绝缘层。采用多层汇流条以减少自感,可减少干扰的窜入途径。安全地(机壳地)始终与信号地(模拟地、数字地)是浮离开的。这些地之间只在最后汇聚一点,并且常通过铜接地板交汇,然后用线径不小于 $300\mathrm{mm}^2$ 的多股铜软线焊接在接地极上后深埋地下。

(2) 低频接地技术

对于低频信号,信号地线的接地方式应采用一点接地。一点接地主要有两种接法:串联接地(或称共同接地)和并联一点接地(或称分别接地),如图 5-15 所示。

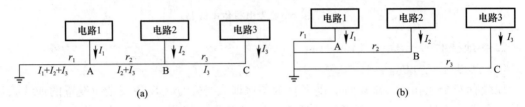

图 5-15 串联一点接地及并联一点接地
(a) 串联一点接地;(b) 并联一点接地

串联一点接地和并联一点接地各有优缺点:从防止噪声角度看,如图 5-15 所示的串联接地方式是最不适用的,由于地电阻 r_1、r_2 和 r_3 是串联的,所以各电路间相互发生干扰。并联接地方式在低频时是最适用的,因为各电路的地电位只与本电路的地电流和地线阻抗有关,不会因地电流而引起各电路间的耦合。这种方式的缺点是需要连很多根地线,用起来比较麻烦。

一般在低频时采用串联一点接地的综合接法,即在符合噪声标准和简单易行的条件下统筹兼顾。也就是说可用分组接法,即低电平电路经一组共同地线接地,高电平电路经另一组共同地线接地。在一般的系统中至少要有三条分开的地线,一条是低电平电路地线,一条是继电器、电动机等的地线(称为噪声地线),一条是设备机壳地线(称为金属件地线)。这三条地线应在一点连接接地,如图 5-16 所示。

对于通道馈线的接地,信号电路采用电路一点基准。如图 5-17 所示的将信号源与输入放大器分别接地的方式是不正确的。误认为 A 和 B 两点都是地球地电位应该相等,是造成这种接地错误的根本原因。为了克服双端接地的缺点,应将输入回路改为单端接地方式。当单端接地点位于信号源端时,放大器电源不接地;当单端接地点位于放大器端时,信号源不接地。

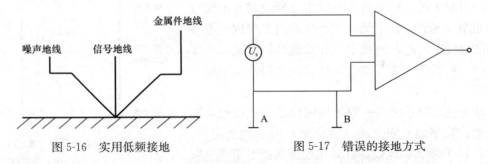

图 5-16 实用低频接地   图 5-17 错误的接地方式

通道馈线的屏蔽层也应该一点接地。当一个电路有一个不接地的信号源与一个接地的

(即使不是接大地)放大器相连时,输入线的屏蔽应接至放大器的公共端;当接地信号源与不接地放大器相连时,即使信号源端接的不是大地,输入线的屏蔽层也应接到信号源的公共端。这种低频屏蔽电缆的单端接地方式如图 5-18 所示。

为了提高计算机的抗干扰能力,将主机外壳作为屏蔽罩接地。而把机内器件架与外壳绝缘,绝缘电阻大于 $50M\Omega$,即机内信号浮空。这种方法安全可靠,抗干扰能力强,但制造工艺复杂,一旦绝缘电阻降低就会引入干扰。

对于计算机网络控制系统来说,涉及多台计算机之间相互通信,资源共享。如果接地不合理,将使整个网络系统无法正常工作。近距离的几台计算机安装在同一机房内,可采用多机一点接地方法,如图 5-19 所示为多机系统接地。对

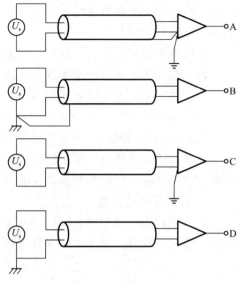

图 5-18 低频屏蔽电缆的单端接地方式

于远距离的计算机网络,多台计算机之间的数据通信,通过隔离的办法把地分开。例如:采用变压器隔离技术、光电隔离技术和无线电通信技术。

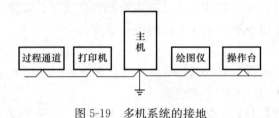

图 5-19 多机系统的接地

5.3 软件抗干扰技术

为了提高计算机控制系统的可靠性,仅靠硬件抗干扰措施是不够的,需要进一步借助于软件措施来克服某些干扰。在计算机控制系统中,如能正确地采用软件抗干扰措施,与硬件抗干扰措施构成双道抗干扰防线,无疑将大大提高控制系统的可靠性。经常采用的软件抗干扰技术有数字滤波技术、开关量的软件抗干扰技术、系统自动启检、指令冗余技术、软件陷阱技术等。

5.3.1 数字滤波技术

由于现场环境各种干扰源很多,计算机控制系统通过输入通道采集到的数据信号,虽经硬件电路的滤波处理,但仍会混有随机干扰噪声。因此,为了提高系统性能,达到准确的测量与控制,一般情况下还需要进行数字滤波。

数字滤波,就是计算机系统对输入信号采样多次,然后用某种计算方法进行数字处理,以削弱或滤除干扰噪声造成的随机误差,从而获得一个真实信号的过程。这种滤波方法只是根据预定的滤波算法编制相应的程序,实质上是一种程序滤波,因而可靠性高、稳定性好、修改滤波参数也容易,而且一种滤波子程序可以被多个通道所共用,成本很低。

另外，数字滤波可以对各种干扰信号，甚至极低频率的信号进行滤波。它的不足之处是需要占用 CPU 的机时。

和模拟滤波装置相比，数字滤波具有以下几个优点：

(1) 数字滤波通过程序实现，不需硬件设备，系统的可靠性较高。

(2) 数字滤波可实现多通道共用。

(3) 可对低频信号（如 0.01Hz）实现滤波。

(4) 采用不同的算法和参数就可实现对不同信号的滤波，使用起来灵活、方便。

正是由于这些优点，数字滤波技术得到了广泛应用。常用的数字滤波方法有：平均值滤波、中值滤波、限幅滤波和惯性滤波等。

1. 算术平均值滤波

算术平均值滤波是在采样周期 T 内，对测量信号 y 进行 m 次采样，把 m 个采样值相加后的算术平均值作为本次的有效采样值，即：

$$\bar{y}(k) = \frac{1}{m}\sum_{i=1}^{m} y_i \tag{5-1}$$

采样次数 m 值决定了信号的平滑度和灵敏度。提高 m 值，可提高平滑度，但系统的灵敏度随之降低，采样次数 m 取值随被控对象的不同而不同。一般情况下，流量信号可取 10 左右，压力信号可取 4 左右，温度、成分等缓变信号可取 2 甚至不进行算术平均。

在编制算法程序时，m 一般取 2、4、8 等 2 的整数次幂，以便于用移位来代替除法求得平均值。这种算法适用于对周期性干扰的信号滤波。

2. 中值滤波

算术平均值滤波不能将明显的偶然的脉冲干扰消除，只是把其平均到采样结果中，从而降低了测量精度。此时可采用中值滤波。

所谓中值滤波法就是对某一被测参数连续采样 n 次（n 一般取奇数），然后把 n 次采样值按顺序排列，取其中间值作为本次采样值，故采样次数 m 应为奇数，一般 3～5 次即可。编制中值滤波的算法程序，首先把 m 个采样值从小到大（或从大到小）进行排队，这可采用几种常规的排序算法如冒泡算法，然后再取中间值。

中值滤波对缓变过程中的偶然因素引起的波动或采样器不稳定造成的误差所引起的脉冲干扰比较有效，而对快速变化过程（如流量）的信号采样则不适用。因此一般情况都是把中值滤波与平均值滤波结合起来使用，对连续采样的 m 个数据进行比较，去掉其中的最大值与最小值，然后计算余下的 $m-2$ 个数据的算术平均值。

3. 加权平均滤波

算术平均值滤波存在平滑性和灵敏度的矛盾。采样次数太少则平滑效果差，次数太多则灵敏度下降，对测量参数的变化趋势不敏感，为协调两者关系，可采用加权平均滤波。

加权平均滤波是对每次采样值赋予不同的权系数相加。

$$\bar{y}(k) = \sum_{i=1}^{m} C_i y_i \tag{5-2}$$

式中，C_1，C_2，…，C_m 为加权系数，先小后大，且均为小于 1 但总和等于 1 的小数。C_1，C_2，…，C_m 的取值应视具体情况选取，并通过调试确定。

这种算法能协调系统的平滑度和灵敏度的矛盾，提高灵敏度，更适用于纯滞后较大的对象。

4. 限幅滤波

被控过程中许多物理量的变化需要一定的时间,因此相邻两次采样值之间的变化幅度应在一定的限度之内。限幅滤波就是把两次相邻的采样值相减,求其增量的绝对值,再与两次采样所允许的最大差值 ΔY 进行比较,如果小于或等于 ΔY,表示本次采样值 $y(k)$ 是真实的,则取 $y(k)$ 为有效采样值;反之,$y(k)$ 是不真实的,则取上次采样值 $y(k-1)$ 作为本次有效采样值。

限幅滤波对随机干扰或采样器不稳定引起的失真有良好的滤波效果。

5. 惯性滤波

惯性滤波是模拟硬件 RC 一阶惯性低通滤波器的数字实现。常用的 RC 滤波器的传递函数是:

$$\frac{Y(s)}{X(s)} = \frac{1}{1+T_f s} \tag{5-3}$$

式中,$T_f = RC$ 是滤波器的滤波时间常数,其大小直接关系到滤波效果。一般说来,T_f 越大,则滤波器的截止频率(滤出的干扰频率)越低,滤出的电压纹波较小,但输出滞后较大。由于大的时间常数及高精度 RC 电路不易制作,所以硬件 RC 滤波器不可能对极低频率的信号进行滤波。为此可以模仿硬件 RC 滤波器的特性参数,用软件实现低通数字滤波器的功能,从而实现一阶惯性的数字滤波:

$$y(k) = \frac{T}{T_f + T} x(k) + \frac{T_f}{T_f + T} y(k-1) = ax(k) + (1-a)y(k-1) \tag{5-4}$$

式中　$y(k)$——第 k 次采样的滤波输出值;

$x(k)$——第 k 次采样的滤波输入值,即第 k 次采样值;

$y(k-1)$——第 $k-1$ 次采样的滤波输出值;

a——滤波系数 $a = T/(T_f + T)$;

T——采样周期;

T_f——滤波环节的时间常数。

一般 T 远小于 T_f,即 $T/(T_f + T)$ 远小于 1,表明本次有效采样值(滤波输出值)主要取决于上次有效采样值(滤波输出值),而本次采样值仅起到一点修正作用。通常,采样周期 T 足够小,则 $a \approx T/T_f$,滤波算法的截止频率为:

$$f = \frac{1}{2\pi T_f} = \frac{a}{2\pi T} \tag{5-5}$$

当采样周期 T 一定时,滤波系数 a 越小,数字滤波器的截止频率 f 就越低。这对于变化缓慢的采样信号(如大型贮水池的水位信号),其滤波效果是很好的。

以上讨论了几种数字滤波方法,各有其特点。在实际应用中,究竟采用与否,以及采用哪一种数字滤波,都应视具体情况而定。可能有的系统并不需要进行数字滤波或者应用得不恰当,非但达不到滤波效果还会降低控制品质,而有的系统采用了复合滤波方法——即把几种滤波方法结合起来使用,可能会取得更好的滤波效果。

5.3.2　开关量的软件抗干扰技术

1. 开关量(数字量)信号输入抗干扰措施

干扰信号多呈毛刺状,作用时间短,利用这一特点,在采集某一开关量信号时,可多次重复采集,直到连续两次或两次以上结果完全一致方为有效。若多次采样后,信号总是变化不定,可停止采集,给出报警信号。由于开关量信号主要是来自各类开关型状态传感器,如限位开关、操作按钮、电气触点等,对这些信号的采集不能用多次平均方法,必须绝对一致才行。

如果开关量信号超过 8 个,可按 8 个一组进行分组处理,也可定义多字节信息暂存区,按类似方法处理。在满足实时性要求的前提下,如果在各次采集数字信号之间加入一段延时,效果会好一些,就能对抗较宽的干扰。

2. 开关量(数字量)信号输出抗干扰措施

输出设备是电位控制型还是同步锁存型,对干扰的敏感性相差较大。前者有良好的抗"毛刺"干扰能力,后者不耐干扰,当锁存线上出现干扰时,它就会盲目锁存当前的数据,也不管此时数据是否有效。输出设备的惯性(响应速度)与干扰的耐受能力也有很大关系。惯性大的输出设备(如通信口、显示设备)耐受能力就小一些。在软件上,最为有效的方法就是重复输出同一个数据。只要有可能,其重复周期尽可能短些。外设设备接收到一个被干扰的错误信号后,还来不及做出有效的反应,一个正确的输出信息又来到了,就可及时防止错误动作的产生。另外,各类数据锁存器尽可能和 CPU 安装在同一电路板上,使传输线上传送的都是已锁存好的电位控制信号,对于重要的输出设备,最好建立检测通道,CPU 可以用检测通道来确定输出结果的正确性。

5.3.3 系统启动自检

系统启动自检也叫上电自检,主要目的是对计算机控制系统的主要部件进行故障自诊断,这是提高控制系统可靠性的一种重要方法。所谓启动自检,就是在计算机上电启动后,首先运行相应的自诊断软件,来迅速准确地判断系统内部是否发生了故障,并确定故障发生的部位。

启动自检可对系统硬件软件故障进行诊断,包括对系统主要部件及关键程序进行诊断和检查:

(1) CPU 运算功能诊断。在特定区域存储一组确定的数据,其中一个数据是其余数据经过某些运算的结果。诊断时将自诊断程序的运算结果与原存储的结果进行比较,有差错就发出报警信息。

(2) RAM 自诊断。自诊断程序向 RAM 区域写入随机数,然后读出来与原来写入的数据进行比较,将这些数据求反后再进行一次存取并比较,如果一致则说明没有问题,若不一致则发出报警信息。

(3) 输入输出通道诊断。在设计时一般留下一对输入输出端口作为检查通道,其输出端与输入端相互连接。诊断时计算机向输出通道输出一个数据,并从输入通道读取回来,然后进行比较。对于数字量通道,输出的与读取回来应该完全一致;对于模拟量通道,误差应在允许的范围内,否则发出报警信息。此外,也可以根据每个通道采集数据的有效性来判断通道工作的正确性。

(4) 监视定时器检查。在分级分布式控制系统中,给每个现场工作站设置一个监视定时器。正常工作时,监视定时器向上位机发出脉冲,故障时停止发脉冲。上位机通过检查下位机的这种脉冲信号来判断其工作是否正常。

(5) 控制软件自诊断。对计算机内部控制软件中的关键指令进行逐条检查,发现问题报警并显示故障点。在特定的入口参数条件下，运行相应的控制软件，检查其运行结果与存储的标准结果是否一致，若不一致则发出报警信息。

总之，系统启动自检即故障自诊断技术是提高计算机控制系统可靠性的有效手段，在较大程度上降低了系统发生故障的可能性。

5.3.4 指令冗余技术

当CPU受到干扰后，往往将一些操作数当作操作码执行，造成程序混乱。当程序弹飞到一单字节指令上时，便自动纳入正轨；当程序弹飞到一双字节指令上时（操作码、操作数），有可能落到操作数上，从而继续出错；当程序弹飞到一三字节指令上时（操作码、操作数、操作数），因其有两个操作数，从而继续出错机会更大。因此，应多采用单字节指令，并在关键地方人为插入一些单字节指令（NOP），或将有效单字节指令重复书写，提高弹飞程序纳入正轨的机会，这便是指令冗余。指令冗余无疑会降低系统的效率，但在绝大多数情况下，CPU还不至于忙到不能多执行几条指令的程度，故这种方法被广泛采用。

在一些对程序流向起决定作用的指令（如某些对系统工作状态重要的指令）之前插入两条NOP指令，以保证弹飞的程序迅速纳入正确的控制轨道。这些指令有：RET、RETI、LCALL、LJMP、JZ/JNZ、JC/JNC、JB/JNB、JBC、CJNE、DJNZ等。

指令冗余具有如下特点：

（1）降低正常程序执行的效率；

（2）可以减少程序弹飞的次数，使其很快纳入程序轨道，使CPU按"操作码、操作数"方式运行，但不能保证失控期间不干坏事，更不能保证程序纳入正常轨道后太平无事。因为弹飞的程序已经偏离正常顺序。解决这个问题还要靠软件容错技术，减少或消灭程序误动作。

（3）指令冗余使弹飞程序安定下来是有条件的，首先弹飞的程序要落到程序区，其次必须执行到冗余的指令。当程序弹飞到非程序区时，或弹飞的程序碰到冗余指令前已形成死循环，都会使冗余指令失去作用。

5.3.5 软件陷阱技术

所谓软件陷阱技术，就是一条引导指令，强行将捕获的程序引向一个指定的地址，在那里有一段专门对程序出错进行处理的程序。如果把这段程序的入口标号记为ERR的话，软件陷阱即为一条无条件转移指令，为了加强捕捉效果，一般还在它前面加两条NOP指令，因此正确的软件陷阱由三条指令构成：

NOP

NOP

LJMP　　　ERR　　　;　　ERR错误处理程序入口

软件陷阱安排在下列四个地方：

（1）未使用的中断向量区；

（2）未使用的大片ROM区；

（3）表格区尾部；

（4）程序区。

由于软件陷阱都安排在正常程序执行不到的地方，故不影响程序执行效率，在当前

EPROM 容量不成问题的条件下，还是多多益善。

思 考 题

5.1 说明计算机控制系统的可靠性含义及其表征量。
5.2 阐述计算机控制中硬件和软件容错技术的具体内容。
5.3 说明计算机控制系统中串模和共模干扰的具体内容及其抑制的方法。
5.4 简述计算机控制系统地线的种类，并画出回流法接地示意图。
5.5 计算机控制中数字滤波方法有哪些？请分别说明其应用特征。

第 6 章 建筑智能控制网络技术

建筑智能控制网络技术是完成智能建筑中建筑设备自动化各种任务的控制网络系统，其目的是实现现场数据采集、分散处理和建筑设备等控制与管理的一体化。在物联网技术、智能传感器与信息融合技术带动下，建筑智能控制网络技术又得到了进一步发展。针对建筑设备与建筑环境等，借助于智能传感技术就地数字化，将具有分布式特性的数据信息通过现场总线网络技术进行通信，从而实现控制与管理一体化，突破了传感器与远程管理中心或客户端的"鸿沟"，在建筑智能控制技术发展史上具有"里程碑"意义。

6.1 建筑智能控制网络历史与现状

随着社会的发展，当人们对建筑内部环境有所要求时，就出现了创建和维持建筑内部环境的建筑设备。例如，当对建筑内部有温度要求时，就出现了供暖、通风、空调和制冷（HVAC&R）设备；当要求建筑内部具有消防功能时，则在给水排水设备的基础上，又出现许多灭火设备及火灾监控与报警装置等。建筑设备通常分布在建筑内部的各个部位，并随着对建筑内部环境要求的增多，其数量和种类也不断增加。当建筑设备逐渐增多时，就需要对建筑设备进行监控和管理。只有对建筑设备进行有效监控和管理，才能满足对建筑内部环境的要求。对建筑设备的监控和管理通常称为"楼宇设备自动化"（Building Automation），即所谓的"BA"。

由于建筑设备通常分布在建筑的不同位置，BA 技术促进了建筑智能控制网络技术的发展。随着微电子技术与通信技术的发展，出现了以全数字、分布式、开放性为特征的现场总线技术，并得到了快速发展，满足了人们追求建筑智能化目标的要求，在智能建筑行业得到了广泛应用。纵观全球智能建筑市场，由于各种原因，智能建筑自控网络标准现在仍是多标准共存的局面。虽然目前多个专用标准的应用仍占主要地位，但 LonTalk 标准和 BACnet 国际标准的应用是不断上升的。事实上，LonTalk 技术和 BACnet 标准已是目前建筑智能化领域控制网络公认的两大主流标准。

LonWorks 技术是美国 Echelon（埃施朗）公司于 1991 年正式推出的一种自控网络技术，以其强大的生命力得到快速发展，建立在 LonTalk 协议之上的 LonWorks 现场总线技术在智能建筑中得到了广泛应用。

由于智能建筑领域的特殊性，人们对建筑的需求并没有工业过程测控领域所要求的严格的周期性和实时性，对建筑空间的使用具有很大的随意性，因此有必要针对智能建筑领域开发一种更适用的现场总线或控制网络技术。鉴于这种行业趋势，美国供暖、制冷与空调工程师学会（ASHRAE：American Society of Heating Refrigerating and Air-conditioning Engineers）于 1995 年 6 月发布了智能建筑领域专用的 BACnet 标准。

6.2 LonWorks 技术

LonWorks 技术是由美国 Echelon 公司于 1988 年开始开发，最初的目标是实现低成本、高效率的自控网络，并使基于该技术的不同厂家的设备实现互联、互操作功能。1991 年 Echelon 公司正式推出 LonWorks 技术，其英文全称为"Local Operating Network"（局域操作网络）。

为了使 LonWorks 技术具有强大市场竞争力，Echelon 公司从两个方面进行了重点推广：(1) 开发适应于各种通信介质和满足控制要求的自控网络通信协议；(2) 向用户提供大量经济实用的开发与应用该通信协议的方法和工具。前者产生了 LonWorks 协议标准，即 LonTalk 通信协议；后者则产生了 90 余种产品和基于 LonWorks 平台的衍生服务。

1994 年 Echelon 公司联合全球许多有影响的 LonWorks 用户成立了独立于 Echelon 公司的 LonMark International 协会，旨在促进 LonWorks 自控网络系统更具开放性。该协会由最初的 36 个会员单位发展为现已超过 300 个会员单位，其任务是通过制订 LonWorks 网络互操作行业规范——LonMark 互操作指南（Guidelines），促进多厂家自控产品的互操作和系统集成，从而推广 LonWorks 技术的应用。

LonWorks 技术是一个完善的自控网络应用解决方案和平台，不仅包含技术本身和技术开发的内容，而且包含技术应用行业规范的内容。因此，LonWorks 技术在组成体系上不仅是 LonTalk 通信协议，而且还包含开发和应用 LonTalk 通信协议的行业规范，其基本内容可以归纳如下：

(1) LonTalk 通信协议——ANSI/EIA 709.1 Control Networking Standard（控制网络标准）；

(2) 专用硬件——Neuron Chip，Transceiver，i.Lon 以及网络接口和路由器等；

(3) 专用软件工具——Neuron C，NodeBuilder，LonBuilder 和 LNS 系统集成工具等；

(4) LonMark 互操作规范——LonMark Interoperability Guidelines（LonMark 互操作指南）。

其中，LonTalk 通信协议属于技术本身的内容，是 LonWorks 技术的核心和基础，专用硬件和专用软件工具属于技术开发与应用的内容，LonMark 互操作规范属于技术应用行业规范和产品认证的内容。

LonWorks 技术以其卓越的易用性和良好互操作性能迅速得到了业界认可，并且广泛应用于楼宇自动化、家庭自动化、工业自动化、列车运输自动化、公共设施自动化以及其他行业自动化领域。从其应用范围可以看出，LonWorks 技术是一种通用的自控网络技术，几乎可用于所有自控领域，楼宇自动化和家庭自动化只是该技术在建筑行业的应用，并且已成为楼宇自动化和家庭自动化的主流标准之一。

6.2.1 LonWorks 控制网络结构

如图 6-1 所示为 LonWorks 控制网络结构框图，从产品和功能上划分，LonWorks 控制网络的结构由网络协议、网络传输介质、网络设备、执行机构和管理软件五个部分构成。其中，网络设备包括 LonWorks 节点、路由器和网关等。在 LonTalk 协议协调下，分散在现场的众多设备融为一体，形成一个包含多介质的完整控制网络。

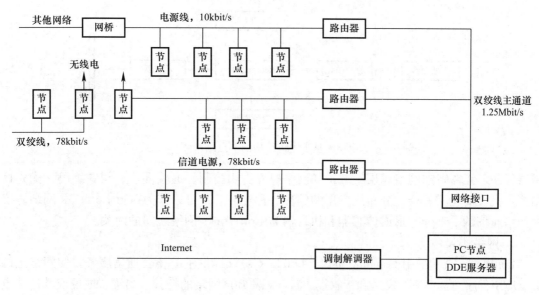

图 6-1 LonWorks 控制网络结构图

任何微控制器、微处理器、PC、工作站或计算机都可以成为 LonWorks 网络上的节点，并且可以与其他 LonWorks 节点进行通信。LonWorks 网络使用透明、支持多种介质的智能路由器，可用于控制网络业务量，将网络分段，增加网络总通过量和容量。使用穿越路由器，LonWorks 系统连接到因特网可实现远程控制。

1. LonWorks 节点

LonWorks 网络的基本单元是节点。典型的现场控制节点主要包括神经元芯片（Neuron Chip）、电源、收发器、传感器和控制设备以及具有监控设备接口的 I/O 电路。

（1）以 Neuron 芯片为核心的控制节点

Neuron 芯片是一个复杂的超大规模集成电路元件，可以实现网络功能和执行节点中特定的应用程序。该芯片通过独特的硬件、固件相结合的技术，集应用 CPU、I/O 处理单元和通信处理器于一体，外加一个收发器即构成一个典型的现场控制节点。图 6-2 为一个典型控制节点的结构框图。

（2）采用 MIP 结构控制节点

MIP（Modular Information Processor，微处理器接口程序）结构是将 Neuron 芯片作为

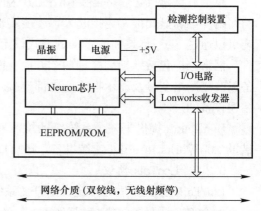

图 6-2 典型控制节点的结构框图

其他微处理器的通信协处理器，用高性能的主机资源来完成复杂的测控功能。因此，该种结构也称为基于主机（host base）结构，基于主机结构的节点结构图如图 6-3 所示。

2. LonWorks 神经元芯片（Neuron Chip）

神经元芯片是节点的核心部分，它包括一套完整的 LonTalk 协议，确保智能系统中各智能设备之间使用可靠的标准进行通信，实现各智能设备之间的互操作。神经元芯片内部含有 3 个 8 位的 CPU，在存储单元中固化了七层通信协议中的六层内容，用户只需编写应

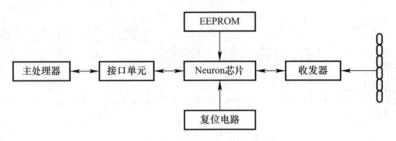

图 6-3 基于主机结构的节点结构图

用层程序，无需考虑网络底层细节，如网络媒介占用控制、通信同步、纠错编码、优先控制等，大大简化了复杂的分布式应用的编程。神经元芯片可以作为执行 LonTalk 网络协议中网络通信的一部分，形成传感器和执行器与 LonWorks 网络之间的网关。

3. 网络协议

LonWorks 技术采用 LonTalk 协议。LonTalk 协议提供了一整套通信服务，使网络上的节点应用程序对其他节点发送和接收报文时，无需知道网络的拓扑、名称、地址或其他节点的功能。通常，LonTalk 协议的内容都固化在 Neuron 芯片中，无需开发人员了解其细节。

4. 传输介质

传输介质是网络中的物理通路，也是通信中传递信息的实际载体。LonWorks 网络中常用的传输介质有双绞线、电力线、同轴电缆、光缆、无线与卫星通信。

5. 网络管理

在 LonWorks 网络中，需要一个网络管理工具，用于网络的安装、维护和监控。Echelon 公司提供了 LonMaker for Windows 软件用于实现这些功能。

网络管理主要有网络安装、网络维护和网络监控三个方面的功能。

单个节点建成之后，需要网络工具为网络上的节点分配逻辑地址，同时也要将各节点的网络变量和显式报文连接起来，才能实现节点间的相互通信，使网络正常运行。网络安装可以通过 Service 按钮或手动的方式设定设备的地址，然后将网络变量互联起来。

网络维护包括维护和修理两个方面。网络维护是指在系统正常运行时，增加或删除设备以改变网络变量及显示报文的内部连接。网络修理则是在系统正常运行时，检测并替换错误设备的过程。

LonMaker 提供了一个系统级的检测和控制服务，使用户可以在网上监控整个系统；借助 LonWorks Internet 连接设备，还可以实现整个系统的远程监控。

6.2.2 LonTalk 协议

LonTalk 协议遵循 ISO 定义的开放系统互联（OSI）模型，并提供了 OSI 参考模型所定义的全部 7 层服务，支持灵活编址，单个网络可存在多种类型通信媒介构成的多种通道。网上任一节点使用 LonTalk 协议可与同一网上的其他节点互相通信。Neuron 芯片上的 3 个 CPU 共同执行一个完整的 7 层网络协议，如表 6-1 所示。

LonTalk 协议层　　　　　　　　　　　　　　表 6-1

OSI 层	目的	提供的服务	CPU
7 应用层	应用兼容性	标准网络变量类型，文件传输等	应用 CPU
6 表示层	数据翻译	网络变量，外来帧传送	网络 CPU

续表

OSI 层	目的	提供的服务	CPU
5 会话层	远程控制	请求/响应，鉴别，网络服务	网络 CPU
4 传输层	端对端通信可靠性	应答消息，非应答消息，双重可靠性检查，通用排序	网络 CPU
3 网络层	寻址	点对点寻址，多点之间广播式寻址，路由信息	网络 CPU
2 数据链路层	介质访问以及组帧	组帧，数据，编码，CRC 校验，CSMA，优先级，冲突检测	MAC CPU
1 物理层	物理连接	特定传输媒介的接口，调制方案	MAC CPU, XCVR

LonTalk 协议是对等（peer-to-peer）自控网络通信协议标准，标准编号为 ANSI/EIA709.1A。LonTalk 寻址体系由三级构成。第一级即最高一级是域，只有在同一个域中的节点才能相互通信；第二级是子网，每个域可以有多达 255 个子网；第三级是节点，每个子网可有多达 127 个节点。节点还可以编成组，构成组的节点可以是不同子网中的节点，一个域内可指定 6 个组。

LonTalk 协议具有如下特点：

（1）LonTalk 协议支持包括双绞线、电力线、无线、红外线、同轴电缆和光纤在内的多种传输介质。

（2）LonTalk 应用可以运行在任何主处理器（Host Processor）上。主处理器（微控制器、微处理器、计算机）管理 LonTalk 协议的第 6 层和第 7 层，并使用 LonWorks 网络接口管理第 1 层到第 5 层。

（3）LonTalk 协议使用网络变量与其他节点通信。网络变量可以是任何单个数据项，也可以是结构体，并都有一个由应用程序说明的数据类型。网络变量的概念大大简化了复杂的分布式应用编程，大大降低了开发人员的工作量。

（4）LonTalk 协议支持总线型、星形、自由拓扑等多种拓扑结构，极大地方便了控制网络的构建。LonTalk 通信协议采用以太网载波侦听多路访问（CSMA）技术作为避免碰撞的解决方案，在网络负担很重时不致网络瘫痪；其最大通信速率为 1.252Mbps（有效距离 130m），支持非屏蔽双绞线（UTP）通信距离达 2700m（通信速率 728.125kbps）。

6.2.3 LonWorks 控制网络的应用开发

1. LonWorks 开发工具

LonWorks 应用开发需要两种开发工具，即 NodeBuilder 和 LonBuilder。NodeBuilder 是节点级的开发工具，用于单个 LonWorks 节点的编程与调试；LonBuilder 是系统级的开发工具，用于多个 LonWorks 节点的应用开发。

（1）NodeBuilder 开发工具

NodeBuilder 开发工具是一个用来开发 LonWorks 节点的开发工具，主要包括硬件和软件两大部分，可以安装在 PC 机上，构成 LonWorks 节点开发的完整平台。NodeBuilder 开发工具包括一套完整的、基于 Windows 的设备开发软件和能用作样机设计和测试的硬件平台。

1) NodeBuilder 硬件

NodeBuilder 硬件由 PCLTA-20PCI LonTalk 适配器、LTM-l0A LonTalk 节点、一个集成的 I/O 节点 Motorola Gizmo 4 和 SMX 兼容收发器四个部分组成。

2) NodeBuilder 软件

NodeBuilder 软件是一套基于 Windows 的设备开发软件,主要包括以下几个工具:NodeBuilder 自动编程向导,NodeBuilder 资源编译器和 LNS 节点 Plug-in 向导。

NodeBuilder 自动编程向导,用于定义设备的网络接口的工具,可自动生成实现设备接口的 Neuron C 代码。同时,Neuron C 还可生成符合 LonWorks 标准的设备外部接口。

NodeBuilder 资源编译器可以显示所有可利用的功能模板、网络变量类型以及配置属性类型,还能够被用作创建新功能模板和类型。

LNS 节点 Plug-in 向导用于自动地生成一个 VB 应用程序,用于安装和配置使用 NodeBuilder 工具开发的设备。NodeBuilder 工具中包含开发测试、生成节点 Plug-in 所必需的 LNS 的组件。

(2) LonBuilder 开发工具

LonBuilder 可分为以下几个部分:

1) 节点开发器。节点开发器中包含一个 Neuron C 编译器、两个神经元芯片在线仿真器和一个 LonBuilder 路由器。其中,Neuron C 编译器能够将用户的 Neuron C 程序编译连接生成可下载文件或生成可供 EPROM 编程器使用的二进制映像文件。两个 Neuron 芯片在线仿真器是一对 LonWorks 节点,它们可通过 Neuron C 调试器运行和调试 Neuron C 程序,并可测试 I/O 测试样机和收发器硬件。两个仿真器可以相互通信,在每个仿真器上配置收发器便可以与外部网络进行通信。LonBuilder 路由器支持多种通信通道和介质的网络开发。

LonBuilder 路由器与收发器一起安装在开发站中,路由器的一端连至开发器的 1.25Mbit/s 背板上,另一端连至收发器,从而将开发站的内部网络和外部网络连接起来。

2) 网络管理器。网络管理器用于网络安装及配置,提供网络安装服务,为节点分配逻辑地址,定义子网和网络通道,安装路由器,设置优先级、网络变量和显式报文的互联等。除此以外,网络管理器还负责系统维护及网络监控服务。

3) 协议分析器和报文统计器。协议分析器能够把所有的网络通信信息存入运行记录文件中,然后对其译码,转换成 ASCII 码显示出来。报文统计器能够分析当前网络报文的总数及流量、带宽利用率、碰撞率和出错率等,并可基于这些信息调整节点的数据通信。

4) 程序和开发板。LonBuilder 开发工具中还包含一些可供练习的开发板、应用模块和演示程序。

2. LNS 网络操作系统

LNS(LonWorks Network Service)也称为网络工具,是一个 LonWorks 控制网络的操作系统。LNS 基于客户/服务器结构,可以提供基本的目录、管理、监控、诊断等方面的服务。LNS 技术是 LonWorks 控制网络技术中最重要的组成部分之一。

LonManager 协议分析器为 LonWorks 制造商、系统集成商和最终用户提供了一套基于 Microsoft Windows 的工具和高性能的 PC 接口卡,利用它用户可以很方便地观察、分析和诊断 LonWorks 网络的工作。

LNS 网络工具主要包括 LNS Windows 应用程序开发工具包、LNS HMI Java 平台开发工具、LonManager 协议分析器、LonMaker 集成工具和 LNS DDE Server 软件等。

LonMaker 集成工具是一个软件包，用于 LonWorks 网络的设计、安装、操作、检测及维护过程。

LNS DDE Server 是一个软件包，是 LNS 工具与可视化应用程序的一个接口，利用它可以使任何与 DDE 兼容的 Microsoft Windows 应用程序无需编程实现监视和控制 LonWorks 网络。

3. LonWorks 控制网络的应用开发

一个 LonWorks 控制网络可以是由单一节点组成的简单系统，也可以是由多个节点组成的复杂系统。无论规模大小，其应用系统的开发步骤基本相同。本节以用 NodeBuilder 开发工具开发一个 LonWorks 应用系统为例，简要说明 LonWorks 控制网络的设计和实现方法。LonWorks 应用系统开发过程原理框图如图 6-4 所示。

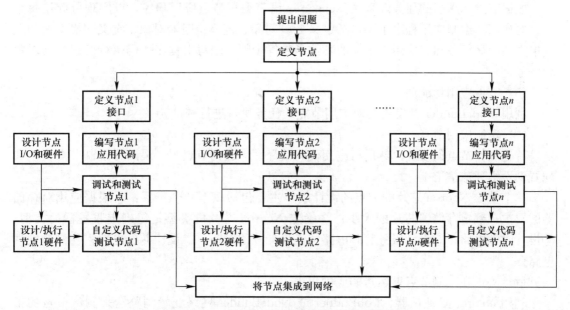

图 6-4　LonWorks 应用系统开发过程原理框图

（1）定义控制系统的功能

开发过程的第一步是提出问题，即定义控制系统的完整功能。对由多节点组成的 LonWorks 控制网络而言，应根据控制系统的总体控制策略，将控制系统划分成若干功能独立的模块或子系统，并以此来定义各功能模块的功能，以实现控制系统的整体功能。

（2）节点定义及功能分配

当把应用系统划分成多个节点后，由于每个节点都是一个独立的对象，因而必须根据节点的任务进行节点的定义和功能分配。分布于现场的节点可以采用基于 Neuron 芯片的节点，其他一些需要附加处理器或 I/O 功能的节点，则可以采用基于主机的节点。

在功能定义时，要充分考虑网络设计中节点的数量和类型、节点间的逻辑连接、节点的安装物理地址、路由器的使用及多种通信介质的连接等问题。因为节点间的功能分配对系统的性能影响很大，所以必须协调好各节点的功能独立性和系统的控制策略完整性之间的关系，确保网络中的节点有足够的带宽用于通信。

(3) 为每个节点定义外部接口

为节点所定义的外部接口大多是采用应用级 LonMark 对象定义的。LonMark 对象是一个或多个输入网络变量和输出网络变量、网络变量行为的语义定义和一系列配置属性的封装体。LonMark 对象建立在网络变量的基础上，并结合特定应用功能的语义提供了一个简明的应用层接口。LonMark 对象不仅定义了使用何种网络变量类型和标准结构参数类型传递数据，还描述了信息如何输入节点，如何从节点输出，如何与网络上其他节点共享信息的标准格式。

节点的 LonMark 对象、配置属性和显式报文等这些外部接口对系统中的其他节点是"可见"的。通过定义节点的外部接口，使每个节点的开发具有独立性，同时也降低了网络集成和应用变化所带来的影响，增强了不同制造厂商的产品的互操作性。

(4) 为节点编写应用程序

根据节点所承担的任务，采用 Neuron C 语言编写节点应用程序，以实现分配给每个节点的功能。编制应用程序主要包括定义 I/O 对象、定义定时器对象、定义网络变量和显式报文、定义任务和完成用户定义的其他函数等步骤，编写出程序代码执行已定义的对象和任务。

(5) 节点应用功能调试

利用 NodeBuilder 开发工具对应用节点的任务执行进行调试。

(6) 定制应用节点

首先制作节点的硬件，然后将应用代码编译并下载到节点上，最后将定制节点安装和配置到网络通信信道上。

一个基于 Neuron 芯片的节点的设计制作主要包括以下几个步骤：①根据应用对存储器的要求，确定存储器芯片的大小；②确定 Neuron 芯片的类型；③确定收发器的类型；④设计时钟电路；⑤设计服务管脚电路；⑥设计复位电路；⑦设计 I/O 电路；⑧制作硬件电路。

(7) 测试在定制节点上运行的应用程序

利用 Neuron C 调试器、LonBuilder 或 NodeBuilder 网络变量浏览器来测试节点的工作情况，并测试与节点相连的实际设备是否能够正常工作。

(8) 将单个节点集成到网络中并测试

通过测试的各个节点可以安装组网，并进行网络上的测试。该阶段的主要工作有：①将节点放置在现场合适的位置上，用传输介质或网络连接设备将其进行物理连接；②建立与其他节点的逻辑连接；③监视并测试网络上各节点之间的通信。

6.3 BACnet 技术

BACnet 协议标准是 ASHRAE（美国供热、制冷与空调工程师学会）针对智能建筑自控领域制定的开放性楼宇自控网络数据通信协议标准，其英文全称为"BACnet: A Data Communication Protocol for Building Automation and Control Network"。该标准于 1995 年 6 月正式公布，并在当年 12 月成为美国国家标准（ANSI/ASHARE 135-1995），2003

年1月该标准正式成为国际标准（ISO 16484-5），是智能建筑楼宇自控领域唯一的国际标准，随后该标准也成为欧盟（CEN）标准。

BACnet协议标准以其先进的技术架构、精简的体系结构和开放的理念得到了全球的广泛研究、开发和应用。目前全球跨国楼宇自控厂商均支持和生产BACnet自控设备和产品，并以BACnet标准作为其战略标准。

BACnet标准虽然起源于HVAC&R设备的自控需求，但BACnet标准在SSPC 135委员会的维护下得到了全面发展和完善，目前不仅广泛应用于HVAC设备系统，而且也广泛应用于消防与安全、门禁安防、照明以及市政公用设施、物业管理等领域。因而BACnet标准是专用于智能建筑楼宇自控领域的应用标准。

6.3.1 BACnet体系结构

1. BACnet协议模型

制定BACnet目标是要建立一种统一的数据通信标准，实现设备之间的互操作。BACnet协议规定了设备之间通信的规则，并不涉及实现的细节，因此BACnet协议模型有以下特点：

（1）所有的网络设备，除基于主从/令牌传递协议MS/TP（Master Slave/Token Passing）以外，都可以点对点（Peer-to-Peer）的方式进行通信。

（2）每个设备都是一个"对象"的实体，每个对象用其"属性"描述并提供了在网络中识别和访问设备的方法。

（3）设备相互通信是通过读/写设备对象的"属性"，以及利用协议提供的"服务"完成的。

（4）设备的完善性是由设备的"一致性类别"所反映的。每种类别定义了一个包括服务、对象、属性的最小集合。

（5）遵循ISO的"分层"通信体系结构，使得采用不同访问方法和物理传输介质的网络之间可以交换相同的报文。

（6）该标准的目的是为供暖、通风、空调、制冷控制设备和其他楼宇自控设备的监控定义数据通信的服务和协议，同时也为系统集成提供了基本原则。

（7）BACnet采用面向对象技术。在BACnet中对象就是在网络设备之间传输的一组数据结构，网络设备通过读取、修改封装在应用层协议数据单元APDU（Application Protocol Data Unit）中的对象数据结构实现互操作。

2. BACnet体系结构

BACnet是一种针对智能建筑的开放性网络协议，采用ISO/OSI模型的"分层"通信体系结构。BACnet协议从硬/软件实现、数据传输速率、系统兼容和网络应用等几方面考虑，目前支持五种组合类型的数据链路/物理层规范。BACnet协议在物理介质上支持双绞线、同轴电缆和光缆。

BACnet协议在拓扑结构上支持星形和总线拓扑。为了适应各种应用，BACnet并没有严格规定网络拓扑结构，可以连接到任何一种局域网。按照局域网拓扑结构的含义，每台设备与物理介质连接，构成BACnet物理网段；一个或多个物理网段通过中继器连接，构成BACnet网段；一个或多个网段通过网桥互联，构成BACnet网络；一个或多个BACnet网络通过路由器互联，便形成BACnet/Internet互联网。

BACnet 遵循 OSI 模型体系结构，如图 6-5 所示。该协议体系结构是一个包含四个层次的分层体系结构。BACnet 标准定义了自己的应用层和网络层，对于数据链路层和物理层，提供了 5 种选择方案。这样 BACnet 可以利用现有的成熟局域网技术，可以大大降低成本，而且也有利于提高性能，为智能建筑系统集成开辟了新途径。

BACnet协议层次					对应的OSI层次
BACnet应用层					应用层
BACnet网络层					网络层
ISO8802-2 (IEEE802.2)类型1		MS/TP (主从/令牌传递)	PTP (点到点协议)	LonTalk	数据链路层
ISO8802-3 (IEEE802.3)	ARCnet	EIA-485 (RS-485)	EIA-232 (RS-232)		物理层

图 6-5　BACnet 体系结构层次示意图

为了高效解决楼宇自控网络通信和互操作的基本问题，在面向对象分析和设计方法的指导下，BACnet 标准在体系结构上还可划分为通信功能和互操作功能两个大部分，并且这两大功能既相互独立，又相互联系。其中，通信功能由物理层、数据链路层和网络层三个协议层进行定义；互操作功能由应用层单独定义。为了满足实时性能和提高通信效率，BACnet 协议的物理层、数据链路层和网络层只提供无连接类型的通信服务，因而应用层除提供互操作功能外，还提供面向连接的应用通信服务，以满足可靠性通信服务的需求。

3. BACnet 协议的数据链路层/物理层

从实现协议的硬件可用性、数据传输速率、与传统楼宇自控系统的兼容性和设计的复杂性几个方面考虑，BACnet 协议将五种局域网的数据链路层/物理层技术作为自己所支持的数据链路层/物理层技术进行规范，形成相应的协议。这五种局域网即是 ISO 8802-3 以太局域网、ARCnet 局域网、BACnet 自定义的主从/令牌传递局域网、点对点连接以及 LonTalk 局域网。

(1) BACnet 的以太局域网规范

ISO 8802-3 定义了以太网在局域网中的应用技术规范，以太网是当今世界上应用最广泛的局域网技术，也是在 BACnet 使用中最快的局域网技术。大多数楼宇控制公司为高速终端控制设备和工作站的相互连接提供以太网技术产品。

BACnet 的以太局域网选择 ISO 8802-2 中的类型 1 定义的逻辑链路控制协议，加上 ISO8802-3 介质访问控制协议和物理层协议作为自己的规范。

虽然以太网是 BACnet 局域网可选产品中最快的，但它带有不确定性，这就是说它不可能保证设备在规定时间里完成信息传送。这是由于以太网采用一种基于竞争机制来控制对传输介质访问的结果。网络无负荷时，设备可以随时传送信息；如果两个设备同时决定发送信息就会产生冲突，这种冲突仅在网络高负荷时出现，如果对网络进行适当的设计与维护，这个问题是可以避免。可以把那些引起网络高负荷的节点用网桥进行隔离，从而避免这些节点对其他所有节点的不必要传输。这样，网络局部拥塞就不会导致整个网络瘫痪。

(2) BACnet 的 ARCnet 局域网规范

ARCnet（Attached/Auxiliary Resource Computer Network）是一种最传统、最简单和最经济的局域网类型之一。虽然 ARCnet 比以太网稍慢一些，但具有确定性，即一个设备能够发送消息前的最大延时可以确定。BACnet 的特点是使用令牌传递协议作为介质访问控制方式。

BACnet 的 ARCnet 局域网选择 ISO 8802-2 类型 1 定义的逻辑链路控制协议，加上 ARCnet（ATA/ANSI878.1）协议作为自己的标准。

作为一种用于连接高速终端控制器和工作站的高速网络，ARCnet 在某些楼宇控制产品中比较流行，但目前这种情况因以太网广泛应用而被削弱。

(3) BACnet 的主从/令牌传递局域网规范

BACnet 的主从/令牌传递（MS/TP）局域网选择 MS/TP 协议加上 EIA-485 协议作为自己的规范。它适用于主从模式、对等令牌环传递模式或两者兼有之。EIA-485 标准是电子工业协会开发的物理层数据通信标准，广泛地应用于楼宇设备控制系统中。

主从/令牌传递（MS/TP）协议是由 BACnet 标准项目委员会专门针对楼宇自控设备开发的，用于提供数据链路层功能。它通过控制 EIA-485 的物理层，向网络层提供接口。

MS/TP 是 BACnet 局域网中产品价格最低的，可在标准的单片微处理器上实现，不需要任何外围附加硬件来进行定时以及提供收发器接口。

(4) BACnet 的点对点通信规范

BACnet 标准项目委员会定义了一种数据链路层协议，称为点对点协议（PTP）。该协议提供一种连接方式，用于单个设备或采用异步串行连接方式（如采用拨号的 Modem 对 Modem 连接）网络的互联。PTP 连接的任意一端的设备充当一个半路由器的角色，一旦连接建立，就充当各自网络中设备的路由器。

BACnet 的点对点通信规范选择点对点连接的数据链路协议再加上 EIA-232 物理层协议作为自己的标准。

(5) BACnet 的 LonTalk 局域网规范

LonTalk 目前已被采纳为 EIA 标准用于家庭自动化网络中。LonTalk 技术支持最多种类的介质选择，并需要在专门的芯片上实现。

BACnet 支持使用 LonTalk 协议的服务来传输 BACnet 报文的功能，因此，BACnet 将 LonTalk 协议，包括将来的扩展作为自己的标准。

LonTalk 作为一种 BACnet 局域网技术，与其他技术比较，唯一不同的是要求有专门的开发工具。

4. BACnet 协议的网络层

建立 BACnet 网络层目的是能够将报文从一个 BACnet 网络传递到另一个 BACnet 网络。通过网络层可以把报文直接传递到一台远程 BACnet 设备或广播到 BACnet 网络中所有的 BACnet 设备。在设计 BACnet 互联网络时，要求在两台设备之间只能有一条有效路径，从而降低了网络层的复杂性。

网络层通过路由器实现两个或多个异类 BACnet 局域网的连接，并通过协议报文进行路由器的自动配置、路由表维护和拥塞控制。BACnet 路由器与每个网络的连接处称为一个"端口"。路由表中包含端口的下列项目：①端口所连接网络的 MAC 地址和网络号；

②端口可到达网络的网络号列表及与这些网络的连接状态。BACnet 路由器既可以是一个单独的设备，也可以是一个具有楼宇控制功能的设备兼有路由器功能。

5. BACnet 协议的应用层

建立 BACnet 应用层的目的是清楚地描述应用层与应用程序之间的交互，以及应用层与远程设备应用层之间的对等交互。

BACnet 应用层即指 BACnet 应用实体，通过应用编程接口（API）为上层应用程序服务，并与对等应用层实体通信。应用实体由用户单元和应用服务单元（ASE）两部分组成。ASE 是一组特定内容的应用服务。而用户单元支持本地 API、保存事务处理上下文信息、产生请求 ID、记录 ID 对应的应用服务响应、维护超时重传机制所需要的计数器以及将设备行为要求映射为对象等。

BACnet 应用层提供证实和非证实两种类型的服务。BACnet 定义了四种服务原语，即请求、指示、响应和证实，它们通过应用层协议数据单元传递。由于 BACnet 建立在无连接的通信模式上，因而 OIS 模型提供端到端服务的传输层部分简化功能也由应用层实现。这些简化功能主要指可靠的端到端传输和差错校验、报文分段和流量控制、报文重组和序列控制。

6.3.2 BACnet 服务对象

在建筑智能化控制网络中，各种设备之间要进行数据交换，为了能够实现设备的互操作，所交换的数据必须使用所有设备都能够理解的"共同语言"。BACnet 的最成功之处就在于采用了面向对象的技术，定义了一组具有属性的对象（Object）来表示任意的楼宇自控设备的功能，从而提供了一种标准的表示楼宇自控设备的方式。

在 BACnet 中，所谓对象是指在网络设备之间传输的一组数据结构，对象的属性就是数据结构中的信息，设备可以从数据结构中读取信息，可以向数据结构写入信息，这些就是对对象属性的操作。

BACnet 网络中的设备之间的通信，实际上就是设备的应用程序将相应的对象数据结构装入设备的应用层协议数据单元（APDU）中，按照特定的规范传输给相应的设备。对象数据结构中携带的信息就是对象的属性值，接收设备中的应用程序对这些属性进行操作，从而完成信息通信的目的。

BACnet 标准定义的 18 个对象及应用，如表 6-2 所示。

BACnet 标准定义的 18 个对象及应用　　表 6-2

序号	对象名称	应用举例
1	模拟输入（Analog Input）	模拟传感器输入
2	模拟输出（Analog Output）	模拟控制量输出
3	模拟值（Analog Value）	模拟控制设备参数，如设备阈值
4	数字输入（Binary Input）	数字传感器输入，如电子开关 ON/OFF 输入
5	数字输出（Binary Output）	继电器输出
6	数字值（Binary Value）	数字控制系统参数
7	命令（Command）	向多设备的多对象写多值，如日期设置
8	日历表（Calendar）	程序定义的事件执行日期列表

续表

序号	对象名称	应用举例
9	时间表（Schedule）	周期操作时间表
10	事件登记（Event Enrollment）	描述错误状态事件，如输入值超界或报警事件。通知一个设备对象，也可通过"通知类"对象通知多设备对象
11	文件（File）	允许访问（读/写）设备支持的数据文件
12	组（Group）	提供单一操作下访问多对象的多属性
13	环（Loop）	提供访问一个"控制环"的标准化操作
14	多态输入（Multi-state Input）	表述多状态处理程序的状况，如制冷设备开、关和除霜循环
15	多态输出（Multi-state Output）	表述多状态处理程序的期望状态，如制冷设备开始冷却、除霜的时间
16	通知类（Notification Class）	包含一个设备列表，配合"事件登记"对象将报警报文发送给多设备
17	程序（Program）	允许设备应用程序开始和停止、装载和卸载，并报告程序当前状态
18	设备（Device）	其属性表示设备支持的对象和服务以及设备供应商和零件版本等信息

一个 BACnet 设备应包括哪些对象取决于该设备的功能和特性。BACnet 标准并不要求所有 BACnet 设备都包含全部的对象类型，例如控制 VAV 箱的 BACnet 设备可能具有几个模拟输入和模拟输出对象。而 Windows 工作站没有传感器输入也没有控制输出，因而不会有模拟输入和模拟输出对象。每个 BACnet 设备都必须有一个设备对象，该对象的属性用于描述该设备在网络中的特征。例如，设备对象的对象列表属性提供该设备中包含的所有对象的列表。销售商名称、销售商标识符和型号名称等属性提供该设备制造商以及设备型号的数据。另外，BACnet 允许生产商提供专用对象，专用对象不要求可被其他厂商的设备访问和理解。但是，专用对象不得干扰标准 BACnet 对象。

BACnet 标准确立了所有对象可能具有的总计 123 种属性。每种对象都规定了不同的属性子集。BACnet 规范要求每个对象必须包含某些属性，还有一些属性则是可选的。两种情况下，实现的属性都具有明确的作用，该作用由 BACnet 规范定义，尤其针对报警或事件通知属性以及对控制值或状态有影响的属性。BACnet 规范要求几个标准属性是可写的，而其他一些属性由厂商决定是否可写，所有属性在网络中都是可读的。

"模拟输入对象"是 BACnet 标准对象之一，它代表一种模拟传感器输入，如热敏电阻。图 6-6 是一个模拟输入对象示意图，该对象在网络上有 5 个属性表征。

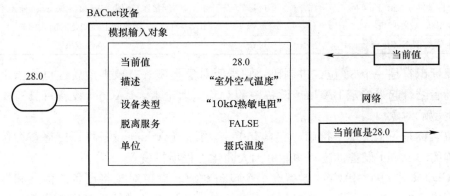

图 6-6　一个模拟输入对象示意图

描述、设备类型、单位3个属性在系统安装时设定。当前值、脱离服务这两个属性列提供传感器输入的在线状态。还有一些属性（一个模拟输入对象最多可具有25个属性）可以由设备生产商设定。在这个例子中，对模拟输入对象当前值属性的查询将会得到一个应答："28.0"。

模拟输入对象代表直接与控制元件相关的对象，它的许多属性都反映这一特性。表6-3列出了模拟输入对象规定的各种属性以及它们的典型值或应用举例。前3个属性（对象标识符、对象名称和对象类型）是每个BACnet对象必备的。

模拟输入对象的属性   表6-3

属性	BACnet 规范	举例
对象标识符 Object_Identifier	必需	模拟输入#1（Analog Input #1)
对象名称 Object_Name	必需	AI 01
对象类型 Object_Type	必需	模拟输入
当前值 Present_Value	必需	28.0
描述 Description	可选	室外空气温度
设备类型 Device_Type	可选	10kΩ 热敏电阻
状态标志 Status_Flags	必需	报警出错强制脱离服务标志
事件状态 Event_State	必需	正常（加上各种情况报告状态）
可靠性 Reliability	可选	未检测到出错（加上各种出错条件）
脱离服务 Out_of_Service	必需	否
更新间隔 Update_Interval	可选	1.00（s）
单位 Units	必需	摄氏度
最小值 Min_Pres_Value	可选	－100.0（最小可靠读数）
最大值 Max_Pres_Value	可选	＋300.0（最大可靠读数）
分辨率 Resolution	可选	0.1
COV 增量 COV_Increment	可选	0.5（如当前值变化量达到增量值，则发出通知）
通知类 Notification_Class	可选	发送 COV 通知给通知类对象
高值极限 High_Limit	可选	＋215.0 正常范围上限
低值极限 Low_Limit	可选	－45.0 正常范围下限
死区 Deadband	可选	0.1
极限使能 Limit_Enable	可选	高值极限报告和低值极限报告使能
事件使能 Event_Enable	可选	"反常""出错""正常"状态改变报告使能
转变确认 Acked_Transtions	可选	接收到上述变化的确认标志
通知类型 Notify_Type	可选	事件或报警

对象标识符是一个32位二进制码，它指明对象类型（对象类型属性也作指定）和器件号，两者结合起来确定BACnet设备中的对象。理论上，BACnet设备可具有400多万个特定类型的对象。

对象名称是一个文本字符串，它具有单一功能。BACnet设备可以广播查询包含特定对象名称的BACnet设备，这一功能可大大简化工程项目设置。

BACnet要求每个BACnet设备有一个设备对象。设备对象将设备的信息和性能状况传递给网络上的其他设备。一个BACnet设备在与其他设备进行控制通信之前，它需要先从对方设备的设备对象中获得有关信息。

在楼宇自控网络中，各种设备之间要进行数据交换，BACnet 的对象提供了网络设备进行信息通信的"共同语言"。除此之外，BACnet 设备之间还有进行信息传递的手段，例如，一个设备要求另一个设备提供信息，命令另一个设备执行某个动作，或者向某些设备发出信息通知已经发生某事件等。在面向对象技术中，与对象相关联的是属性和方法，属性用来说明对象，而方法是外界用来访问或作用于对象的手段。在 BACnet 中，把对象的方法称为服务（Service），对象提供了对 4 个楼宇自控设备的"网络可见"部分的抽象描述，而服务提供了用于访问和操作这些信息的命令。服务就是一个 BACnet 设备可以用来向其他 BACnet 设备请求获得信息，命令其他设备执行某种操作或者通知其他设备有某事件发生的方法。在 BACnet 设备中要运行一个"应用程序"，负责发出服务请求和处理收到的服务请求。这个应用程序实际上就是一个执行设备操作的软件。例如，在操作工作台，应用程序负责显示一系列传感器的输入信号，这需要周期性地向相应的目标设备中的对象发送服务请求，以获得最新的输入信号值；而在监测点设备中，它的应用程序则负责处理收到的服务请求，并返回包含有所需数据的应答。实现服务的方法就是在网络中的设备之间传递服务请求和服务应答报文。图 6-7 为 BACnet 设备接收服务请求和进行服务应答的示意图。

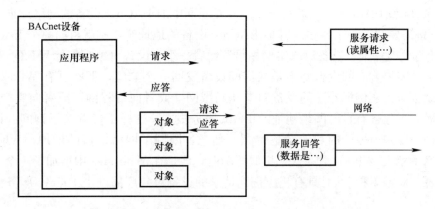

图 6-7　BACnet 设备接收服务请求和进行服务应答的示意图

BACnet 定义了 35 种服务，划分为 6 个类别，分别是报警与事件服务、文件访问服务、对象访问服务、远程设备管理服务、虚拟终端服务和网络安全性服务。

这些服务又分为两种类型，一种是确认服务，另一种是不确认服务。发送确认服务请求的设备，将等待一个带有数据的服务应答。而发送不确认服务请求的设备并不要求有应答返回。具备确认服务的 BACnet 设备，具有启动该类服务请求的功能，或接收并应答该类服务请求的功能，也许两种功能皆有。具备不确认服务的 BACnet 设备，具有启动该类服务请求的功能，或接收并处理该类服务请求的功能，也许两种功能皆有。BACnet 设备不必实现所有服务功能，只有一个"读属性"服务是所有 BACnet 设备必备的，根据设备的功能和复杂性，可以增加其他服务功能。

报警和事件服务用于处理 BACnet 设备监测的条件变化。报警与事件变化可能表示某种问题或故障，如传感器读数超出范围、返回到正常操作、相对于前一次报告值出现了读数变化，这些都称为值变化（Change of Value，COV）。COV 报告是一种替代反复查询某对象中被监控值的方法。一个包含被监测对象的设备在许多其他设备都在监测它时可能遇到网络拥塞的影响。COV 报告允许仅在被监视对象值发生改变时发出通知。报警、事件和值改变通知，由监测对象的应用程序产生和发出。被监测的对象直接与控制操作相关联，各种输入输出和值对象，以及回路对象是这类对象的典型代表。

文件访问服务提供读写文件的方法，这包括上传和下载控制程序和数据库的能力。文件访问服务类别分为"基本读文件"和"基本写文件"。服务之所以称为"基本读文件"和"基本写文件"，是因为在对一个文件进行读或写操作时，不允许同时进行另外的读或写操作。BACnet 现在的版本还没有定义文件的格式，但是确实提供了以记录结构格式或者以连续字节流的方式访问文件。

对象访问服务提供了读出、修改和写入属性的值以及增删对象的方法。为了将一个 BACnet 设备中的多个属性的读出和写入操作结合到一个单一的报文中，提供了读多个属性和写多个属性服务，这将减轻网络的负荷。条件读属性提供了更复杂的服务，设备根据包含在请求中的准则来测试每个相关的属性，并且返回每个符合准则的属性的值。虽然定义了创建对象和删除对象服务，但是其应用受限制；与物理设备本身相关联的对象是不可增删的，而组对象和事件注册对象以及在某些情况下的文件对象可对其进行增删服务。

远程设备管理服务提供对 BACnet 设备进行维护和故障检测的工具，如表 6-4 所示。可以用 Who-Is 和 I-Am 服务来获得 BACnet 互联网中的 BACnet 设备的网络地址。当一个 BACnet 设备需要知道一个或多个其他 BACnet 设备的地址时，它就可向整个 BACnet 互联网广播一个标明有一个"设备对象实例标号"或者一组"设备对象实例标号"的 Who-Is 服务请求报文。需要响应的设备并不是向询问设备发回一个响应，那些具有 Who-Is 报文中标明的"设备对象实例标号"的设备向本地局域网，或者向远程网，或者向整个 BACnet 互联网广播一个包含有自己网络地址的 I-Am 服务报文。这样不仅响应了询问的设备，而且也使那些需要知道地址的其他设备得到了信息，限制了网络负荷的增加。Who-Has 和 I-Have 服务具有与 Who-Is 和 I-Am 相似的功能，但是在 Who-Has 中增加了一个"对象标识符"或者"对象名称"，对具有相应询问请求的设备对象广播一个 I-Have 服务报文作为响应。

远程设备管理服务　　　　　　　　　　　　　表 6-4

服务	BACnet	描述
设备通信控制 Device Communication Control	确认	通知一个设备停止或开始接收网络报文
确认的专用信息传递 Confirmed Private Transfer	确认	向一个设备发送一个厂商专用报文
不确认的专用信息传递 Unconfirmed Private Transfer	不确认	向一个或多个设备发送一个厂商专用报文
重新初置设备 Reinitialize Device	确认	命令接收设备冷启动或热启动
确认的文本报文 Confirmed Text Message	确认	向另一个设备发送一个文本报文
不确认的文本报文 Unconfirmed Text Message	不确认	向一个或多个设备发送一个文本报文
时间同步 Time Synchronization	不确认	向一个或多个设备发送当前时间

续表

服务	BACnet	描述
Who-Has	不确认	询问哪个 BACnet 设备含有某特定对象
I-Have	不确认	肯定应答 Who-Has 询问，广播
Who-Is	不确认	询问某些特定 BACnet 设备的存在
I-Am	不确认	肯定应答 Who-Is 询问，广播

因为不同厂家生产的楼宇自控设备仍然保持在其硬件和结构上的专有特性，BACnet 要提供一种工具，使得操作者能够重构这些设备。虚拟终端服务就是这样的工具，它们提供了一种实现面向字符的数据双向交换的机制。操作者可以用虚拟终端服务建立 BACnet 设备与一个在远程设备上运行的应用程序之间的基于文本的双向连接，使得这个设备看起来就像是连接在远程应用程序上的一个终端。

安全性服务提供对等实体验证、数据源验证、操作者验证和数据加密等功能。为了实现安全性功能，在网络中要设置一个设备作为密钥服务器，每个具有安全特性的设备都要被分配一个密码，并且支持安全性服务。BACnet 允许支持安全性服务的设备与不支持安全性服务的设备混合运行，是否运行安全性服务由具体的事务决定。

6.3.3 BACnet 标准特点

自 BACnet 标准产生以来，无论在标准化的历程中，还是在应用推广的进程中，均取得了显著效果，归纳起来，BACnet 标准具有如下特点：

1. 专用于智能建筑楼宇自控领域，性能高效

BACnet 标准是由来自楼宇自控领域的专家为楼宇自控领域"量身定制"的专用标准，具有许多建筑智能化系统所特有的特性和功能，如 Schedule 等功能。这些特性和功能是其他标准（如 LonWorks）所没有的。

2. 完全开放，技术先进

BACnet 标准是非营利学会组织的标准，没有任何技术专利和商业意图，任何人都可以参与讨论，提出建议，并可自由开发相关设备和产品。这种完全开放的特性可以集思广益，博采众长，使 BACnet 标准不断注入新技术的内容，始终保持技术先进性，从而代表该领域的发展方向。

3. 具有良好的扩展性

BACnet 标准采用了面向对象分析和设计的方法，提供了良好的扩展机制。这种扩展机制不仅可以对标准中的各个部分进行扩展，而且任何扩展部分与原内容具有相同的运行机制。如果扩展部分得到了 SSPC 135 委员会的认可，则成为该标准下一个版本的正式内容。也就是说，BACnet 标准具有一个很大的框架和良好的扩展接口，扩展的内容只要满足扩展接口的要求，即使没有得到 SSPC 135 委员会的认可，也可以表现出与标准中原内容相同的特性。这种扩展方式不同于其他自控标准的扩展，几乎对原有标准没有任何附加的开销。

4. 不依赖于现有的局域网或广域网技术，具有良好的互联性

BACnet 标准利用其简洁的网络层功能屏蔽不同的底层差异，可以使 BACnet 标准包含不同的局域网技术，也可以利用广域网技术，甚至可以利用未来的网络技术。这就使 BACnet 网络可以由具有不同传输介质和通信速率的网段所组成，不仅提高了网络互联的

能力，而且提高了网络的性能/价格比，使 BACnet 标准具有更为广阔的应用空间。

6.4 其他控制网络技术

除了以上所述建筑智能化领域的控制网络类型外，在建筑照明、环境、能源、人员定位等控制与服务中，还有其他技术构成的控制网络。下面简要阐述 CAN 总线技术、Modbus 总线技术、建筑智能物联网技术。

6.4.1 CAN 总线技术

CAN（Controller Area Network）是一种现场总线技术，它是一种架构开放、广播式的新一代网络通信协议，称为控制器局域网现场总线。CAN 总线技术是德国 Bosch 公司针对欧洲汽车市场开发的，能够以较低的成本、较高的实时处理能力在强电磁干扰环境下可靠地工作。CAN 总线技术推出之初用于汽车内部测量和执行部件之间的数据通信，例如汽车刹车防抱死系统、安全气囊系统等。除此之外，CAN 总线技术还可广泛应用于离散控制领域的过程监测和控制，以解决测量系统与控制系统之间可靠的实时数据交换。

1. CAN 总线技术通信介质访问控制方式

CAN 总线技术采用了三层模型：物理层、数据链路层和应用层。CAN 支持的拓扑结构为总线型，传输介质为双绞线、同轴电缆和光纤等。采用双绞线通信时，速率为 1Mbps/40m，50kbps/10km，节点数可达 110 个。

CAN 的通信介质访问控制方式为带有优先级的 CSMA/CA 方式。采用多主竞争方式结构：网络上任意节点均可以在任意时刻主动地向网络上其他节点发送信息，而不分主从，即当发现总线空闲时，各个节点都有权使用网络；当发生冲突时，采用非破坏性总线优先仲裁技术；当几个节点同时向网络发送消息时，运用逐位仲裁原则，借助帧中开始部分的表示符，优先级低的节点主动停止发送数据，而优先级高的节点可不受影响地继续发送信息，从而有效地避免了总线冲突，使信息和时间均无损失。例如，规定 0 的优先级高，在节点发送信息时，节点边发送信息边监测网络状态，当节点发送 1 而监测到 0 时，此节点发现有更高优先级的信息在发送，它就停止发送信息，直到再一次监测到网络空闲。

CAN 的传输信号采用短帧结构（有效数据最多为 8 个字节）和带优先级的 CSMA/CA 通信介质访问控制方式，针对高优先级的通信请求，在 1Mbps 通信速率时，最长的等待时间为 0.15ms，完全可以满足现场控制的实时性要求。CAN 传输信号为短帧结构，因而传输时间短，受干扰概率低。这些保证了出错率极低，剩余错误概率为报文出错率的 4.7×10^{-11}；另外，CAN 节点在严重错误的情况下，具有自动关闭输出的功能，以使总线上其他节点的操作不受其影响。因此，CAN 具有高可靠性。

CAN 的通信协议主要由 CAN 总线控制器完成，它由实现 CAN 总线协议部分和微控制器接口部分电路组成，通过简单的连接即可完成 CAN 协议的物理层和数据链路层的所有功能，应用层功能由微控制器完成。CAN 总线上的节点既可以是基于微控制器的智能节点，也可以是具有 CAN 接口的 I/O 器件。

2. CAN 总线应用设计

（1）CAN 总线系统拓扑结构

CAN 总线属于现场总线的范畴，网络拓扑结构采用总线式结构，这种网络结构简单、成本低，并且采用无源抽头连接，系统可靠性高。通过CAN总线连接各个网络节点，形成多主机控制器局域网；信息的传输采用CAN通信协议，通过CAN控制器完成。各网络节点一般为带有微控制器的智能节点，完成现场的数据采集和基于CAN协议的数据传输，节点可以使用带有CAN控制器的微控制器，或选用一般的微控制器加上独立的CAN控制器来完成节点功能；传输介质可采用双绞线、同轴电缆或光纤。如果需要进一步提高系统的抗干扰能力，还可以在控制器和传输介质之间加接光电隔离，电源采用DC-DC变换器等措施，这样可方便构成实时分布式测控系统。

(2) CAN总线系统硬件设计

基于CAN总线的控制系统硬件设计一般可按如下步骤进行：

1) 定义各节点的功能，确定各节点测控量的数目、类型、信号特征等。

2) 选择节点控制器和适配元件。

3) 根据CAN总线物理层协议选择传输介质，设计布线方案，组成总线网络。考虑系统的可靠性，进行适当的冗余设计，传输介质可设两套，同时传输信息；若通信距离较长，在适当的地方加接中继站，以扩展总线的通信距离。

(3) CAN总线系统软件设计

CAN总线系统软件要追求软件的继承性和可维护性，尽可能延长产品的生命周期，提高同类或相似产品的开发效率，从而形成软件积累。一个良好的具有通用性的软件，在硬件更新换代方面要尽量把与硬件相关联的程序独立出来，而且涉及的面越小越好；在硬件功能的差异性方面要以"对象"和需求划分功能模块，把功能选择和实现分离开，这类似于基于COM模型的软件集成技术把ActiveX控件的实现和各种各样的ActiveX控件的组合分离。按上述原则设计的CAN总线系统软件在一定程度上具有很高的鲁棒性，在一定范围内能够适应硬件的发展和更替。

3. CAN总线技术的特点

(1) CAN总线技术最大的特点是去除了传统的站地址编码，代之以对数据通信数据块进行编码，可以多种方式工作。

(2) CAN采用非破坏性仲裁技术，当两个节点同时向网络上传送数据时，优先级低的节点主动停止数据发送，而优先级高的节点可不受影响地继续传输数据，有效避免了总线冲突。

(3) CAN采用短帧结构，每一帧的有效字节数为8位（CAN技术规范2.0A），数据传输时间短，受干扰的概率低，重新发送的时间短。

(4) CAN的每帧数据都有CRC校验及其他检错措施，保证了高可靠的数据传输，适于在强干扰环境中使用。

(5) CAN节点在错误严重的情况下，具有自动关闭总线的功能，切断它与总线的联系，以使总线上其他操作不受影响。

(6) CAN可以点对点、一点对多点（成组）及全局广播集中方式传送和接收数据。

(7) CAN总线直接通信距离最远可达10km/5kbps，通信速率最高可达1Mbps/40m。

(8) 采用不归零码（Non Return to Zero，NRZ）编码/解码方式，并采用位填充（插入）技术。

总之，基于CAN总线技术的数据通信具有显著的可靠性、实时性和灵活性。CAN作为现场设备级的通信总线，和其他总线相比，具有很高的可靠性和性能/价格比，其总线规范已经成为国际标准，被公认为几种最有前途的总线之一。目前，CAN 总线技术接口芯片的生产厂家众多、协议开放、价格低廉，且使用简单。

6.4.2 Modbus 总线技术

Modbus 由 Modicon（现施耐德电气旗下品牌）于 1979 年开发的第一个真正用于工业现场的总线协议，目前它已成为开放式、有众多厂商支持的广泛应用的通用工业标准。

1. Modbus 协议简介

Modbus 协议是应用于电子控制器上的一种通用语言，通过此协议，控制器相互之间、控制器经由网络（例如以太网）和其他设备之间可以通信。基于该总线，不同厂商生产的控制设备可以连成工业网络，进行集中监控。它具有操作简单与灵活性高的特点，能够应用于很多工业场合。

此协议定义了一个控制器能识别的信息结构，而不管它们借助何种网络进行通信。它制定了消息域格局和内容的公共格式，描述了控制器请求访问其他设备的过程，如何回应来自其他设备的请求，以及怎样侦测错误并记录。

2. Modbus 网络

标准的 Modbus 接口使用 RS-232C 兼容串行接口，它定义了连接口的针脚、电缆、信号位、传输波特率、奇偶校验，控制器能直接或经由 Modem 组网。

控制器通信使用主-从技术，即仅一个设备（主设备）能初始化传输（查询），其他设备（从设备）根据主设备查询提供的数据做出反应。典型的主设备为 DDC 和可编程仪表，典型的从设备为可编程控制器。

主设备可单独和从设备通信，也能以广播方式和所有从设备通信。如果单独通信，从设备返回一个消息作为回应，如果是以广播方式查询的，则不作任何回应。Modbus 协议建立了主设备查询的格式：设备（或广播）地址、功能代码、所有要发送的数据和错误检测域。

从设备回应消息也由 Modbus 协议构成，包括确认要行动的域、任何要返回的数据和错误检测域。如果在消息接收过程中发生错误，或从设备不能执行其命令，从设备将建立错误消息并把它作为回应发送出去。

3. 在其他类型网络上传输

在其他网络上，控制器使用对等技术通信。在单独的通信过程中，控制器既可作为主设备也可作为从设备，提供的多个内部通道可允许同时发生传输进程。

Modbus/TCP 协议是 Modbus/RTU 协议的扩展，它定义了 Modbus/RTU 协议如何在基于 TCP/IP 的网络中传输和应用，Modbus/TCP 跟 Modbus/RTU 协议一样简单灵活。

在消息位，Modbus 协议仍提供了主-从原则，尽管网络通信方法是"对等"方式，如果控制器发送消息，它只是作为主设备，并期待从设备的回应信息；同样，当控制器接收到消息，它将建立从设备回应格式并返回给发送的控制器。

4. 查询与回应

（1）查询。查询消息中的功能代码告知被选中的从设备要执行何种功能。数据段包含从设备要执行功能的任何附加信息。例如功能代码 03 是要求从设备读保持寄存器并返回它们的内容。数据段必须包含要告知从设备的信息：从何寄存器开始读及要读的寄存器数量，错误检测域为从设备提供了一种验证消息内容是否正确的方法。

(2) 回应。如果从设备产生一个正常的回应，在回应消息中的功能代码是在查询消息中功能代码的回应。数据段包括从设备收集的数据：寄存器值或状态。如果有错误发生，功能代码将被修改，用于指出回应消息是错误的，同时数据段包含了描述此错误信息的代码，错误检测域允许主设备确认消息内容是否可用。

5. 传输方式

在标准的 Modbus 网络通信中，控制器能设置为两种传输模式（ASCII 帧或 RTU 帧）中的任何一种。用户选择想要的模式，包括串口通信参数（波特率、校验方式等），在配置每个控制器的时候，在一个 Modbus 网络上的所有设备都必须选择相同的传输模式和串口参数。

(1) ASCII 帧

使用 ASCII 模式，消息以冒号（:）字符开始，以回车换行符结束。其他域可以使用的传输字符是十六进制的 0，…，9，A，…，F；网络上的设备不断侦测":"字符，当有一个冒号接收到时，每个设备都解码下个域（地址域）来判断是否发给自己。

消息中字符间发送的时间间隔最长不能超过 1s，否则接收的设备将认为传输错误。ASCII 消息帧格式如表 6-5 所示。

ASCII 消息帧格式 表 6-5

起始位	设备地址	功能代码	数据	LRC 校验	结束符
1 个字符	2 个字符	2 个字符	n 个字符	2 个字符	2 个字符

(2) RTU 帧

使用 RTU 模式，消息发送至少要以 3.5 个字符时间的停顿间隔开始，传输的第一个域是设备地址。可以使用的传输字符是十六进制的 0，…，9，A，…，F。网络设备不断侦测网络总线。当接收到第一个域（地址域），每个设备都进行解码以判断是否发往自己。在最后一个传输字符之后，一个至少 3.5 个字符时间的停顿标定了消息的结束，一个新的消息可在此停顿后开始传输。

整个消息帧必须作为一连续的流传输。如果在帧完成之前有超过 1.5 个字符时间的停顿时间，接收设备将刷新不完整的消息并假定下一字节是一个新消息的地址域；同样地，如果一个新消息在小于 3.5 个字符时间内接着前一个消息开始，接收的设备将认为它是前一消息的延续，最后的 CRC 校验是错误的。RTU 消息帧格式如表 6-6 所示。

RTU 消息帧格式 表 6-6

起始位	设备地址	功能代码	数据	CRC 校验	结束符
T1-T2-T3-T4	8bit	8bit	n 个 8bit	16bit	T1-T2-T3-T4

6. 错误检测方法

标准的 Modbus 串行通信网络采用奇偶校验和帧检测（LRC 或 CRC）两种错误检测方法。奇偶校验对每个字符都可用，帧检测（LRC 或 CRC）应用于整个消息。它们都是在消息发送前由主设备产生的，从设备在接收过程中检测每个字符和整个消息帧。

用户要给主设备配置一个预先定义的超时时间间隔，这个时间间隔要足够长，以使任何从设备都能做出正常反应。如果从设备检测到传输错误，消息将不会接收，也不会向主设备做出回应。这样，超时事件将触发主设备来处理错误，发往不存在的从设备的地址也会产生超时。

Modbus 网络是一个工业通信系统，由带智能终端的可编程序控制器和计算机通过公用线路或局部专用线路连接而成，其系统结构既包括硬件，也包括软件。它可应用于各种数据采集和过程监控。表 6-7 是 Modbus 的功能表。

Modbus 的功能表　　　　　　　　　　表 6-7

功能码	名称	作用
01	读取线圈状态	取得一组逻辑线圈的当前状态（ON/OFF）
02	读取输入状态	取得一组开关输入的当前状态（ON/OFF）
03	读取保持寄存器	在一个或多个保持寄存器中取得当前的二进制值
04	读取输入寄存器	在一个或多个输入寄存器中取得当前的二进制值
05	强置单线圈	强置一个逻辑线圈的通断状态
06	预置单寄存器	把具体二进制值装入一个保持寄存器
07	读取异常状态	取得 8 个内部线圈的通断状态，这 8 个线圈的地址由控制器决定，用户逻辑可以将这些线圈定义，以说明从机状态，短报文适宜于迅速读取状态
08	回送诊断校验	把诊断校验报文送从机，以对通信处理进行评鉴
09	编程（只用于 484）	使主机模拟编程器作用，修改 PC 从机逻辑
10	控询（只用于 484）	可使主机与一台正在执行长程序任务从机通信，探询该从机是否已完成其操作任务，仅在含有功能码 9 的报文发送后，本功能码才发送
11	读取事件计数	可使主机发出单询问，并随即判定操作是否成功，尤其是该命令或其他应答产生通信错误时
12	读取通信事件记录	可使主机检索每台从机的 Modbus 事务处理通信事件记录。如果某项事务处理未完成，记录会给出有关错误
13	编程（184/384 484 584）	可使主机模拟编程器功能修改 PC 从机逻辑
14	探寻（184/384 484 584）	可使主机与正在执行任务的从机通信，定期控询该从机是否已完成其程序操作，仅在含有功能 13 的报文发送后，本功能码才得发送
15	预置多线圈	强置一串连续逻辑线圈的通断
16	预置多寄存器	把具体的二进制值装入一串连续的保持寄存器
17	报告从机标识	可使主机判断编址从机的类型及该从机运行指示灯的状态
18	（884 和 MICRO84）	可使主机模拟编程功能，修改 PC 状态逻辑
19	重置通信链路	发生非可修改错误后，使从机复位于已知状态，可重置顺序字节
20	读取通用参数（584L）	显示扩展存储器文件中的数据信息
21	写入通用参数（584L）	把通用参数写入扩展存储文件，或修改之
22~64	保留做扩展功能备用	
65~72	保留以备用户功能所用	留作用户功能的扩展编码
73~119	非法功能	—
120~127	保留	留作内部作用
128~255	保留	用于异常应答

Modbus 总线网络只是一个主机，所有通信都由它发出。网络可支持多达 247 个远程从属控制器，但实际所支持的从机数要由所用通信设备决定。

Modbus通信协议是包括建筑业在内的自动化控制系统中一种重要的通信协议，由于其构筑的硬件平台是RS-485总线，并且得到多种通用工控组态软件的支持。

6.4.3 建筑智能物联网技术

1. 建筑智能物联网概念

传统的智能建筑系统结构层级复杂，多以各个子系统为单位控制，最后在顶层集成，导致智能建筑各个子系统协调运行困难，内部系统数据信息难以交互、布线复杂、重构性差、系统配置工作量大等问题，严重阻碍了智能建筑的进一步发展，难以实现建筑的智慧运行。

通过物联网技术与智能建筑相结合，使建筑中的各个子系统如照明、暖通空调、安防系统内装设大量的传感器，传感器测得的数据构成了信息数据基础，物联网技术能够实现数据的采集、传输、处理和计算。基于物联网技术，传统智能建筑能够全面在线感知，通过网络融合、数据挖掘、决策诊断和在线控制等手段，使建筑在全寿命周期内实现节能、舒适、安全、健康等多目标综合管理的目标。物联网技术的发展为解决这些问题提供了新的思路，物联网技术在智能建筑中的应用将促进智能建筑的进一步发展。

物联网（Internet of Things，简称IoT）是指通过信息传感器、射频识别技术、全球定位系统、红外感应器、激光扫描器等各种装置与技术，实时采集任何需要监控、连接、互动的物体或过程，采集其声、光、热、电、力学、化学、生物、位置等各种需要的信息，通过各类可能的网络接入，实现物与物、物与人的泛在连接，实现对物品和过程的智能化感知、识别和管理。物联网是一个基于互联网、传统电信网等的信息承载体，它让所有能够被独立寻址的普通物理对象形成互联互通的网络。

建筑智能物联网是以物联网技术为基础，通过智能终端的安装以及管理平台的使用，将用户端延伸到建筑内外部物体和物体之间、建筑和建筑之间，从而进行信息交换和及时通信，以帮助人们更加及时准确地对建筑进行能源精细管理、能耗计量分析、设备运行托管和建筑安全分析等工作。智能建筑中物联网的功能如图6-8所示，包括基础功能、数据展示、联动功能、业务系统集成、设备子系统集成等。

2. 建筑智能物联网结构

与传统的物联网模型相同，智能建筑物联网模型主要包括三个层次结构（图6-9），从下到上依次为：感知层、网络层和应用层。

感知层主要实现物理信息的采集、自动识别和智能控制，因而感知层是物联网发展的关键环节和基础部分。感知层通过底层各种传感器、执行器、RFID和智能装置等实现对建筑用电设备信息的识别。感知层涉及的主要技术包括RFID技术、传感技术和控制技术、短距离无线通信技术和智能传感器节点等。

网络层将感知层获取的各种不同数据信息传递到处理中心进行处理，解决的是在一定范围内，通常是长距离的数据传输问题。网络层的相关技术主要包括有线通信技术，如短距离的现场总线和中、长距离的广域网；无线通信技术，如长距离的无线广域网，中、短距离的无线局域网，以及超短距离的无线个人网。

应用层利用经过分析处理的感知数据信息，为用户提供丰富的特色服务，以实现智能化识别、定位、跟踪、监控和管理。应用层处于物联网体系架构的最顶层，是物联网发展的目的。

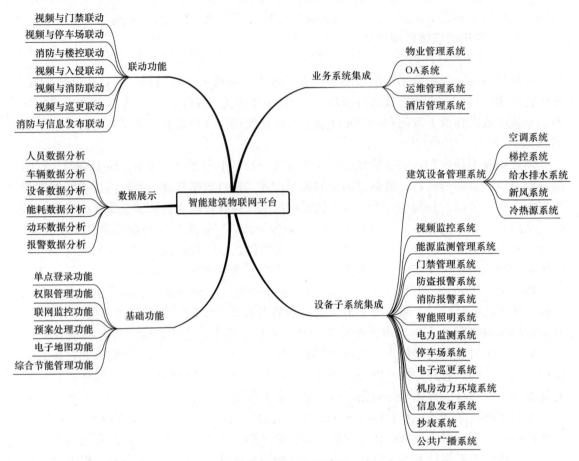

图 6-8 智能建筑中物联网的功能

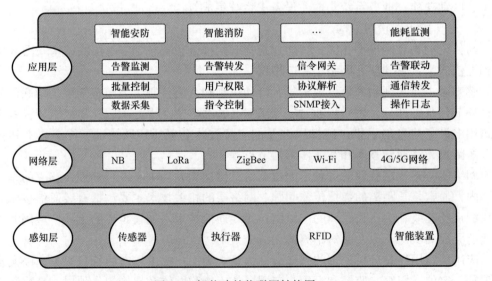

图 6-9 智能建筑物联网结构图

(1) 感知层

1) RFID 技术

RFID 技术是一项射频识别技术，也被称为电子标签，属于一种新型的目标信息反馈检测和自动识别技术。该技术不受人为干预，也不受物理限制，具有非接触的特点，通过无线数据信息网络对目标进行识别，对普适计算环境的建立和发展起着重要的作用。RFID 技术结构相对简单，主要由电子标签、阅读器和数据交换系统三部分组成。

RFID 技术根据不同的频率可以分为低频系统、中频系统和高频系统三大类。低频系统一般在 100~500kHz，对于低频系统来说，标签具有形状多样、成本低的特点，但也存在效果不好、读取天线方向性不稳定、读取距离短、预读取速度低、数据存储容量小等缺点。因此，该系统主要应用在如门禁系统相对技术含量比较低的环境中。中频系统的频率在 10~15MHz，中频系统标签与低频系统相比，它的存储量比较大，而且读取的距离稍长，能达到中等读取速度。但由于其读写天线相对定向性较差，硬件成本较高，因此该系统更适用于智能卡等工作环境。在高频系统中，标签形状属于软基片。该系统的显著特点就是读取速度快、读取距离长，而且标签进一步增加了存储空间，导致成本很高。

RFID 技术在公共安全行业中的物流管理、自动收费、安全防伪管理、门禁系统、涉车涉驾管理、枪支管理、第二代身份证、电子护照、监狱服刑人员管理、电子巡更、人员定位等领域均已实际应用。

2) 传感器网络

传感器网络（Wireless Sensor Network）是综合了微电子技术、嵌入式计算技术、现代网络及无线通信技术、分布式信息处理技术等先进技术构建的新型网络。它具有近距离、低复杂度、自组织、低功耗、低数据速率、低成本、高可靠等特点；它能够协同地实时监测、感知和采集网络覆盖区域中各种环境或监测对象的信息，并对其进行处理，将处理后的信息通过无线方式发送，并以自组多跳的网络方式传送给观察者。

无线传感器网络，是由大量的具有感知能力的传感器节点，通过自组织方式构成的无线网络。传感器监控不同位置的物理或环境状况（比如温度、声音、振动、压力、运动或污染物）。无线传感器网络的发展最初起源于战场监测等军事应用，而现今无线传感器网络被应用于很多民用领域，如环境与生态监测、健康监护、家居自动化以及交通控制等。无线传感器网络结构图如图 6-10 所示。由图可以看出，无线传感器网络由传感器模块、处理器模块、无线通信模块和能量供应模块 4 部分组成。其中，传感器模块由传感器和 AD/DC 两部分组成；处理器模块由处理器和存储器两部分组成；无线通信模块由网络层模块、介质访问控制模块和无线收发器模块三部分组成；能量供应模块为传感器模块、处理器模块和无线通信模块供应能量。

(2) 网络层

1) 5G 技术

5G 技术是第五代移动通信的简称，5G 网络的主要优势在于，数据传输速率远高于以前的移动网络，最高可达 10Gbit/s。另一个优点是网络延迟低于 1ms，而 4G 为 30~70ms。5G 网络不仅为手机提供服务，还可为一般性家庭与办公网络提供服务。物联网的数据繁杂，其数据处理工作量巨大。利用 4G 技术，不仅难以对海量信息进行处理，一旦在大量信息传递过程中，出现网络堵塞或者卡顿现象，都会导致数据的传输出现错误，造

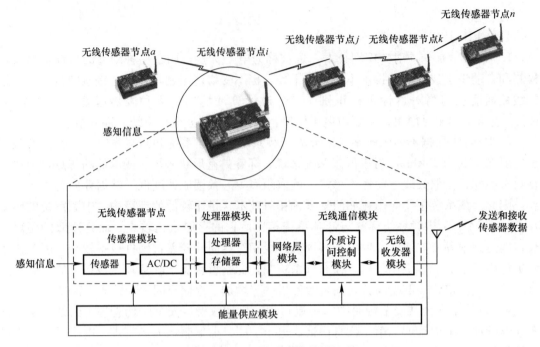

图 6-10 无线传感器网络结构图

成不同的物联网信息很难得到及时传递。在 5G 技术发展的背景下,大规模 5G 技术基站应用使得物联网相关设备周边处于大规模天线阵列覆盖范围中,此阵列拥有大容量,能有效提高信息的传输效率。信息覆盖面积不断扩大,使得 5G 基站感知层的数据在网络中迅速传输。5G 与物联网的结合,促进了 5G 时代下物联网有效地运用。

2) Zigbee 技术

ZigBee 技术是一种双向无线技术。其具有数据传输速度快、信息通信范围较小等特点。在 ISM 的 2.4GHz 频道,ZigBee 的传输速率为 250kbps;在 915Mbps 为 40kbps;ZigBee 技术功耗低,节点在不更换电池的情况下可以工作长达几年;传输距离为 10～75m。因此,其具有成本低廉、方便快捷、使用简便、能耗低等优势。

采用 ZigBee 技术的无线网络技术,主要作用是将物联网网络平台内部目标区域里具有一定特殊功能的微型传送节点,通过无线通信的模式相互连接,一旦节点接收到网络管理层的指令,其系统内部运行软件程序会通过网络线路的选择、信息接收模块等相关功能实现物联网信息的流通。

3) 蓝牙技术

蓝牙技术是一种无线数据和语音通信开放的全球规范,为固定和移动设备建立通信环境的一种特殊的近距离无线技术连接。利用蓝牙技术,能够有效地简化移动通信终端设备之间的通信,也能够成功地简化设备与因特网 Internet 之间的通信,从而数据传输变得更加迅速高效,为无线通信拓宽道路。

目前经常使用的蓝牙可划分为两种:经典蓝牙和低功耗蓝牙。一般来说,经典蓝牙适合传输数据量大的近距离通信场景,比如蓝牙耳机、蓝牙音箱等音频传输和设备间文件互传等。低功耗蓝牙在医疗健康、物联网等领域被广泛利用。

蓝牙 Mesh 是一种多跳的蓝牙无线自组网技术，是当前智能家居和物联网领域非常炙手可热的技术之一。该技术可以实现设备间多对多传输，能够提高构建大范围网络覆盖的通信能力，是特别适用于智能建筑内需要大量设备在可靠、安全的环境下进行数据传输的物联网解决方案。

4）Wi-Fi 技术

Wi-Fi 是当前应用比较广泛的短距离无线网络传输技术，在无线局域网范畴是指"无线兼容性认证"，是 Wi-Fi 联盟制造商的商标作为产品的品牌认证，同时也是一种无线联网技术，与蓝牙技术一样，同属于在办公室和家庭中使用的短距离无线技术。Wi-Fi 遵循的技术标准为 IEEE 802.11，2.4GHz 频段支持以下标准（802.11b/g/n/ax），5GHz 频段支持以下标准（802.11a/n/ac/ax），802.11n/ax 同时工作在 2.4GHz 和 5GHz 频段，是兼容双频工作，Wi-Fi 技术参数表如表 6-8 所示。

Wi-Fi 技术参数表　　　　　　　　　　表 6-8

Wi-Fi 版本	Wi-Fi 标准	发布时间	最高速率	工作频段
Wi-Fi 7	IEEE 802.11be	2022 年	30Gbps	2.4GHz、5GHz、6GHz
Wi-Fi 6	IEEE 802.11ax	2019 年	11Gbps	2.4GHz 或 5GHz
Wi-Fi 5	IEEE 802.11ac	2014 年	1Gbps	5GHz
Wi-Fi 4	IEEE 802.11n	2009 年	600Mbps	2.4GHz 或 5GHz
Wi-Fi 3	IEEE 802.11g	2003 年	54Mbps	2.4GHz
Wi-Fi 2	IEEE 802.11b	1999 年	11Mbps	2.4GHz
Wi-Fi 1	IEEE 802.11a	1999 年	54Mbps	5GHz
Wi-Fi 0	IEEE 802.11	1997 年	2Mbps	2.4GHz

2.4GHz（802.11b/g/n/ax），5GHz（802.11a/n/ac/ax）

（3）应用层

应用层包括各种不同业务或者服务所需要的应用处理系统。这些系统利用感知的信息进行处理、分析、执行不同的业务，并把处理的信息再反馈以便进行更新，对终端使用者提供服务，使得整个物联网的每个环节更加连续和智能。

3. 建筑智能物联网应用举例——智能建筑火灾检测系统

对于智能建筑火灾检测系统，物联网技术可打造基于智慧消防的数据化、数字化管控。此技术不仅与广域网互联，还可将信息进行集成处理，第一时间查找火灾隐患的产生点，为建筑系统提供全面的数据服务。一旦检测出火灾系统中出现问题时，物联网技术进行识别、定位处理，及时关联到消防部门以及物业部门，对火灾隐患进行处理。如图 6-11 所示为某消防物联网平台。该消防物联网平台通过消防专网连接各个组合式电气火灾探测器，通过各个电流传感器、测温式探测器的检测数据得到各断路器、各楼层、各房间、各负载的电流、温度信息，进而确定建筑物内是否发生火灾，便于及时进行定位处理。这些检测信息可以通过手机 APP、客户端、大屏显示系统进行查看和显示。

建筑物造成火灾发生的要素是多元的，受不同建筑结构、建筑功能、火灾产生条件等方面的影响。火灾检测系统需对不同场景，完成对火灾的正确识别及分析，例如，烟雾浓度超标、区域温度超标以及气体浓度超标等，均可作为火灾检测的识别指标。物联网技术在此类复合式检测系统中的应用与实现，可搭载不同终端系统，例如烟雾检测电路、温度

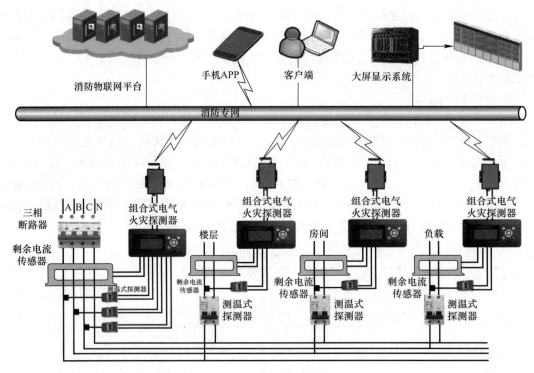

图 6-11 某消防物联网平台

检测电路以及一氧化碳检测电路等,不同终端传感器及探测装置的信息采集,对建筑环境数据集成处理。在全天候运行条件下,主服务器可将信息传递到路由节点,并对电路进行联合驱动,物联网系统按照矩阵指令,对终端机构提供数据服务,保证系统精准阐释智能建筑火灾问题的产生点,并进行识别与定位处理。

思 考 题

6.1 建筑智能化系统中信息传输网络的特点是什么?

6.2 简述 LonWorks 现场总线控制网络的结构与应用。

6.3 简述 BACnet 总线概念,其所支持的数据链路层和物理层的协议标准有哪些?

6.4 简述 CAN 总线技术的特点与应用。

6.5 简述 ZigBee 技术的特点与应用。

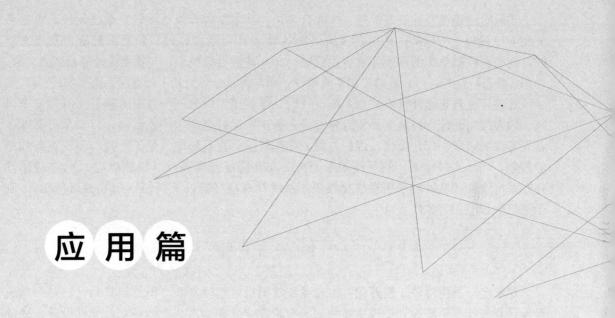

应用篇

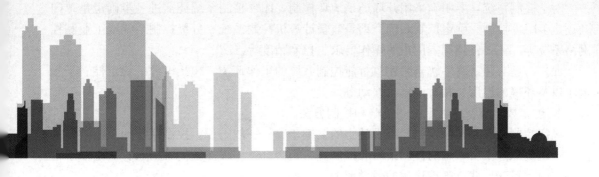

第7章 建筑智能计算机控制系统设计与应用

实际的建筑智能控制系统是一个综合系统，其主要内容包括：（1）系统硬件，包括系统的 I/O 接口、存储器、传感器及通信设备等；（2）系统软件，包括编程语言及组态软件，能根据控制系统的需要开发应用程序；（3）被控对象模型，包括系统性能及被测参数，动态、静态特性等；（4）复杂控制系统设计，通常将其分解为几个独立的系统来实现。

在进行建筑智能计算机控制系统设计时，主要遵循以下 5 个方面的原则：（1）安全可靠。因为控制系统一旦发生异常对建筑设备的正常运行会产生严重影响，故安全可靠性是首先考虑的因素。（2）操作、维护方便。操作简单、直观形象、便于掌握，便于查找和排除故障。（3）实时性强。能对控制系统内部和外部任务得到及时快速响应。（4）通用性好。系统硬件和软件均采用标准化模块，系统具有良好的可扩展性。（5）性/价比高。利于系统工程应用与推广。

7.1 设计步骤

尽管实际被控对象千变万化，控制系统规模也可能很复杂，但总结其共性，一个建筑智能计算机控制系统设计步骤主要分为 4 个阶段，分别是系统总体规划、硬件设计、软件设计、系统调试和运行。

7.1.1 系统总体规划

系统总体规划是指根据系统控制要求，确定控制任务，建立数学模型、确定控制策略和控制方法，总体方案设计等。

1. 确定控制任务

在进行系统设计之前，首先要对控制对象的工作过程进行深入地调查和分析，才能根据实际应用中的问题提出具体的要求，确定系统要完成的任务。然后用流程图来描述控制过程和控制任务，写成设计任务说明书，作为整个控制系统设计的依据，提出切实可行的系统设计方案。

对于控制系统，要明确采用开环还是闭环控制，闭环控制系统还需进一步确定是单闭环还是多闭环控制。确定控制系统类型是监督计算机控制系统、分级控制系统或工业测控网络系统等。还要仔细调查用户的操作要求、控制精度等。

此外，还必须认真了解未来建筑智能控制系统的工作环境，包括电源的稳定性、干扰大小以及环境的温度、相对湿度、振动等。

2. 建立数学模型，确定控制策略和控制方法

确定控制策略是实际控制系统设计中的关键步骤。一般来说，控制系统的控制效果的优劣，主要取决于所采用的控制策略与控制算法是否合适。很多控制策略与算法是基于模型的，因此首先要建立被控过程的数学模型。

所谓数学模型，就是系统动态特性的数学表达式，它反映了系统输入、内部状态和输出之间的逻辑与数量关系，为系统的分析、设计或综合提供了依据。确定数学模型，有各种不同的方法，也有各种不同形式的数学模型，一般应根据具体被控过程的特点与控制要求来确定建模的方法与模型形式。

每个特定的控制对象均有其特定的动态特性和控制要求，必须选择与之相适应的控制策略和控制算法，否则就会导致系统品质不好，甚至会出现系统不稳定甚至控制失败的现象。因此，应针对具体控制对象和控制指标的要求，选择合适的控制策略和控制算法，以满足控制速度、控制精度和系统稳定性方面的要求。同时，同样的控制策略与控制算法，针对不同的被控对象，一般可根据具体要求进行必要的改进和补充，以适应具体被控对象的要求。

此外，在确定控制策略和控制算法时，还要考虑系统的实时性要求，某些过于复杂的算法，除了实现和调试困难之外，还可能降低系统的实时性，因此不宜选用或需要做必要的简化。

3. 总体方案设计

依据设计任务说明书、控制对象的特性和所确定的控制策略，进行系统总体方案设计。

根据任务的复杂程度、规模大小和地域分布情况，确定是采用直接数字控制方案还是采用分级分布式控制或者现场总线控制方案。

依据所确定的控制结构，明确控制系统中所需要的各个功能单元或模块，并形成系统的总体框图。此时可采用"黑箱"设计法，明确各方块之间的信号类型、输入输出关系和功能要求，而不需确定"黑箱"内的具体结构。

综合考虑建筑智能计算机控制系统的实时性和性价比，对硬件功能和软件功能进行划分，确定硬件实现的功能，软件完成的任务，从而形成系统硬件、软件总体组成框图，明确各单元模块任务或功能要求。

7.1.2 硬件设计

总体方案确定后，进行硬件和软件设计。硬件设计主要包括控制计算机选型、过程输入输出通道设计、操作控制面板设计等。

1. 控制计算机选型

控制计算机是控制系统的核心，它的选择将对整个控制系统产生决定性的影响，因此硬件设计首先应根据被控对象的任务，选择合适的控制计算机。

基本的控制计算机选型设计应考虑如下因素：(1) 系统总线。系统总线的选择对通用性和可扩展性具有重要意义，采用标准化的总线结构，可为系统的设计、维护和进一步改造带来很多便利，也有利于产品的系列化和标准化。(2) 存储器容量。内存储器容量主要根据控制程序量、数据量和堆栈大小来估计，并要考虑是否需要外存储器以及内存容量能否方便地扩充。(3) 工作速度。控制计算机的工作速度一般取决于系统的主频，速度的选择应使其与被控对象的要求相适应并稍留一点余量。过高的要求会给系统带来成本的增加。(4) 系统结构对环境的适应性。不同的控制计算机对环境的适应能力是不同的。(5) 应选择具有较多软件支持的机型。

2. 过程输入输出通道设计

过程输入输出通道是计算机与被控过程之间进行信息交换的重要纽带，也是计算机控制系统硬件设计的一个重点内容。需要根据待检测的信号特性与被控过程执行装置所接收的信号形式来确定，一般包括模拟量输入输出通道与开关量输入输出通道。对于模拟量输入通道，需要确定信号的标度变换、滤波、线性化处理等是否由硬件完成，信号是否需要电平变换和放大，并选择满足转换精度和速度要求的 A/D 转换器，设计合适的接口连接到计算机。对于模拟量输出通道，主要考虑满足转换精度和速度要求的 D/A 转换器、输出放大、计算机接口等。开关量输入通道，一般应考虑电平转换、去抖动电路及接口设计问题。开关量输出通道应解决与计算机接口及功率驱动问题。

3. 操作控制面板设计

在控制系统中，为便于人机交互操作，通常都要设计一个现场操作人员使用的控制台或控制面板。控制台与控制面板的设计必须符合现场操作人员的认知与操作习惯。在操作控制面板上，一般设计具有特定风格的显示装置，用于显示状态参数、指示故障或其他必要信息。

7.1.3 软件设计

HMI/SCADA 系统开发。

HMI 是 Human Machine Interface 的缩写，称为"人机接口"，也叫"人机界面"。人机界面（又称用户界面或使用者界面）是系统和用户之间进行交互和信息交换的媒介。人机界面产品由硬件和软件两部分组成，硬件部分包括处理器、显示单元、输入单元、通信接口、数据存储单元等，其中处理器的性能决定了 HMI 产品的性能高低，是 HMI 的核心单元。根据 HMI 的产品等级不同，处理器可分别选用 8 位、16 位、32 位的处理器。HMI 软件一般分为两部分，即运行于 HMI 硬件中的系统软件和运行于 PC 机 Windows 操作系统下的画面组态软件。使用者都必须先使用 HMI 的画面组态软件制作"工程文件"，再通过 PC 机和 HMI 产品的串行通信口，把编制好的"工程文件"下载到 HMI 的处理器中运行。

一般而言，HMI 系统必须具有以下基本功能：

（1）实时数据趋势显示：把获取的数据立即显示在屏幕上；

（2）历史数据趋势显示：把数据库中的数据做可视化地呈现；

（3）自动记录数据：自动把数据储存在数据库中，以便查看；

（4）警报的产生与记录：使用者可以定义一些警报产生的条件，如温度或压力超过临界值，系统会产生警报，通知操作员进行处理；

（5）报表的产生与打印：能把数据转换成报表的格式，并能够打印出来；

（6）图形接口控制：操作者能够通过图形接口直接控制机台等装置。

凡是具有系统监控和数据采集功能的软件，都可称为 SCADA（Supervisory Control and Data Acquisition）软件，它是建立在 PC 基础之上的自动化监控系统，具有以下基本特征：图形界面、系统状态动态模拟、实时数据和历史趋势、报警处理系统、数据采集和记录、数据分析、报表输出。

SCADA 软件和硬件设备的连接方式主要可归纳为 3 种：

（1）标准通信协议。工业领域常用的标准协议有 RS-232、RS-485、CAN Bus、DeviceNet、Modbus、Profibus 等。SCADA 软件和硬件设备，只要使用相同的通信协议，就可以直接通信，不需要再安装其他驱动程序。

（2）标准数据交换接口。常用的有 DDE（Dynamic Data Exchange）和 OPC（OLE

for Process Control)。使用标准的数据交换接口,不管硬件设备是否使用标准的通信协议,制造商只需要提供一套 DDE 或 OPC 的驱动,即可支持大部分的 SCADA 软件。

(3) 绑定驱动。绑定驱动是针对特定硬件和目标设计的驱动。这种方式的优点是执行效率比使用其他驱动方式高,但缺点是兼容性差,制造商必须针对每一种 SCADA 软件提供特定的驱动程序。

控制系统的监控软件设计有两种方法:组态软件和用户自行编制的监控软件。

用组态软件实现监控,可以利用组态软件提供的硬件驱动功能直接与硬件进行通信,不需编写通信程序,且功能强大,灵活性好,可靠性高,但软件价格高。组态软件提供了一个良好的开发环境,如许多绘图元素、控件、报表格式、报警方式等,使开发人员不必把精力集中在绘制人机界面上,而专心考虑如何实现系统的功能,使开发工作变得轻松容易、简单高效。在复杂控制系统中可以采用此方法。目前市场上有多种组态软件,常见的国外品牌有美国的 Intouch、美国的 iFix、德国西门子公司的 WinCC 等。国内不少厂商也推出了多款质优价廉的组态软件产品,常见的有北京亚控科技公司的 Kingview(组态王)、北京昆仑通态自动化软件公司的 MCGS 等。

用户也可利用编程语言如 VB 和 VC 等自行编制监控软件实现系统监控。这种方法的好处是灵活性好,系统投资低,能适用于各种系统。但是系统开发工作量大,特别是要实现复杂的流程和现场的逼真显示要花费大量的时间,可靠性难保证,对设计人员的经验和技术水平要求高。

7.1.4 系统调试和运行

控制系统的调试和运行分为离线仿真与调试阶段、在线调试与运行阶段。离线仿真与调试一般在实验室等非应用现场进行,在线调试与运行在应用现场进行。其中离线仿真与调试是基础,是检查硬件和软件的整体性能,为现场投运作准备;现场投运是对全系统的实际考验与检查。系统调试的内容很丰富,遇到的问题也是千变万化,解决方法根据具体问题的不同而不同,并没有统一的模式。

1. 离线仿真与调试

(1) 硬件调试

对于各种标准功能模板,按照说明书检查主要功能,比如存储器的读写功能、复位电路、时钟电路等。

在调试 A/D 和 D/A 模板之前,必须准备好信号源、数字电压表、电流表等。对这两种模板首先检查信号的零点和满量程,然后再分档检查,如满量程的 25%、50%、75%、100%,并且上行下行来回调试,以便检查线性度是否合乎要求。如有多路开关,应测试各通路是否正确切换。

利用开关量输入和输出程序来检查开关量输入和开关量输出模板,测试时可在输入端加开关量信号,检查读入状态的正确性;可在输出端检查输出状态的正确性。

硬件调试还包括现场仪表和执行机构,如压力变送器、差压变送器、流量变送器、温度变送器以及电动和气动调节阀等。这些仪表必须在安装之前按照说明书要求校验完毕。若是分级计算机控制系统,还要调试通信功能,验证数据传输的正确性。

(2) 软件调试

软件调试的顺序是子程序、功能模块和主程序。有些程序的调试比较简单,利用开发装置以及计算机提供的调试程序就可以进行调试。对处理速度和实时性要求高的部分利用汇编语言编程调试;对处理速度和实时性要求不高的部分利用高级语言编程调试。

一般与过程输入输出通道无关的程序,都可用开发机的调试程序进行调试,不过有时为了能调试某些程序,可能要编写临时性的辅助程序。

系统控制模块的调试应分为开环和闭环两种情况。开环调试是检查它的阶跃响应特性,闭环调试是检查它的反馈控制功能。一般情况下,先开环检查后闭环检查。以 PID 控制为例,调试时首先应调试 PID 模块的开环特性,如图 7-1 所示为 PID 控制模块的开环调试框图。

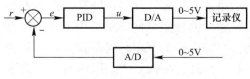

图 7-1 PID 控制模块的开环调试框图

通过 A/D 转换器输入一个阶跃电压,然后使 PID 控制模块程序按预定的控制周期 T 循环执行,控制量 u 经 D/A 转换器输出模拟电压(0~5V)给记录仪,记录阶跃响应曲线。开环阶跃响应实验可以包括以下几项:

1)不同比例系数、不同阶跃输入幅度和不同控制周期下正反两种作用方向的纯比例控制的响应。

2)不同比例系数、不同积分时间常数、不同阶跃输入幅度和不同周期下正反两种作用方向的比例积分控制的响应。

3)不同比例系数、不同积分时间常数、不同微分时间常数、不同阶跃输入幅度和不同控制周期下正反两种作用方向的比例积分微分控制的响应。

上述几项内容的实验过程中,应该分析所记录的阶跃响应曲线,不仅要定性而且要定量地检查 P、I、D 参数是否准确,并且要满足一定的精度。

在完成 PID 控制模块开环调试的基础上,还必须进行闭环特性调试,如图 7-2 所示为 PID 控制模块的闭环调试框图。要分别做给定值和外部扰动的阶跃响应实验,主要分析判断以下几项内容:纯比例作用下残差与比例带的值是否吻合;积分作用下是否消除了残差;微分作用对闭环特性是否有影响;正向和反向扰动下过渡过程曲线是否对称等。否则,必须根据发生的现象仔细分析,重新检查程序和 PID 参数。

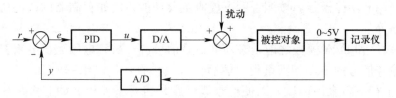

图 7-2 PID 控制模块的闭环调试框图

运算模块是构成控制系统不可缺少的一部分。对于简单的运算模块可以用开发机(仿真器)提供的调试程序检查其输入与输出关系。而对于具有输入与输出复杂关系的运算模块,例如纯滞后补偿模块,可采用类似图 7-1 所示的方法进行调试,用运算模块来替代 PID 控制模块,通过分析记录曲线来检查程序是否存在问题。

一旦所有的子程序和功能模块调试完毕,就可以用主程序将它们连接在一起,进行整体调试。整体调试的方法是自底向上逐步扩大。首先按分支将模块组合起来,以形成模块子集，调试完各模块子集，再将分模块子集连接起来进行局部调试，最后进行全局调试。

(3) 系统仿真

在硬件和软件分别调试后，并不意味着系统设计和离线调试已经结束，必须再进行全系统的硬件和软件联合调试。这种联合调试，就是通常所说的"系统仿真"（也称为模拟调试），也就是用模型来代替实际生产过程来对控制系统进行验证。系统仿真有三种类型：全物理仿真（在模拟环境条件下的全实物仿真）、半物理仿真和数字仿真（计算机仿真）。

系统仿真应尽量采用全物理仿真或半物理仿真。实验条件或工作状态越接近真实，其效果也就越好。对于纯数据采集系统，比较容易做到全物理仿真；而对于控制系统，要做到全物理仿真往往是不可能的，因为不可能将实际生产过程搬到实验室或研究室中，因此控制系统一般只能做离线半物理仿真。

在系统仿真的基础上，要进行长时间的运行考验（称为考机），并根据实际运行环境的要求，进行特殊运行条件的考验，例如高温和低温剧变运行试验，振动和抗电磁干扰试验，电源电压剧变和掉电试验等。

2. 在线调试与运行

经过离线仿真与调试的程序，还必须经过现场的在线调试与运行。现场在线调试与运行，涉及工艺流程的相关问题，需要控制系统的设计人员与用户密切配合，在实际运行前要制定详细的调试计划、实施方案、安全措施、分工合作细则等。现场在线调试与运行的原则是从小到大、从易到难、从手动到自动、从简单回路到复杂回路逐步过渡。控制系统现场安装和在线调试前，应先进行下列检查：

(1) 校验检测元件、变送器、显示仪表、调节阀，保证精度；

(2) 检查接线，保证连接正确；

(3) 对在流量中采用隔离液的系统，要在清洗好引导压管以后，灌入隔离液（封液）；

(4) 检查调节阀能否正确工作；

(5) 检查系统的干扰情况和接地情况，如果不符合要求，应采取措施；

(6) 检查安全防护措施。

经过检查并正确安装后，即可进行系统的投运和参数设定。投运时应先切入手动，经手动调试没有问题，再转入自动运行。

在现场调试的过程中，往往会出现错综复杂的各种奇怪现象，一时很难找到问题的原因所在，此时控制系统设计者和现场工程师应一起认真分析，逐渐找到问题的根源所在。

7.2 建筑智能计算机控制系统设计实例

7.2.1 建筑供配电计算机监控系统

随着建筑智能化的不断发展，对电能的需求量和用电规模以及管理水平提出了更高的要求。建筑供配电监控系统利用计算机技术、通信与网络技术，将配电网在线数据和离线数据、用户数据和电网结构进行信息集成，实现供配电设备的正常运行以及事故状态下的监测、保护与控制。建筑供配电监控系统不仅能够提高电能供应能力和电能质量，达到经济运行的目的，而且能够合理控制用电负荷，提高设备利用率，配合建筑物内其他设备进行有效节能。本节以某供配电系统实训设备为实例，完成建筑供配电监控系统的设计。

1. 建筑供配电监控系统结构

供配电系统结构图如图 7-3 所示。现场监测与控制由 DDC 控制模块完成，系统中采用 LonWorks 总线技术进行中间网络层的传输，上位机使用组态王组态软件。

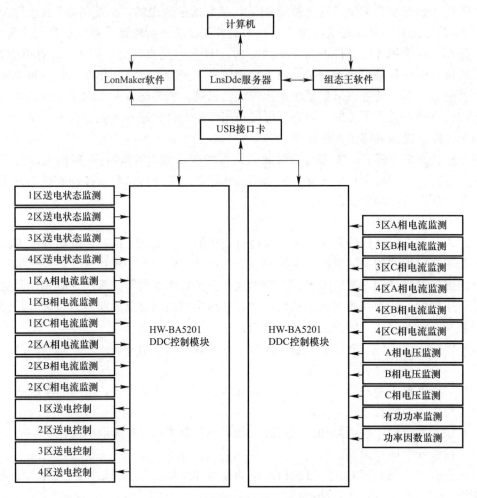

图 7-3　供配电系统结构图

2. DDC 控制的 I/O 地址分配

图 7-3 中两个 DDC 控制模块的 I/O 地址分配分别如表 7-1、表 7-2 所示。

I/O 地址分配（Device 1）　　　　　　　　　　表 7-1

序号	地址	器件名称	信号类型	序号	地址	器件名称	信号类型
1	UI1	1区送电状态监测	DI/干触点	8	UI8	2区A相电流监测	AI/0～20mA
2	UI2	2区送电状态监测	DI/干触点	9	UI9	2区B相电流监测	AI/0～20mA
3	UI3	3区送电状态监测	DI/干触点	10	UI10	2区C相电流监测	AI/0～20mA
4	UI4	4区送电状态监测	DI/干触点	11	UO1	1区送电控制	DO
5	UI5	1区A相电流监测	AI/0～20mA	12	UO2	2区送电控制	DO
6	UI6	1区B相电流监测	AI/0～20mA	13	UO3	3区送电控制	DO
7	UI7	1区C相电流监测	AI/0～20mA	14	UO4	4区送电控制	DO

第7章 建筑智能计算机控制系统设计与应用

I/O 地址分配（Device 2） 表 7-2

序号	地址	器件名称	信号类型	序号	地址	器件名称	信号类型
1	UI1	3区A相电流监测	AI/0～20mA	7	UI7	A相电压监测	AI/0～20mA
2	UI2	3区B相电流监测	AI/0～20mA	8	UI8	B相电压监测	AI/0～20mA
3	UI3	3区C相电流监测	AI/0～20mA	9	UI9	C相电压监测	AI/0～20mA
4	UI4	4区A相电流监测	AI/0～20mA	10	UI10	有功功率监测	AI/0～20mA
5	UI5	4区B相电流监测	AI/0～20mA	11	UI11	功率因数监测	AI/0～20mA
6	UI6	4区C相电流监测	AI/0～20mA				

3. DDC 程序建立

（1）新建编程画面

1）打开 LonMaker 软件，建立新网络，如图 7-4 所示。

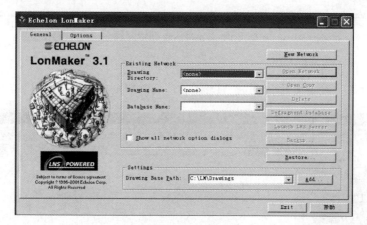

图 7-4　建立新网络

2）选择本系统需要的节点程序，导入节点程序，如图 7-5 所示。

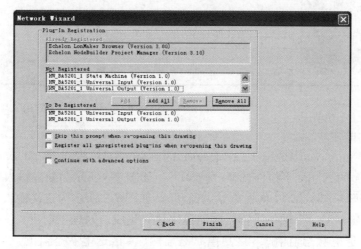

图 7-5　导入节点程序

3）进入 LonMaker 编辑界面，如图 7-6 所示。

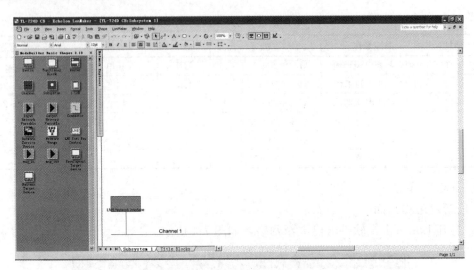

图 7-6　LonMaker 编辑界面

（2）新建通信设备

新建通信设备，设备名称分别为 "Device 1" 和 "Device 2"，如图 7-7 所示。

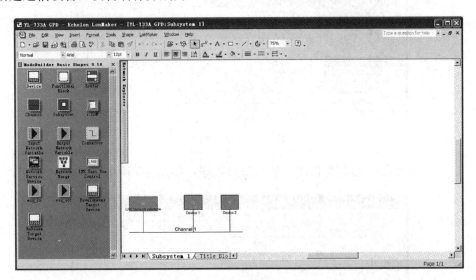

图 7-7　新建通信设备

（3）新建功能模块

1）新建 "Functional Block"，在 Device 的 Name 下拉框选择 "Device 1"，然后在 Functional Block 的 Name 下拉框选择 "UI[0]"，如图 7-8 所示为新建输入功能模块。

2）该功能模块名称为 "1 区送电状态监测"，如图 7-9 所示为定义输入功能模块。

3）由此，"Device 1" 的一个输入功能模块建立完成。同理，创建 "Device 1" 中所有功能模块：2 区送电状态监测、3 区送电状态监测、4 区送电状态监测、1 区 A 相电流监测、1 区 B 相电流监测、1 区 C 相电流监测、2 区 A 相电流监测、2 区 B 相电流监测、2 区 C 相电流监测、1 区送电控制、2 区送电控制、3 区送电控制、4 区送电控制，如图 7-10 所示。

第 7 章 建筑智能计算机控制系统设计与应用

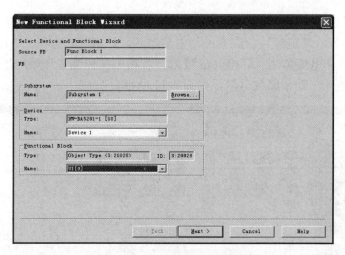

图 7-8 新建输入功能模块

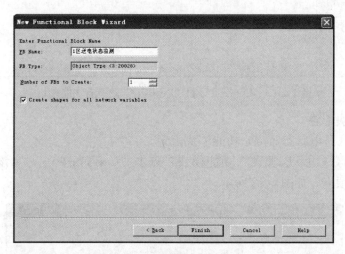

图 7-9 定义输入功能模块

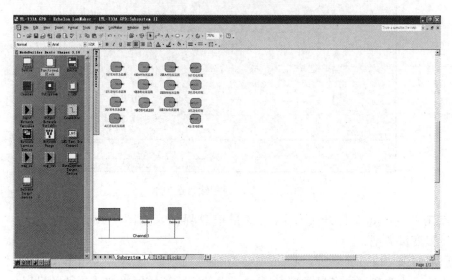

图 7-10 创建"Device 1"的所有功能模块

4）同理，新建"Functional Block"，在Device的Name下拉框选择"Device 2"，创建"Device 2"中所有功能模块：3区A相电流监测、B相电流监测、C相电流监测、4区A相电流监测、B相电流监测、C相电流监测、A相电压监测、B相电压监测、C相电压监测、有功功率监测、功率因数监测，如图7-11所示。

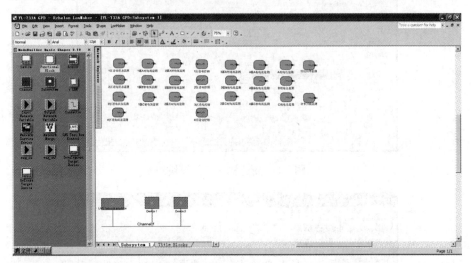

图7-11　"Device 1"和"Device 2"的所有功能模块

（4）功能模块配置

1）UI1（1区送电状态监测）功能模块配置。

① 选择"1区送电状态监测"功能模块，点击"Configure…"，对该模块进行配置，进入通用输入选项卡，如图7-12所示。

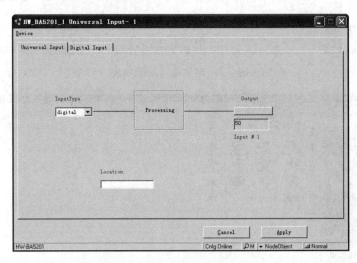

图7-12　UI1通用输入选项卡

② 点击"Output"打开UI1网络变量信息界面，如图7-13所示，点击"Change type"，设置变量类型。

③ 取消勾选"Display types of same size only"，选择"SNVT_switch"，点击"Apply"，如图7-14所示为改变网络变量类型（UI1），由此完成了该网络变量属性的设置。

第 7 章 建筑智能计算机控制系统设计与应用

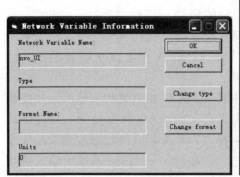

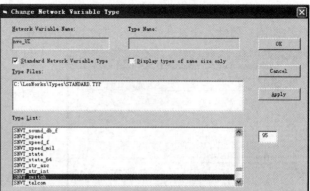

图 7-13 UI1 网络变量信息界面　　　　图 7-14 改变网络变量类型（UI1）

④ 输出网络变量设置完成，如图 7-15 所示。

⑤ 在图 7-12 中 UI1 通用输入选项卡设置完成，Output 变为 "OFF"，如图 7-16 所示。

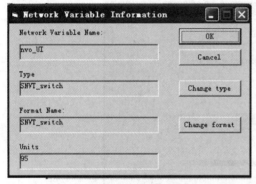

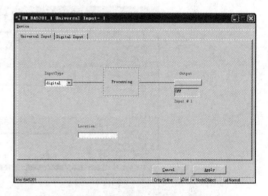

图 7-15 网络变量设置完成（UI1）　　　　图 7-16 UI1 通用输入选项卡设置完成

⑥ 点击 "Digital Input" 进入数字量输入选项卡，勾选 "Invert"，如图 7-17 所示。

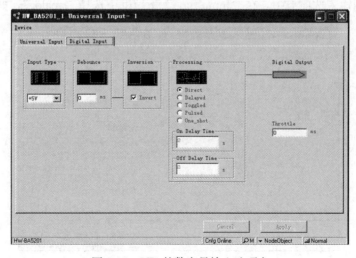

图 7-17 UI1 的数字量输入选项卡

2) 右键点击"1区送电状态监测"功能模块，选择"Copy config"，复制UI1（1区送电状态监测）属性，全选DI模块，右键点击其中一个功能模块，选择"Paste config"，将UI1的属性配置拷贝到其他相同功能模块中。

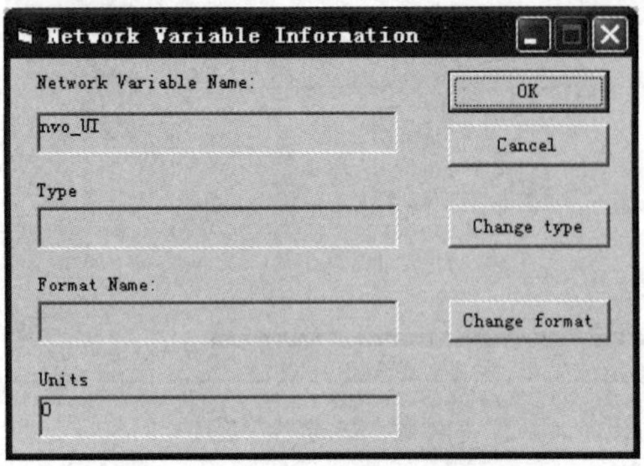

3) UI5（1区A相电流状态监测）功能模块配置。

① UI5（1区A相电流状态监测）功能模块配置与UI1（1区送电状态监测）功能模块类似。选择"1区A相电流状态监测"功能模块，点击"Configure…"，进入通用输入选项卡，点击"Output"打开UI5网络变量属性界面，如图7-18所示，点击"Change type"，设置变量类型。

图7-18 UI5网络变量属性界面

② 选择"SNVT_lev_cont_f"，点击"Apply"，如图7-19所示为改变网络变量类型（UI5），由此完成输出网络变量的设置。

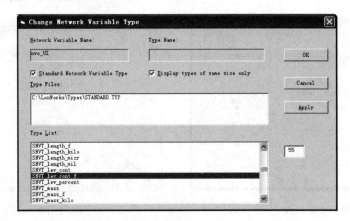

图7-19 改变网络变量类型（UI5）

③ UI5通用输入选项卡中，在"InputType"下拉框中选择"analog"，如图7-20所示。

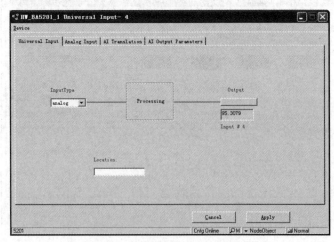

图7-20 UI5通用输入选项卡

④ 点击"Analog Input"进入模拟量输入选项卡,在"Measurement Type"下拉框中选择"0~20mA",勾选"Enabled",在"Sample Time"里填写"1",UI5模拟量输入设置如图7-21所示。

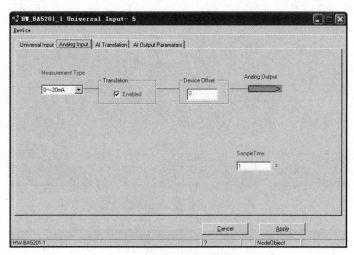

图7-21　UI5模拟量输入设置

⑤ 点击"AI Translation"进入AI转换表选项卡,UI5输入模拟量转换数值,如图7-22所示。

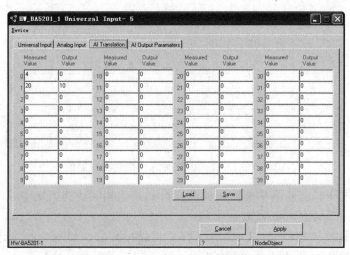

图7-22　UI5输入模拟量转换数值

⑥ 点击"AI Output Paramaters"进入AI输出参数选项卡,在"Maximum Value"里填写10,如图7-23所示。

4) 将UI5(1区A相电流状态监测)属性拷贝到其他相同功能模块中。

5)"A相电压状态监测"功能模块配置。

① 选择"A相电压状态监测"功能模块,点击右键,再点击"Configure…"打开,点击"AI Translation"进入AI转换表选项卡,模拟量输入参数设置,如图7-24所示。

② 进入AI输出参数选项卡"AI Output Paramaters",在"Maximum Value"里填写220。

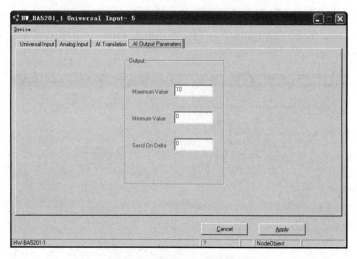

图 7-23　模拟量输出参数设置

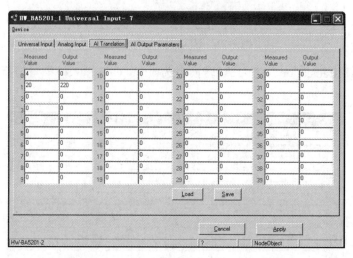

图 7-24　Device2 UI7 输入模拟量转换数值

6）将 A 相电压状态监测功能模块属性拷贝到其他相同功能模块中。

7）"有功功率"功能模块配置。

① 进入 AI 转换表选项卡，UI10 输入模拟量转换数值，如图 7-25 所示。

② 进入 AI 输出参数选项卡"AI Output Paramaters"，在"Maximum Value"里填写"2200"。

8）"功率因数"功能模块配置。

① 进入 AI 转换表选项卡"AI Translation"，UI11 输入模拟量转换数值，如图 7-26 所示。

② 进入 AI 输出参数选项卡"AI Output Paramaters"，在"Maximum Value"里填写 1，在"Minmum Value"里填写-1。

9）DO1（1 区送电控制）功能模块配置。

① 配置"1 区送电控制控制"功能模块，进入通用输出选项卡界面，如图 7-27 所示。

第7章　建筑智能计算机控制系统设计与应用

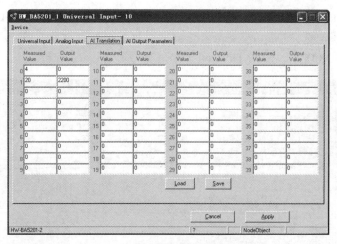

图 7-25　UI10 输入模拟量转换数值

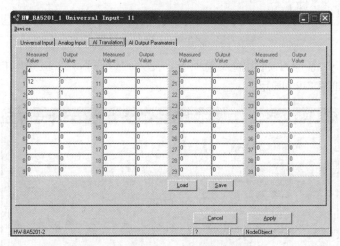

图 7-26　UI11 输入模拟量转换数值

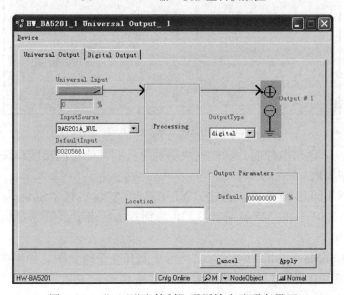

图 7-27　"1 区送电控制"通用输出选项卡界面

② 点击"Universal Input",打开 DO1 网络变量属性界面,点击"Change type",设置变量类型,取消勾选"Display types of same size only",选择"SNVT_switch",点击"Apply",如图 7-28 所示,完成 DO1 网络变量类型设置。

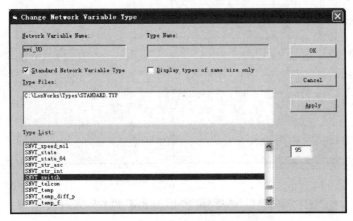

图 7-28 设置 DO1 网络变量类型

③ 在图 7-27 中将 DO1 通用输入选项卡,变为"OFF","1 区送电控制"通用输出选项卡设置完成,如图 7-29 所示。

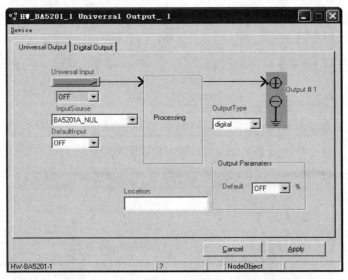

图 7-29 "1 区送电控制"通用输出选项卡设置完成

10)将 DO1(1 区送电控制)功能模块属性拷贝到其他相同功能模块中。

4. DDE 数据提取

(1)打开 LNS DDE 服务器,点击"YL-708-M-A",选择"Subsystem 1",双击后,再选择"HW-BA5201-1 和 HW-BA5201-2",分别双击后形成展开系统树状图,如图 7-30 所示。

(2)选择"LonMark Objects",双击后形成展开变量树状图,如图 7-31 所示。

(3)以"1 区送电状态监测"变量为例,由于该变量是数字量,右键点击"state",选择"Copy Link Ctrl+C",如图 7-32 所示为数字变量的操作。

第7章 建筑智能计算机控制系统设计与应用

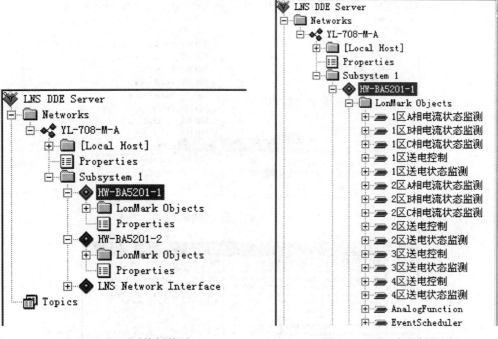

图 7-30 展开系统树状图　　　　图 7-31 展开变量树状图

图 7-32 数字变量的操作

(4) 若变量为模拟量，右键点击"nvo_UI"或"nvo_UO"，选择"Copy Link Ctrl+C"，如图 7-33 所示为模拟变量的操作。

(5) 在记事本文档里填写数据，为建立与组态通信作铺垫，并保存，如图 7-34 所示。

5. 组态工程的建立

(1) 新建工程并打开工程画面。

(2) 建立通信端口。

1) 新建"DDE"设备，填写连接对象名"DDC"，并进行参数设置；

2) 填写 DDE 数据，可查看"DDE 数据提取的记事本"。服务程序名"LNSDde"，话题名"YL-708-M-A.Subsystem 1.LMNV"，选择"标准的 Windows 项目交换"，如图 7-35 所示为设备配置向导。

图 7-33 模拟变量的操作

图 7-34 记事本文档里填写数据

图 7-35 设备配置向导

（3）建立数据变量。

建立的组态数据配置，如表 7-3 所示。

第 7 章　建筑智能计算机控制系统设计与应用

组态数据配置　　　　　　　　　　　　表 7-3

变量名	变量类型	连接设备	项目名
一区送电状态监测	I/O 离散	DDC	HW-BA5201-1.1 区送电状态监测.nvo_UI.state
二区送电状态监测		DDC	HW-BA5201-1.2 区送电状态监测.nvo_UI.state
三区送电状态监测		DDC	HW-BA5201-1.3 区送电状态监测.nvo_UI.state
四区送电状态监测		DDC	HW-BA5201-1.4 区送电状态监测.nvo_UI.state
一区送电控制		DDC	HW-BA5201-1.1 区送电控制.nvo_UI.state
二区送电控制		DDC	HW-BA5201-1.2 区送电控制.nvo_UI.state
三区送电控制		DDC	HW-BA5201-1.3 区送电控制.nvo_UI.state
四区送电控制		DDC	HW-BA5201-1.4 区送电控制.nvo_UI.state
一区 A 相电流状态监测	I/O 实数	DDC	HW-BA5201-1.1 区 A 相电流状态监测.nvo_UI
一区 B 相电流状态监测		DDC	HW-BA5201-1.1 区 B 相电流状态监测.nvo_UI
一区 C 相电流状态监测		DDC	HW-BA5201-1.1 区 C 相电流状态监测.nvo_UI
二区 A 相电流状态监测		DDC	HW-BA5201-1.2 区 A 相电流状态监测.nvo_UI
二区 B 相电流状态监测		DDC	HW-BA5201-1.2 区 B 相电流状态监测.nvo_UI
二区 C 相电流状态监测		DDC	HW-BA5201-1.2 区 C 相电流状态监测.nvo_UI
三区 A 相电流状态监测		DDC	HW-BA5201-2.3 区 A 相电流状态监测.nvo_UI
三区 B 相电流状态监测		DDC	HW-BA5201-2.3 区 B 相电流状态监测.nvo_UI
三区 C 相电流状态监测		DDC	HW-BA5201-2.3 区 C 相电流状态监测.nvo_UI
四区 A 相电流状态监测		DDC	HW-BA5201-2.4 区 A 相电流状态监测.nvo_UI
四区 B 相电流状态监测		DDC	HW-BA5201-2.4 区 B 相电流状态监测.nvo_UI
四区 C 相电流状态监测		DDC	HW-BA5201-2.4 区 C 相电流状态监测.nvo_UI
A 相电压状态监测		DDC	HW-BA5201-2.A 相电压状态监测.nvo_UI
B 相电压状态监测		DDC	HW-BA5201-2.B 相电压状态监测.nvo_UI
C 相电压状态监测		DDC	HW-BA5201-2.C 相电压状态监测.nvo_UI
有功功率监测		DDC	HW-BA5201-2.有功功率.nvo_UI
功率因数监测		DDC	HW-BA5201-2.功率因数.nvo_UI

(4) 创建画面，创建文本，按钮和指示灯，如图 7-36 所示。

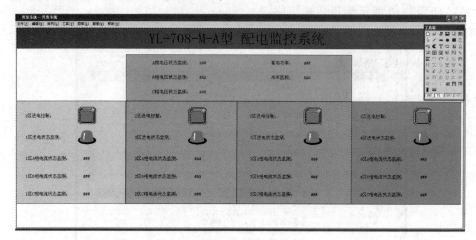

图 7-36　创建画面

(5) 绑定变量。

1) 给各个文本配置对应的变量名，双击"＃＃＃"进入文本配置选项框，如图 7-37 所示。

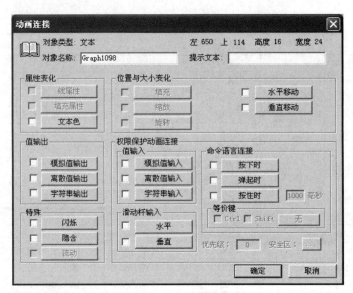

图 7-37 文本配置选项框

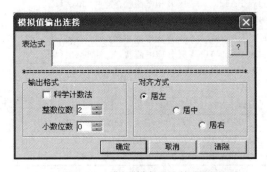

图 7-38 模拟值输出连接向导界面

2）点击模拟值输出，如图 7-38 所示，在弹出的向导界面中点击变量名（离散量）选框右侧的"?"图标，将会弹出"选择变量名"选项框。

3）点击"本站点"，然后选择"一区 A 相电流状态监测"，再点击"确定"进行配置，如图 7-39 所示。此时向导画面中的变量名（离散量）会显示"\\本站点\一区 A 相电流状态监测"，并设置整数位数"1"，小数位数"2"，如图 7-40 所示为设置输出格式。

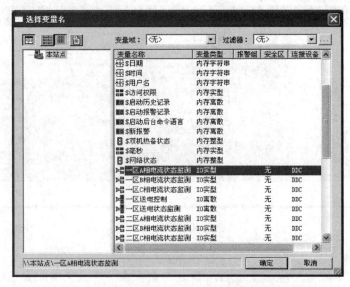

图 7-39 选择变量名"一区 A 相电流状态监测"

4) 其他"♯♯♯"文书按照上述步骤设置绑定对应变量。

5) 给各个图标配置对应的变量名,双击图标进入配置选项框,如图 7-41 所示。

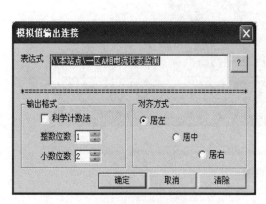

图 7-40 设置输出格式   图 7-41 点击图标进入配置选项框

6) 在弹出的指示灯向导界面中点击变量名(离散量)选框旁的"?"号图标,将会弹出"选择变量名"选项框。

7) 点击"本站点",然后选择变量名"一区送电状态监测"变量,再点击"确定"进行配置,如图 7-42 所示。此时指示灯向导画面中的变量名(离散量)会显示"\\本站点\一区送电状态监测"。

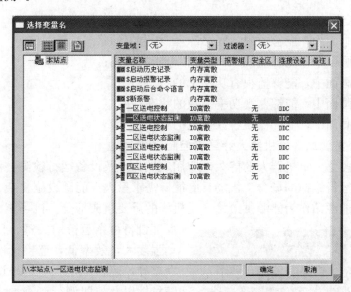

图 7-42 选择变量名"一区送电状态监测"

8) 其他指示灯和按钮文本按照上述步骤设置绑定对应变量。

(6) 实时监控。

实时监控画面如图 7-43 所示。

实时监控功能如下:

1) 按下设备送电按钮"1 区送电",1 区有电;

图 7-43　实时监控画面

2）按下设备送电按钮"2 区送电"，2 区有电；

3）按下设备送电按钮"3 区送电"，3 区有电；

4）按下设备送电按钮"4 区送电"，4 区有电；

5）按下组态画面中按钮"1 区送电"，1 区有电；

6）按下组态画面中按钮"2 区送电"，2 区有电；

7）按下组态画面中按钮"3 区送电"，3 区有电；

8）按下组态画面中按钮"4 区送电"，4 区有电；

9）按下各区热过载继电器测试按钮，会自动切换到备用送电区；

10）在组态画面中，能够监视各区 ABC 三相电流的状态；

11）在组态画面中，能够监视 ABC 三相电压的状态；

12）在组态画面中，能够监视有功功率的状态；

13）在组态画面中，能够监视功率因数的状态；

14）在组态画面中，能够监视各区送电的状态。

7.2.2　机场能源站巡检机器人计算机控制系统

建筑运维阶段是建筑机器人的持久性应用领域，涉及设备运行检测、消防、安防、巡检、管理等众多运行维护的场合。机场具有能源需求量大、能源设施复杂、能源结构多样化等特点，机场能源站作为能源供给站，是机场的重要组成部分。机场能源站日常巡检是保证设备可靠运行的关键，传统人工巡检劳动强度大，效率低，巡检标准和巡检质量存在差异，巡检周期长，另外巡检人员的主观随意性以及长期例行巡查形成的麻痹性，存在错检、漏检的可能。

随着机器人技术和人工智能技术的发展，巡检机器人能够保证巡检任务高效、可靠执行，并将巡检人员从单调重复的巡检任务中解放出来。本节以机场能源站巡检机器人为研究对象（图 7-44），对其计算机控制系统进

图 7-44　机场能源站巡检机器人

行设计。

1. 巡检机器人系统总体规划

机场能源站巡检机器人具备环境感知、自主导航、机电设备运行状态分析、冷热源管道泄漏、仪表读数、保温层损坏和脱落等故障进行诊断等功能。从计算机控制系统的角度看，巡检机器人包含 3 层结构，分别为感知层、决策与控制层和执行操作层，如图 7-45 所示。感知层利用多种传感器感知环境信息和机器人自身运行状态，通过多源传感器信息融合的技术手段将信息传至巡检机器人主机进行决策与控制，巡检机器人主机和远程控制器的控制指令发送至执行单元，对被控对象进行控制，进而完成巡检机器人复杂的运动控制。

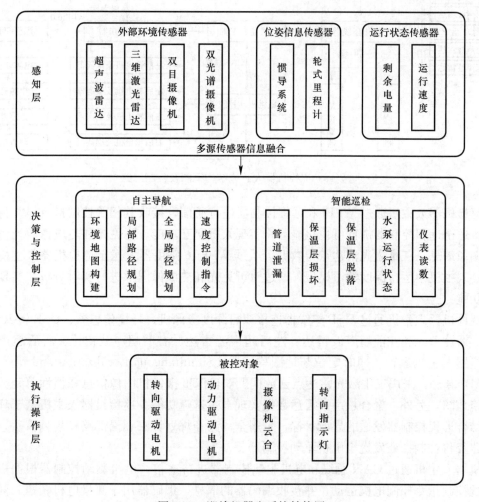

图 7-45 巡检机器人系统结构图

（1）控制任务

机场能源站巡检机器人的计算机控制系统旨在控制巡检机器人在机场能源站环境中完成巡检任务，其主要控制任务是巡检机器人的运动控制，即控制巡检机器人沿着巡检路线运动。巡检机器人运动控制的被控对象包括 1 个转向驱动电机和 2 个动力驱动电机，转向驱动电机用于控制巡检机器人前面 2 个转向轮的转向角，动力驱动电机用于控制机器人行进。

(2) 总体方案设计

巡检机器人计算机控制系统主要由电机驱动控制器、机器人主机和远程控制器共 3 个控制计算机构成，如图 7-46 所示为巡检机器人总体结构框图及控制思路。

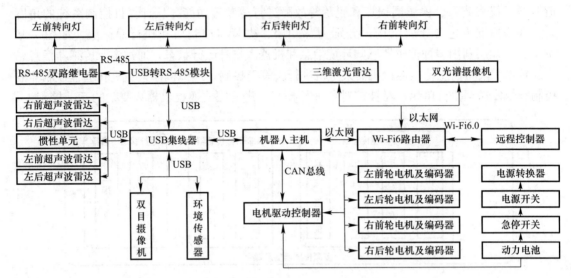

图 7-46　巡检机器人总体结构框图及控制思路

巡检机器人主机通过 Wi-Fi 和远程控制器进行通信，接收其相关控制指令，并将巡检信息传送至远程控制器进行可视化显示，实现人机交互功能。可见光和热成像双光谱摄像机的图像信息、三维激光雷达点云数据，通过 Wi-Fi 6 路由器发送至巡检机器人主机。巡检机器人主机中运行深度学习模型，通过对可见光和热成像图像进行实时分析，实现智能巡检功能。

巡检机器人主机通过 USB 集线器连接双目深度摄像机、环境传感器、USB 转 RS-485 模块、惯性单元和左前超声波雷达、左后超声波雷达、右前超声波雷达、右后超声波雷达；机器人主机运行"同时定位与地图构建"（Simultaneous Localization and Mapping，SLAM）算法，采用三维激光雷达点云数据、双目深度摄像机图像信息和惯性单元数据构建环境地图，另外，融合超声波雷达数据实现自主避障功能。巡检机器人主机基于环境地图、结合远程控制器发送的导航目标，采用全局路径规划算法和局部路径规划算法，根据规划路径将控制指令发送至电机驱动控制器。

机器人主机通过 CAN 总线和电机驱动控制器进行通信，电机驱动控制器根据机器人主机的控制指令控制电机运动，并接收编码器的信息，编码器用于测量电机转速。同时根据巡检机器人的转弯角度，控制转向指示灯的开启。机器人主机通过 USB 转 RS-485 模块连接 RS-485 双路继电器，该继电器连接左前转向灯、左后转向灯、右前转向灯、右后转向灯。动力电池连接急停开关、电源开关和电源转换器，只有当急停开关和电源开关同时开启的情况下巡检机器人才能通电，动力电池直接供电电机驱动控制器，其余设备的供电均需要通过电源转换器进行电压转化并稳定后供电。

2. 巡检机器人运动学模型

巡检机器人采用阿克曼转向机构，其通过前轮的机械转向，使得机器人的 4 个轮子在基本不发生侧向滑动的情况下能顺畅地转弯,具有更高的载重能力,能达到更快的运动速度,同时对结构和轮胎的磨损更小,适合长时间的工作。巡检机器人动力轮的速度可以由编码器值计算得到,通过各个轮子的速度求底盘整体的运动速度,即前向运动学。在直线行驶时,4个车轮的轴线互相平行。在进行转弯时,需要让4个车轮只沿车轮切线方向前进而不发生侧移,以避免侧移给车轮带来的巨大磨损,即4个轮子转弯弧线必须处于共同的圆心 ICR 之上,此时前轮内侧转向角 δ_{in} 会大于外侧转向角 δ_{out}。在前轮转向角 δ_{in} 和 δ_{out} 不变的瞬时状态下,4个轮子绕同一个点 ICR 做圆周运动。左后轮、右后轮的线速度分别为 V_L 和 V_R,后轮中轴位置 O_{back} 为底盘的速度瞬心,O_{back} 位置处的线速度 v_{back} 和 ω_{back} 角速度为机器人的整体运动速度,如图 7-47 所示。

(1)前向运动学模型

已知各个轮子的速度求底盘整体的运动速度。阿克曼后驱底盘由两个后轮驱动,通过编码器反馈可以得到 V_L 和 V_R,用编码器反馈可求出轮子线速度,如式(7-1)所示。

$$\begin{bmatrix} v_{back} \\ \omega_{back} \end{bmatrix} = \begin{bmatrix} \dfrac{1}{2} & \dfrac{1}{2} \\ -\dfrac{1}{d} & \dfrac{1}{d} \end{bmatrix} \begin{bmatrix} V_L \\ V_R \end{bmatrix} \tag{7-1}$$

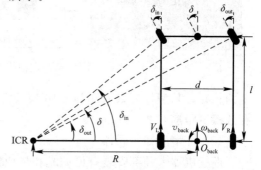

图 7-47 巡检机器人运动学模型

(2)逆向运动学模型

给定机器人的线速度 v_{back} 和角速度 ω_{back} 求两个后轮的速度 V_L 和 V_R、前轮的转向角 δ、转向半径 R,如式(7-2)~式(7-5)所示:

$$\begin{bmatrix} V_L \\ V_R \end{bmatrix} = \begin{bmatrix} 1 & -\dfrac{d}{2} \\ 1 & \dfrac{d}{2} \end{bmatrix} \begin{bmatrix} v_{back} \\ \omega_{back} \end{bmatrix} \tag{7-2}$$

$$\tan\delta = \dfrac{l}{R} \tag{7-3}$$

$$R = \dfrac{v_{back}}{\omega_{back}} \tag{7-4}$$

$$\delta = \arctan\left(\dfrac{l\omega_{back}}{v_{back}}\right) \tag{7-5}$$

3. 硬件设计

巡检机器人硬件平台及主要设备如图 7-48 所示,主要由巡检机器人底盘、环境感知传感器、控制计算机构成。

(1)巡检机器人底盘

该巡检机器人底盘采用阿克曼线控移动底盘,前轮为转向轮,后轮为驱动轮,驱动方式为后轮轮毂电机驱动,通过电机驱动控制器控制电机转速,实现有效的姿态调整和运动控制,控制频率为 50Hz。该巡检机器人最大行进速度为 4.8m/s,额定载重 50kg,底盘高度 123mm,最小转弯半径 1.5m,越障能力 50mm。整个巡检机器人采用 24V 容量为 15Ah 的磷酸铁锂电池供电。巡检机器人顶部配有三维激光雷达,可进行周围 360°范围环

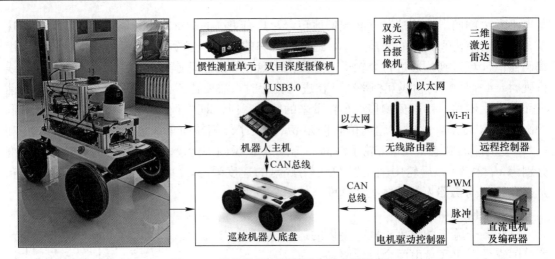

图 7-48 巡检机器人硬件平台及主要设备

境的感知，其型号为 RS-Helios-16P，垂直视场角 $-15°\sim+15°$，帧率 20Hz，精度 ±2cm，有效探测距离 $0.2\sim150$m。

(2) 环境感知传感器

巡检机器人顶部安装有可见光和热成像双光谱云台摄像机，该摄像机具备可见光和热成像两种摄像头，可进行水平范围 360° 连续旋转、垂直范围 $-30°\sim+90°$ 旋转，热成像探测距离 100m，分辨率 640×512，可在全黑、薄雾和烟雾的条件下，提供轮廓鲜明和清晰的热图像。巡检机器人前方安装有双目深度摄像机 INTEL REALSENSE D435，该摄像机主要作用是感知前方环境，对激光雷达的感知进行互补，使得感知信息更加丰富，有效探测距离 $0.3\sim10$m，配备全局图像快门和宽视野，能够有效捕获移动物体的深度数据，RGB 相机分辨率和帧率：1080p@30fps。无线路由器使用 Wi-Fi 6.0 通信协议，带宽较高，延迟更低，无线连接速率大于 2000Mbps；

(3) 控制计算机

控制计算机包括电机驱动控制器、机器人主机和远程控制器。电机驱动控制器接收机器人主机的控制指令，并 PWM 脉冲对驱动电机和转向电机进行驱动控制，电机驱动控制器和机器人主机直接通过 CAN 总线进行通信。机器人主机为英伟达 Jetson Xavier NX 具有 6 核 CPU，2 个深度学习加速引擎，8G 显存，具备图像处理能力。机器人主机与远程控制器通过 Wi-Fi 局域网进行实时通信，便于操作人员远距离观察和进行操作。远程控制器的计算机操作系统和巡检机器人主机操作中均安装有机器人操作系统（ROS，Robot Operating System），ROS 是一种分布式元操作系统，节点之间通过松耦合的方式进行组合，机器人主机和远程控制器两者之间利用 ROS 的分布式多机通信的方式进行数据传输。

4. HMI/SCADA 系统

机场能源站巡检机器人软件平台由用户交互层、信息处理层和执行层 3 个层次构成，巡检机器人软件构架如图 7-49 所示。用户交互层为巡检任务调度程序，主要用于实现人机交互功能。信息处理层为 SLAM 程序和导航程序，该层主要负责收集巡检机器人本体运动信息及来自三维激光雷达的环境信息，并进行信息融合，根据控制指令和机器人本体位姿进行地图构建、路径规划及自主导航。执行层为巡检机器人控制程序，通过采集编码器的速度信息，采用 PID 算法调节后输出期望的脉冲宽度调制 PWM 波控制电机转速，实现巡检机器人本体平稳、安全移动。

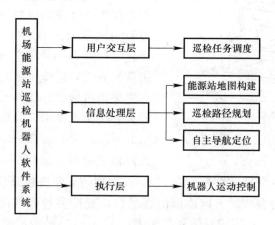

图 7-49　巡检机器人软件架构

用户交互层的巡检机器人人机交互界面及功能模块如图 7-50 所示，该软件基于操作系统 Ubuntu18.04，利用 Qt5.9.0 结合 ROS-melodic 进行开发，在远程控制器中运行。该平台主要包括自主导航、视频监控、环境监测、运动控制和参数设置等内容。

图 7-50　巡检机器人人机交互界面及功能模块

自主导航界面可分为两部分，第一部分为导航信息显示部分，第二部分为导航控制部分。第一部分主要用于显示巡检机器人自主导航系统的相关信息，主要可显示机场能源站环境静态地图、栅格地图、全局代价地图、局部代价地图、巡检机器人 3D 模型、激光雷达点云信息、障碍物信息、全局路径规划信息、局部路径规划信息、导航目标点信息、世界地图坐标系、里程计坐标系、激光雷达坐标系、地图坐标系、IMU 坐标系和巡检机器人本体坐标等信息。在该界面中通过点击鼠标右键可拖动地图信息显示界面的显示角度，通过鼠标滚轮可放大和缩小地图。

5. 系统调试与运行

机场能源站巡检机器人处于实验室研发阶段，而机场能源站又属于特殊场所，进入开展实验测试较为困难，并且具有一定的危险性，而此时仿真是一种行之有效的研究手段，采用仿真的方式对巡检机器人的控制性能进行测试。首先采用机械设计软件 SolidWorks 搭建巡检机器人三维仿真模型，并导出为 URDF（Unified Robot Description Format，统一机器人描述格式）格式模型，如图 7-51 所示。然后通过 Gazebo 物理仿真器搭建某机场能源站三维环境模型，Gazebo 是一个功能强大的三维物理仿真平台，支持多种高性能物理引擎进行动力学仿真、支持三维环境仿真和传感器仿真，如图 7-52 所示。最后控制机器人在 Gazebo 仿真环境完成调试与性能测试。

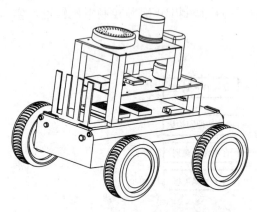

图 7-51 巡检机器人三维仿真模型

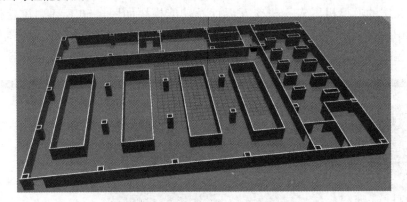

图 7-52 某机场能源站三维环境模型

7.3 建筑智能计算机控制系统应用案例

7.3.1 建筑物能耗计算机监管系统

建筑物能耗计算机监管系统是绿色建筑与建筑工业化等热点研究领域的重要内容，是计算机控制技术在建筑节能领域的一个重要应用。党的二十大报告中指出"实施全面节约战略，推进各类资源节约集约利用"，中央全面深化改革委员会第二十七次会议强调，要突出抓好能源、工业、建筑、交通等重点领域资源节约，发挥科技创新支撑作用，促进生产领域节能降碳。因此，本小节应用案例是在建筑物中落实该精神的体现。

我国建筑分为民用建筑、工业建筑和农业建筑。民用建筑包括住宅建筑和公共建筑，我国建筑物分类如图 7-53 所示。一栋建筑的全生命周期包含建筑材料生产、建筑建设施工、建成后的运行维护三个环节。中国建筑节能协会建筑能耗与碳排放数据专委会发布的《2022 中国建筑能耗与碳排放研究报告》显示，三个阶段的碳排放比重分别为 22.3%、1.9%和 21.3%。全国建筑与建造能耗占全国能源消费总量的 45.5%，碳排放量占全国排

第7章 建筑智能计算机控制系统设计与应用

放总量的50.9%。同时，大型公共建筑随着我国城镇化进程发展，所占比例越来越高，据《中国建筑节能年度发展研究报告2022（公共建筑专题）》显示，我国大型公共建筑面积到2020年已增长到140亿 m^2。我国公共建筑能耗在全国能源消耗消费中占比超过20%，其中包括医院、学校、写字楼、商场在内的公共建筑能耗占全部建筑能耗的38%，是建筑能耗中比例最高的一部分。建筑减碳成为助力实现"碳达峰""碳中和"目标的重要抓手。

因此，利用计算机控制技术开发的建筑能耗监管系统，实现对公共建筑能耗的动态监测，分析能耗与建筑设备用能情况，得到优化的节能方案，对电力、水力、照明、空调等设备进行控制管理，成为公建节能的重要途径。借助大数据等新兴的信息技术，完成能耗统计、能源审计，进行能耗分析预测和诊断等过程，可以实现整个应用系统的多能源协调应用和节能优化。

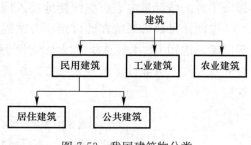

图7-53 我国建筑物分类

本小节以西安市某高校能源管理中心平台为例，介绍其建筑能耗计算机监管系统。该建筑能耗计算机监管系统结构图如图7-54所示，实现了能耗实时监测、分析、统计等功能；同时，系统能够将本单位建筑能耗数据上传至省级能源监管中心，以便整体分析、管理、调度等，从而指导区域甚至全市、全省、全国的节能工作，为推动国家建筑节能工作打下良好基础。

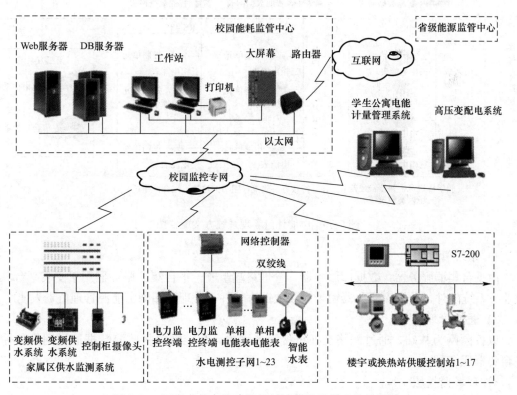

图7-54 西安市某高校建筑能耗计算机监管系统结构图

1. 系统组成

(1) 电能计量管理系统

电能计量管理系统实现主要功能：智能数据网关远端数据采集、中间数据传输、后台数据接收处理、前台查询统计和管理功能。系统选用带有远传数据接口（电气接口符合 RS-485 标准），且内置专用通信协议智能电子电能表。并采用校园网网络作为中间数据传输通道，保证了各区域计量电表可更便捷地接入网络，同时也可以最大限度地节约建设成本。

电能计量监管系统在硬件组网方案配置方面充分考虑系统的科学性、开放性和经济性等因素，选用 RS-485 总线、以太网络等作为数据通信的方式，保证能耗数据采集的准确性和及时性。电能计量管理系统方案配置图分为三层：系统管理层、通信管理层、现场监控层，如图 7-55 所示。

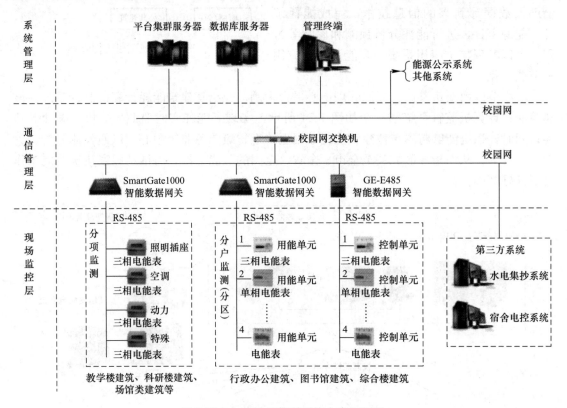

图 7-55 电能计量管理系统方案配置图

1）系统管理层

由平台集群服务器，数据库服务器，管理终端组成。平台集群服务器用于安装平台软件及业务系统软件，数据库服务器用于安装数据库软件，管理终端则由能源管理负责人使用。

2）通信管理层

以校园网为基础，通过网络交换机接智能网关，智能网关将监测数据通过网络传输至平台集群服务器。

3）现场监控层

① 针对教学楼建筑等 13 类建筑进行电能分项监测。

② 在分项计量的基础上进行精细化管理，可对行政办公建筑、图书馆建筑、综合楼建筑等三类建筑的用能单元进行分户（分区）监测。

③ 对第三方水电集抄系统、宿舍电控系统的能源数据进行数据对接。

电能计量管理系统提供对建筑/部门的用电实时监管、数据统计分析、预警模型管理、电能定额管理等一系列功能，帮助学校能源管理人员建立或完善学校用电设施、管线档案，收集基础数据，从而满足学校用电单位、用电场所、用电设备的计量统计需求及用电单位的电能定额指标化管理，实现电能计量管理的精细化。电能计量管理系统数据监测界面如图 7-56 所示。

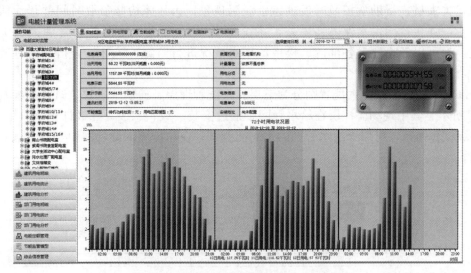

图 7-56　电能计量管理系统数据监测界面

1）实时电能监测

实时监测各用电区域用电状况，对 72h 内用电数据状况可视化呈现，管理人员可通过查看数据变化趋势分析用电合理性。

2）历史监测数据

系统提供可靠的数据三级保存机制：计量电表保存的总用电数据、智能数据网关保存 30d 以上时段用电数据、数据库保存系统全部数据。通过系统可查看所有电能计量的历史监测数据报表、明细等。

3）电能统计分析

通过系统，操作人员可查看用电单位所有年、月的台账，以及用电分项、用电性质的年、月汇总信息，统计信息可对学校用电单位进行能源公示，并且支持单独或批量打印报表，支持报表导出为 Word、Excel、PDF 等通用格式文件。

如操作人员希望进一步了解用电单位的电耗明细，可通过系统功能来查看用电明细信息。系统提供针对建筑/部门用电性质、用电分项按每月、每日的方式进行对比分析，操作人员可对单个区域、单个部门、多个部门的组合、复合条件筛选出的组合等按时间条件（按日、按月、按季、按年、按指定的一段时间等）同时对多种分析类型生成图表。

4）异常能耗监测

系统提供对用电设备异常能耗的监测功能（如：在非工作时间段内的待机功耗、超大能耗使用等），系统主动对所监测的不合理用电行为进行预警提示，并记录相关事件，管理人员可快速定位事件发生区域和判断用电的合理性。

(2) 给水管网监测系统

给水管网监测系统通过在校园供水基础管线上配置智能远程计量水表，实时在线监测校园水表示数，并借助传输网络将数据上传至能源数据中心，实现各用水单位的用水量在线监测，并按校园给水管网流向对各建筑和公共区域用水等进行数据统计，便于给水维护和管理人员使用、分析和决策等，实现工作效率的提升。同时，依靠系统强大的数据分析功能，可以自动进行给水漏失分析和用水异常情况识别，辅以系统消息、手机短信等方式提醒相关人员，帮助学校及时发现跑冒滴漏现象，为故障检修争取时间并最大限度地减少浪费，强化校园供水保障。另外，系统借助 Web 形式，使得各级管理人员无论何时何地，都可以轻松地对各部门、楼宇的用水情况进行监测、统计、分析、管理和综合决策。

给水管网监测系统方案配置图分为三层：系统管理层、通信管理层、现场监控层，如图 7-57 所示。其中现场监控层在给水管网中通过安装一级、二级、三级计量表具的方式，形成多级核算体系，可用于给水管网的水平衡测试；在非传统水源管网中安装水表进行计量监测。

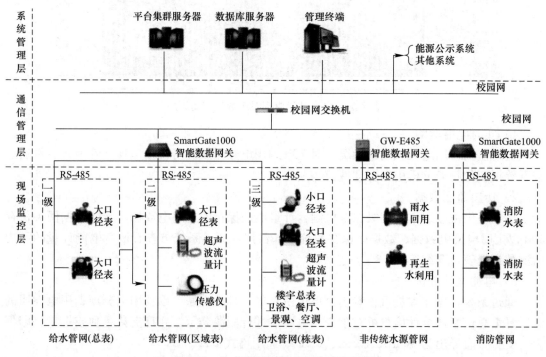

图 7-57　给水管网监测系统方案配置图

给水管网监测系统通过实时监视和采集用水管网各部位的计算水量，提供区域/建筑的给水实时监测、数据统计分析、异常水耗识别、区域水平衡分析等一系列功能，帮助学校能源管理人员建立一套水管网监管的智能化平台，满足学校水资源利用数据统计、运维保障、综合分析、管理决策等的需求。给水管网监测系统数据监测界面如图 7-58 所示。

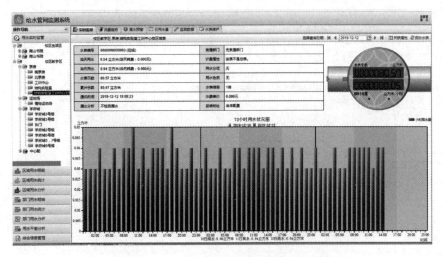

图 7-58　给水管网监测系统数据监测界面

1) 实时用水监测

实时监管各区域用水状况，对 72h 内用水状况可视化呈现，管理人员可通过查看用水流量趋势及日用水量分析用水合理性。

2) 用水统计分析

通过系统，操作人员可查看用水区域或部门的所有年、月的台账，以及用水分项、用水性质的年、月汇总信息，统计信息可对学校用水区域或部门进行能源公示。并且支持单独或批量打印报表，支持报表导出为 Word、Excel、PDF 等通用格式文件。查看用电区域或部门某个时间段内的用水信息，与现场用水数据同步。如操作人员希望进一步了解用水单位的水耗明细，可通过系统功能来查看用水明细信息。系统提供用水区域或部门所有年、月的台账，以及用水分项（楼宇用水、食堂用水、淋浴用水、消防用水、开水房用水、绿化用水）、用水性质（教学、生活、科研、商业）的年、月汇总信息。并针对区域/部门用水性质、用水分项按每月、每日的方式进行对比分析，能直观地查看多个单位多个用水性质的对比情况。

3) 异常能耗监测

系统通过对建筑用水量及用水模型的匹配分析，自动发现建筑内异常用水情况，并通过系统告警提示相关人员。便于维护人员准确定位漏点范围及故障排除。

(3) 学生公寓智能电控系统

"智能化集中式电能计量管理系统"是顺应当今学生公寓用电智能化管理的趋势，研制开发的电力管理设备，该设备符合国家教委关于后勤社会化改革及公寓安全用电的指导精神。该产品具有限电保护（线路）、预收费、集中管理等功能特点。该产品由集中计量控制柜、计量管理软件两部分构成。

软件主要由监视界面、账户界面、通信日志三部分组成，分别如图 7-59～图 7-61 所示。监视界面组用来显示一些实时信息，例如抄表情况，异常信息等；账户界面主要用来进行账户的操作，包括房间的控制和账户的维护；通信日志可以查看当前的通信和操作日志信息，操作日志会自动保存在文件和数据库中，通信日志仅保存在 log 文件夹下面的文件中。

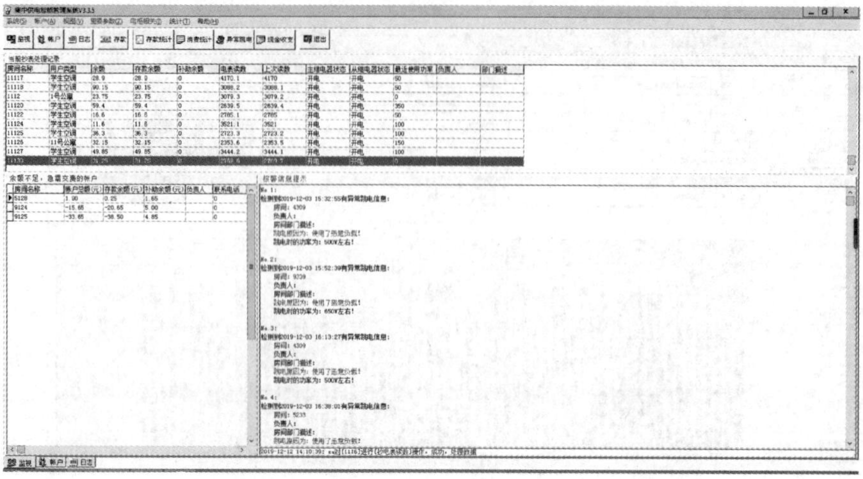

图 7-59　监视界面

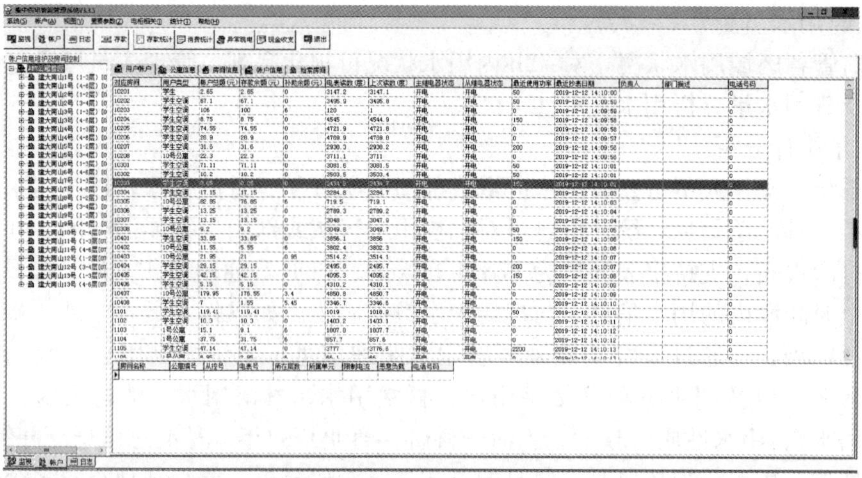

图 7-60　账户界面

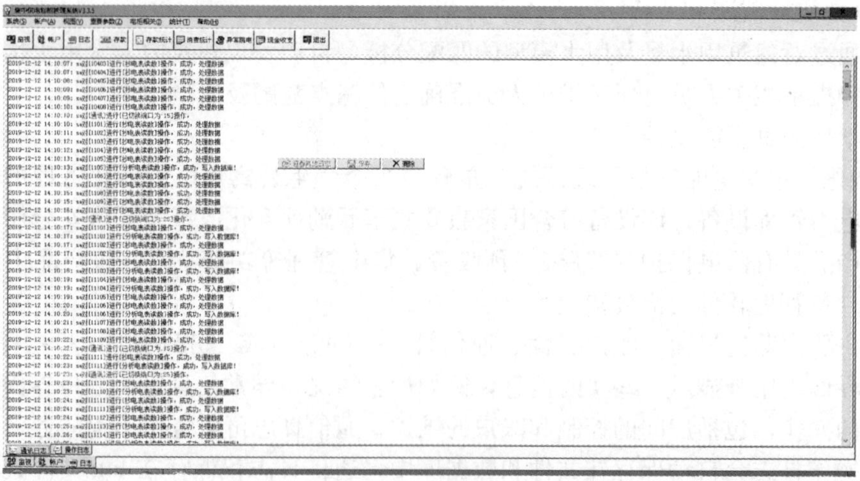

图 7-61　通信日志

2. 建筑能耗监管系统应用

建筑能耗管理系统主界面如图 7-62 所示，其功能包括在线实时监控、历史数据监测、用能统计分析、异常能耗监测等。在此，以给水管网监测系统为例介绍其具体应用。

图 7-62 建筑能源管理系统主界面

(1) 管路实时监管功能（分四个级别）

1) 给水管网实时监管功能

① 查看学校某一总表当天用水量。

② 查看学校某一总表当月用水量。

2) 供水管路实时监管功能

① 查看南北朝向供水管路的基本信息：水表的具体位置、所属区域、用水分项、用水性质、水费单价。

② 批量设置

将需要设定同样信息的水表，批量设定其隶属部门、水费单价、用水性质、用水类型、离线报警以及计量属性，如图 7-63 所示。

图 7-63 水表批量设置

③ 表具维护

查询在规定时间内水表维护信息，如图 7-64 所示。

图 7-64 水表维护信息

3）区域用水管路实时监管功能

① 查看选定区域内供水管路的基本信息：水表的具体位置、所属区域、用水分项、用水性质、水费单价。

② 将需要设定同样信息的水表，批量设定其隶属部门、水费单价、用水分项、是否离线报警以及计量属性。

③ 查询在规定时间内水表设定信息的变更。

4）水表实时监管功能

① 查看对应水表的信息（水表编号、表具示数、瞬时流量）。

② 查看水表所属区域和计量属性。

③ 查看用水性质及对应水费单价。

④ 查看水表的当天和当月用水及对应的水费。

水表实时监测界面如图 7-65 所示。

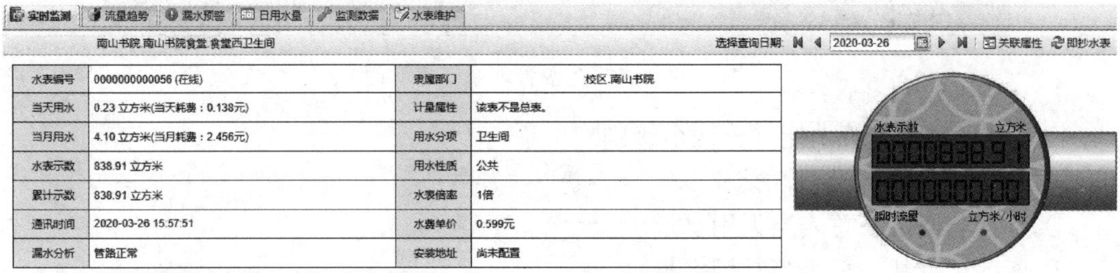

图 7-65 水表实时监测界面

⑤ 查看该区域的 72h 用水图，如图 7-66 所示。

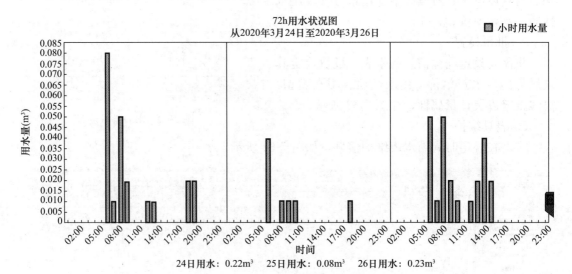

图 7-66 该区域 72h 用水图

⑥ 查看某日 24 内的瞬时流量曲线图，如图 7-67 所示。

⑦ 指定时间段（月度）每日用水量查询功能，如图 7-68 所示。

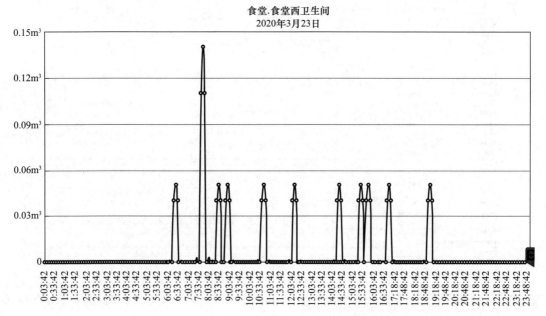

图 7-67　某日 24 内的瞬时流量曲线图

食堂.食堂西卫生间　开始年月：2020年 一月　结束年月：2020年 三月　查询

月份	周日	周一	周二	周三	周四	周五	周六	月累计(立方米)
2020年1月				1 5.15	2 5.28	3 5.51	4 5.59	49.58
	5 4.63	6 5.65	7 5.27	8 3.81	9 3.81	10 1.10	11 0.50	
	12 0.29	13 0.39	14 0.12	15 0.28	16 0.24	17 0.11	18 0.23	
	19 0.14	20 0.20	21 0.19	22 0.19	23 0.26	24 0.05	25 0.08	
	26 0.13	27 0.06	28 0.05	29 0.05	30 0.17	31 0.05		
2020年2月							1 0.17	3.35
	2 0.20	3 0.04	4 0.14	5 0.11	6 0.18	7 0.08	8 0.09	
	9 0.11	10 0.12	11 0.09	12 0.12	13 0.12	14 0.22	15 0.11	
	16 0.16	17 0.07	18 0.05	19 0.10	20 0.04	21 0.16	22 0.19	
	23 0.03	24 0.09	25 0.06	26 0.11	27 0.12	28 0.13	29 0.14	
2020年3月	1 0.12	2 0.07	3 0.31	4 0.03	5 0.18	6 0.12	7 0.20	3.87
	8 0.07	9 0.17	10 0.12	11 0.11	12 0.13	13 0.19	14 0.13	
	15 0.17	16 0.20	17 0.16	18 0.11	19 0.31	20 0.20	21 0.12	
	22 0.23	23 0.12	24 0.22	25 0.08				

图 7-68　指定时间段（月度）每日用水量查询

(2) 区域用水明细查看功能（分三个级别）

1) 给水管网明细查看功能

① 查看学校所有水表所属管路、所在位置、区域、在规定时间内用水立方米数，用水分项/性质、采集数据时间，如图 7-69 所示。可由下拉菜单选择查看的列。

② 文档以 Word，Excel，PDF 格式导出功能，如图 7-70 所示为导出给水管网明细文档。

2) 区域用水明细查看功能

① 查看区域所有水表所属管路、所在位置、区域、在规定时间内用水立方米数，用水分项/性质、采集数据时间。可由下拉菜单选择查看的列。

② 文档以 Word、Excel、PDF 格式导出功能。

3) 区域用水管路明细查看功能

① 查看该区域所有水表所属管路、所在位置、区域、在规定时间内用水立方米数、

(从2020-02-27 00:00 到 2020-03-26 00:00)用水统计

水表位置	部门名称	起始示数	终止示数	用水量(立方米)	用水分项/性质	表地址(倍率)	数据时间	纳入计量
合计水量				525.06				
所属区域:	学府城1号楼							
学府1号楼		7558.30	7590.20	31.9	卫生间/生活	19(1倍)	2020-02-26 02:37:45至2020-03-25 23:58:55	是
合计水量				31.90				
所属区域:	学府城14号楼							
学府城14号		1488.14	1514.19	26.05	卫生间/生活	53(1倍)	2020-02-26 23:58:10至2020-03-25 23:59:37	是
合计水量				26.05				
所属区域:	学府城5号楼							
学府5/7号楼		187.49	189.66	2.17	卫生间/生活	68(1倍)	2020-02-26 23:57:45至2020-03-25 23:58:55	是
合计水量				2.17				
所属区域:	学府城15号楼							
学府城15/16号楼		2667.11	2668.52	1.41	卫生间/生活	5(1倍)	2020-02-26 23:58:10至2020-03-25 23:59:37	是
合计水量				1.41				
所属区域:	学府城2号楼							
学府2号楼		269.32	269.50	0.18	卫生间/生活	45(1倍)	2020-02-26 23:57:45至2020-03-25 23:58:55	是
合计水量				0.18				
所属区域:	学府城6号楼							
学府6号楼		275.18	275.24	0.06	卫生间/生活	70(1倍)	2020-02-26 23:57:45至2020-03-25 23:58:55	是
合计水量				0.06				
所属区域:	学府城3号楼							
学府3号楼		76.47	76.26	-0.21	卫生间/生活	48(1倍)	2020-02-26 14:52:45至2020-03-25 23:58:55	是
合计水量				-0.21				
所属区域:（所有区域合计）								
计量合计				19580.04				是
合计水量				19580.04				

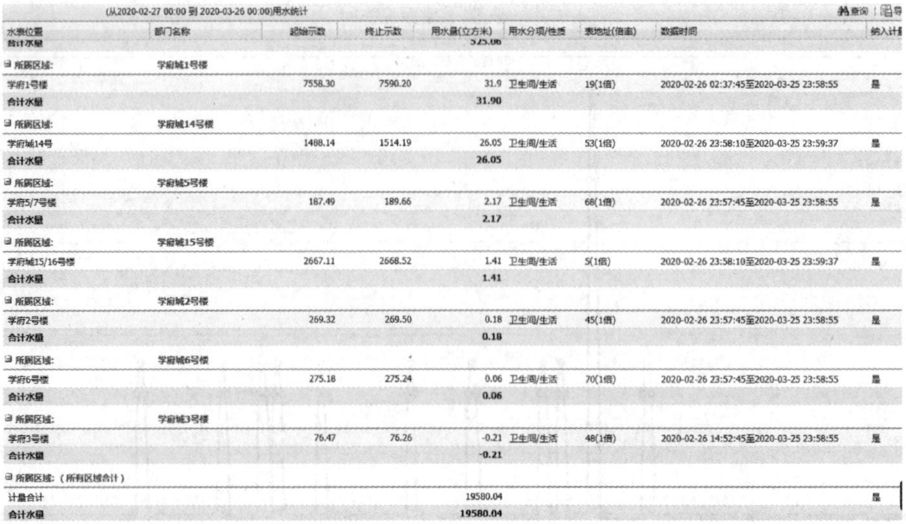

图 7-69　给水管网明细查询

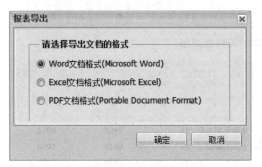

图 7-70　导出给水管网明细文档

用水分项/性质、采集数据时间。可由下拉菜单选择查看的列。

② 查看总表合计的用水量及分表合计的用水量将两个数据对比进行漏水分析。

③ 文档以 Word、Excel、PDF 格式导出功能。

(3) 区域用水统计功能

1) 用水年度台账查看功能

① 查看教学区给水管网在选定年份每月用水量以及年累计用水量，如图 7-71 所示。

某校区区域年用水台账

区域名称：　校区　　　　统计年份：2020年

序号	区域名称	1月	2月	3月	4月	5月	6月	7月	8月	9月	10月	11月	12月	累计用水(立方米)
1	泵房	64.02	0	643.24	0	0	0	0	0	0	0	0	0	707.26
2	运动场馆类	.12	.09	364.44	0	0	0	0	0	0	0	0	0	364.65
3	学府城	17429.87	19434.37	16243.25	0	0	0	0	0	0	0	0	0	53,107.49
4	南山书院	4537.03	766.01	31168.72	0	0	0	0	0	0	0	0	0	36,471.76
5	紫阁书院	12570.83	1.6	9.7	0	0	0	0	0	0	0	0	0	12,581.82
6	功能类楼宇	89.38	56.91	2.3	0	0	0	0	0	0	0	0	0	148.59
7	各子项合计	34690.95	20258.98	48431.65	0	0	0	0	0	0	0	0	0	103,381.58
8	校区	34690.95	20258.98	48431.65	0	0	0	0	0	0	0	0	0	103,381.58

制表时间：2020年3月26日　　　　制表单位：某校区水电中心

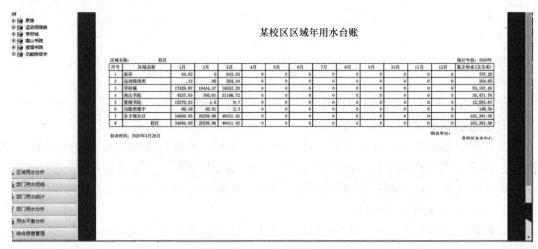

图 7-71　选定年份每月用水量以及年累计用水量

② 查看的用水年度台账以 Word，Excel，PDF 格式导出功能，如图 7-72 所示为导出用水年度台账。

2）用水月度台账功能

① 查看教学区给水管网在选定年月，每日用水量以及月累计用水量，如图 7-73 所示。

② 查看的用水月度台账以 Word、Excel、PDF 格式导出功能。

3）用水年度汇总功能

① 查看教学区给水管网，生活区供水管网在选定年份，按分项，性质小计用水量；总计水量及折算金额，如图 7-74 所示为用水年度汇总功能查看用水量。

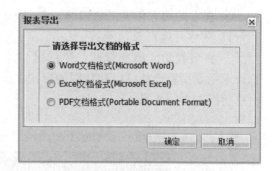

图 7-72 导出用水年度台账

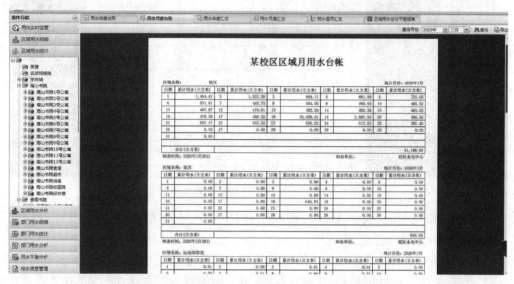

图 7-73 选定年月，每日用水量以及累计用水量

图 7-74 用水年度汇总功能查看用水量

② 查看的用水年度汇总以 Word、Excel、PDF 格式导出功能。

4）用水月度汇总功能

① 查看教学区给水管网，生活区供水管网在选定区间，按分项，性质小计用水量；总计水量及折算金额（以柱状图的形式在统计最后对比查看），如图 7-75 所示为用水月度汇总功能查看用水量。

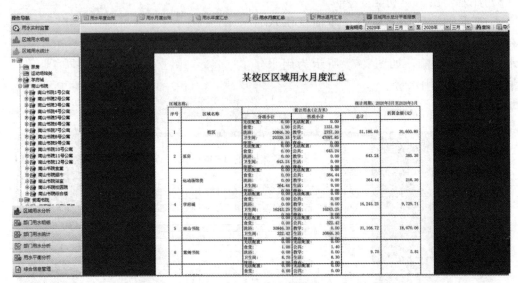

图 7-75　用水月度汇总功能查看用水量

② 查看的用水月度汇总以 Word、Excel、PDF 格式导出功能。

5）用水逐月汇总功能

① 查看学校给水管网某年，各个月份按分项，性质小计用水量，总计用水量及折算金额（以柱状图的形式在统计最后对比查看），如图 7-76 所示为用水逐月汇总功能查看用水量。

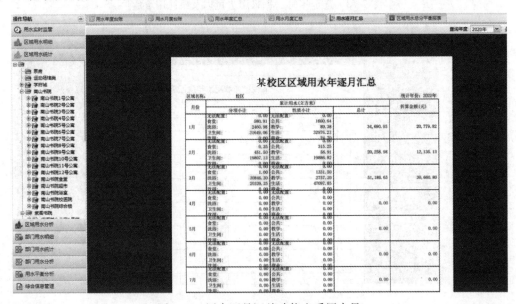

图 7-76　用水逐月汇总功能查看用水量

② 查看的用水年度汇总以 Word、Excel、PDF 格式导出功能。

(4) 区域用水分析功能

1) 按区域比较功能

查看所选用水管路在规定时间区间用水量的柱状图，用水量，上一年份同一时间区间的用水量，同比增幅，环比增幅，如图 7-77 所示为按区域比较功能查看用水量。

(a)

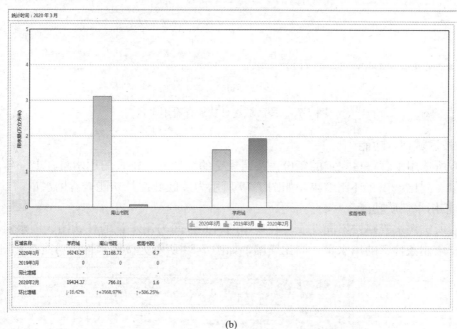

(b)

图 7-77　按区域比较功能查看用水量

2) 按区域逐日功能

查看所选用水管路在规定的时间区间，按照规定的划分方式每日用水量的柱状图、用水量，上一年份同一时间区间内每天的用水量、同比增幅、环比增幅，如图 7-78 所示为按区域逐日功能查看用水量。

(a)

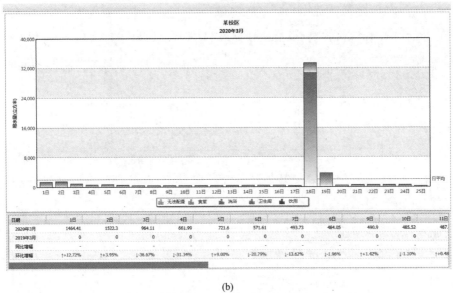

(b)

图 7-78 按区域逐日功能查看用水量

3) 按区域逐月功能

查看所选用水管路在规定的年份，按照规定的统计方式每月的用水量，上一年份每月的用水量、同比增幅、环比增幅，如图 7-79 所示为按区域逐月功能查看用水量。

4) 按用水性质功能

查看所选用水管路按不同性质，在规定的时间区间内用水量的柱状图、用水量、上一年份同样限制条件下的用水量、同比增幅，如图 7-80 所示为按用水性质功能查看用水量。

(a)

图 7-79 按区域逐月功能查看用水量（一）

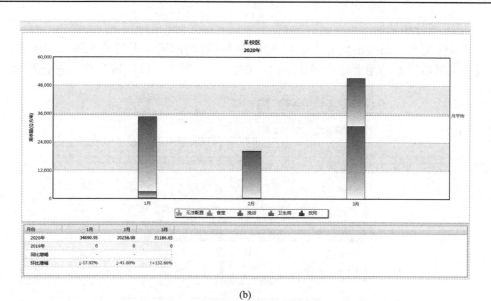

(b)

图 7-79 按区域逐月功能查看用水量（二）

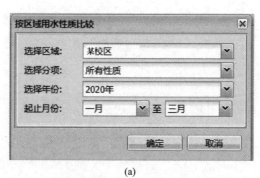

(a)

(b)

图 7-80 按用水性质功能查看用水量

5）按区域分项功能

查看所选用水管路按不同分项，在规定的时间区间内用水量的柱状图，用水量，上一年份同样限制条件下的用水量，同比增幅，如图 7-81 所示为按区域分项功能查看用水量。

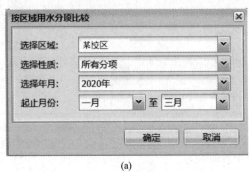

(a)

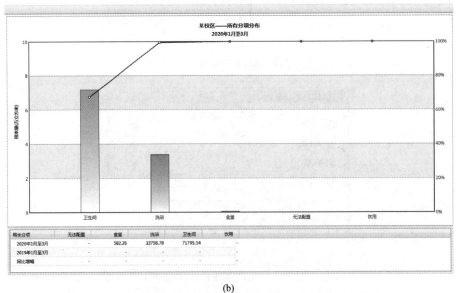

(b)

图 7-81　按区域分项功能查看用水量

（5）综合信息管理功能

1）综合信息预览功能

① 查看用水分项分布

查看本年按用水分项的用水量，及各个用水分项占总用水量的百分比，查看用水分项分布如图 7-82 所示。

② 查看用水性质分布

a. 查看本年按用水性质的用水量，及各个性质占总用水量的百分比，如图 7-83 所示。

b. 查看本月按用水性质的用水量，及各个性质占总用水量的百分比，如图 7-84 所示。

③ 查看本年各建筑用水排名

按用水排名查看各建筑本年用水量，如图 7-85 所示。

④ 查看最近 7 日用水趋势

查看最近 7 日用水趋势，如图 7-86 所示。

第 7 章　建筑智能计算机控制系统设计与应用

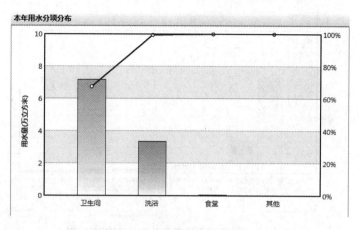

图 7-82　查看用水分项分布

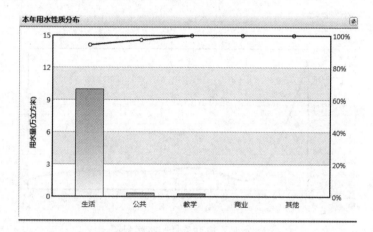

图 7-83　查看本年按用水性质的用水量

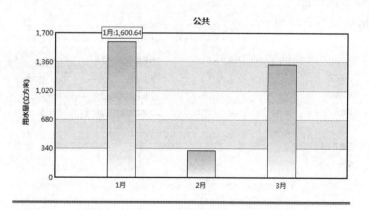

图 7-84　查看本月按用水性质的用水量

2）用水属性管理功能
① 用水分项配置功能
配置用水分项编号和名称，如图 7-87 所示。

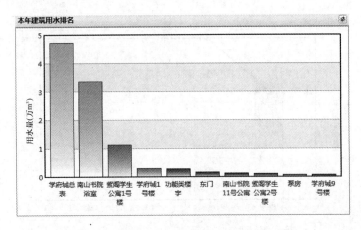

图 7-85　按用水排名查看各建筑本年用水量

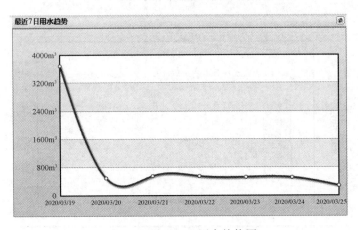

图 7-86　最近 7 日用水趋势图

② 水表倍率查询功能

查询水表倍率如图 7-88 所示。

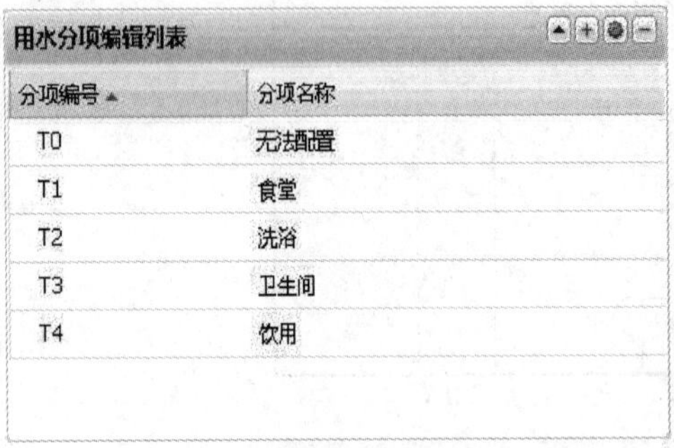

用水分项编辑列表

分项编号	分项名称
T0	无法配置
T1	食堂
T2	洗浴
T3	卫生间
T4	饮用

图 7-87　配置用水分项编号和名称

水表倍率查询列表

倍率名称	倍率数值
单倍率普通水表（一代）	1
单倍率普通水表（二代）	1

图 7-88　查询水表倍率

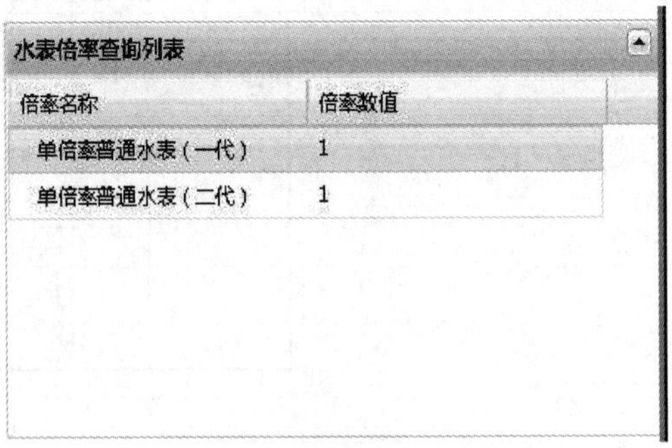

③ 用水性质配置功能

配置用水性质编号和名称，如图 7-89 所示。

④ 水费单价配置功能

配置水费单价编号、单价名称和单价数值，如图 7-90 所示。

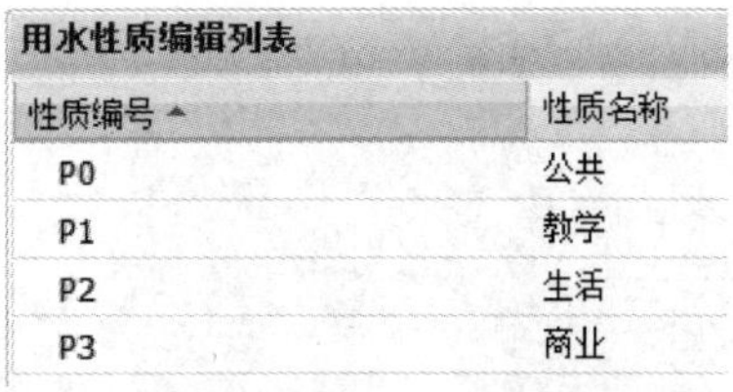

用水性质编辑列表

性质编号	性质名称
P0	公共
P1	教学
P2	生活
P3	商业

图 7-89　配置用水性质编号和名称

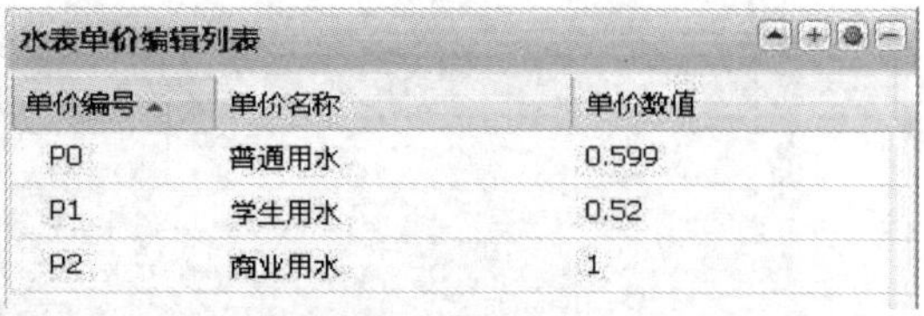

水表单价编辑列表

单价编号	单价名称	单价数值
P0	普通用水	0.599
P1	学生用水	0.52
P2	商业用水	1

图 7-90　配置水费单价编号、单价名称和单价数值

建筑能耗计算机监管系统是对建筑能耗进行节能监测和管理的有效手段，通过能耗分项计量不仅详细地了解建筑物各类负荷的能耗，反映建筑用能状况。在此基础上，进行节能分析和设备运行指导，通过建立数据共享服务平台，开展基于分项计量的节能诊断，及时改变不合理的能耗状况，提出必要的节能改造方案，最终实现对建筑物用能的科学管理，真正实现建筑节能。

7.3.2　某机场能源站供暖低碳节能运行优化控制系统

党的二十大报告中指出“加快节能降碳先进技术研发和推广应用”，随着国家“双碳”目标深入实施，中国民用航空局在 2022 年发布了《“十四五”民航绿色发展专项规划》，提出要深入实施低碳发展战略，绿色低碳是未来机场重要的发展方向。机场能源站作为民航业主要碳排放源之一，从能源消耗品类来看，机场主要消耗的能源品类有电力、天然气、汽油、柴油、煤油、液化天然气等能源种类。从碳排放结构来看，机场主要碳排放来源为电力，占比约为 86.84%，其次是供暖用天然气，占比约为 8.55%，移动源排放占比为 4.00%，其他排放占比约为 0.61%。可见，机场的碳排放以电力和供暖用燃料排放为主，占比超过 95%。

随着智慧机场的不断建设，实现机场能源站多种能源智慧化控制，最大限度地降低能耗和运行成本，是建设“四型机场”的必要手段。而机场供暖系统设计复杂，简单的管理调度措施难以制定出较为科学合理的解决方案，依托计算机控制技术，采用先进的优化控制方法提供较优的供暖系统运行策略，是实现机场能源站低碳运行的关键技术。

本案例针对机场能源站供暖系统进行节能运行优化控制研究，以二氧化碳排放量作为供暖系统的碳成本指标，旨在降低能源浪费、减少碳排放量。本案例中，依托计算机控制技术，采用人工智能、大数据等信息技术，完成建筑运维阶段碳排放计算、能耗监测、节能分析、优化控制等过程，实现机场能源站供暖系统的多能源协调和低碳运行。

1. 机场供暖系统工艺介绍

（1）机场能源站介绍

本案例中多热源供暖系统属于机场能源站中的一部分，该机场能源站的建筑平面图如图 7-91 所示，能源站位于东北方向，到航站楼的直线距离约为 1000m，用地长 200m，宽 150m，规划占地面积为 45 亩（$3hm^2$）。

机场能源站为航站楼、飞行区、货运区、GTC 和酒店、工作区、信息中心等众多区域提供能源。图 7-92 为机场能源站的三维建筑图，能源站内包括制冷站、燃气锅炉房、能管中心、综合楼、办公楼等区域，总建筑面积为 $29565m^2$。

（2）供暖系统运行工艺

本案例的机场供暖系统主要有三种热源，分别是市政供暖系统、中深层地热系统和燃

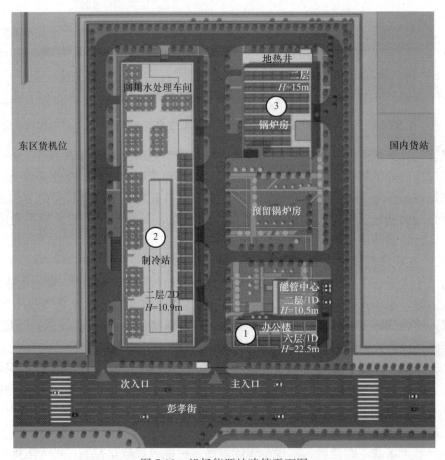

图 7-91 机场能源站建筑平面图

图 7-92 机场能源站三维建筑图

气锅炉系统，共同承担用户端的热负荷需求，满足用户端的热舒适性。图 7-93 为机场多热源供暖系统耗热区 2010 年 11 月 15 日至 2021 年 3 月 15 日一个供暖季耗热区的热负荷运行曲线图。

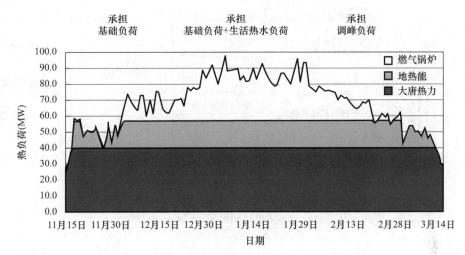

图 7-93 供暖季耗热区的热负荷运行曲线图

由图 7-93 可知，三种热源均承担不同程度的热负荷需求，其中市政供暖承担机场耗热区的基础负荷来满足整个系统的供暖，中深层地热能作为补充负荷承担系统基础的调峰负荷，燃气锅炉承担寒冷天气段的调峰负荷。当所有的大唐热力不能够满足用户端的基础需求时，开启中深层地热能系统的供暖形式，在极端天气情况下，开启燃气锅炉系统来满足用户端的热舒适度需求。

1）中深层地热能系统

中深层地热能系统进行供暖，遵循"取热不取水"的原则，可实现地热资源的持续性开发和利用。为获取更多热量，提高换热品质。工作原理是从末端用户出来的低温水一部分进入换热器，一部分进入冷凝器内进行换热，换热完成后再次进入末端用户继续使用，周而复始，一直循环。如此，末端用户既获得一级换热器交换来的热量，也获得通过热泵机组传递的热量，提高了能源的利用率，如图 7-94 所示。

2）市政供暖系统

市政供暖系统是通过城市的集中供热站向用户端输送供热介质，其工作原理为大唐热力（市政供暖）提供的热量通过板式换热器进行换热，高温水进入分水器通过水泵提供给末端区域，达到供暖的目的；末端区域将未消耗的热量经过集水器，使低温水输送至板式换热器，通过换热提高水温再次供热实现循环利用，如图 7-95 所示。

3）燃气锅炉系统

燃气锅炉系统是一种供暖、提供工业用途的特种设备，在实际的运行应用中效率突出且环保节能，系统通过天然气加热炉膛内的水，加热产生的热水可以供给用户使用。其工作原理为炉膛内的高温水传输到板式换热器完成热交换，再将高温水传输至分水器从而供应末端用户，达到供暖的目的；末端用户再将低温水通过集水器循环至板式换热器，使板式换热器二次侧的低温水交换成为高温水，完成热交换工作后继续进行高温水的供给，周而复始，不断循环，如图 7-96 所示：

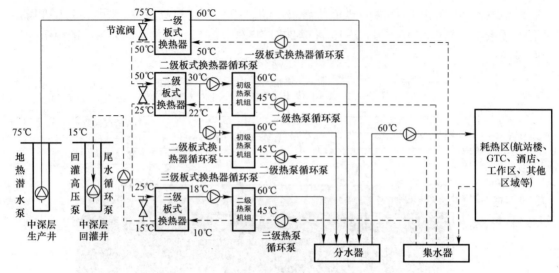

图 7-94 中深层地热能系统供暖系统示意图

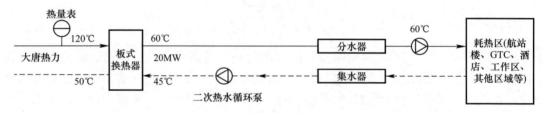

图 7-95 市政供暖系统示意图

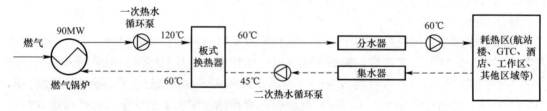

图 7-96 燃气锅炉系统示意图

2. 供暖系统低碳运行优化原理及优化控制算法

供暖系统属于多能互补供能方式，在对其进行优化调度时，首先需要设定目标函数及约束条件，在本案例中，目标函数为供暖系统运行期间运行碳成本，约束条件为设备的运行约束，其优化的目的是使供暖系统运行碳成本达到最低。

(1) 供暖系统低碳运行优化原理

针对机场供暖系统低碳运行计算机控制原理如图 7-97 所示。

要实现机场供暖系统低碳运行，首先，需要通过能耗计量设备，采集机场供暖系统运行期间设备消耗电量及各类能源消耗量，其中可再生能源不产生碳排放；其次，根据图 7-98 所示碳排放因子数据库，查询各类一次能源及电力的碳排放因子，将其耗电量及能源消耗量通过碳排放因子法换算为碳排放量；最后，将碳排放量作为目标函数，输入供暖系统低碳运行优化控制算法中，经过模拟仿真后，输出供暖系统各能源运行分配方案，指导机场供暖系统低碳运行。

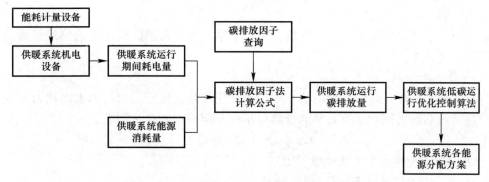

图 7-97　机场供暖系统低碳运行计算机控制原理

序号	名称	单位	原料开采 (kgCO$_2$e/单位)	燃烧 (kgCO$_2$e/单位)	合计碳排放因子 (kgCO$_2$e/单位)	来源
1	原煤	kg	0.35	2.00	2.35	CBCED
2	原油	kg	0.45	3.03	3.48	CBCED
3	汽油	kg	0.85	2.94	3.79	CBCED
4	柴油	kg	0.65	3.11	3.76	CBCED
5	燃料油	kg	0.33	3.18	3.51	CBCED

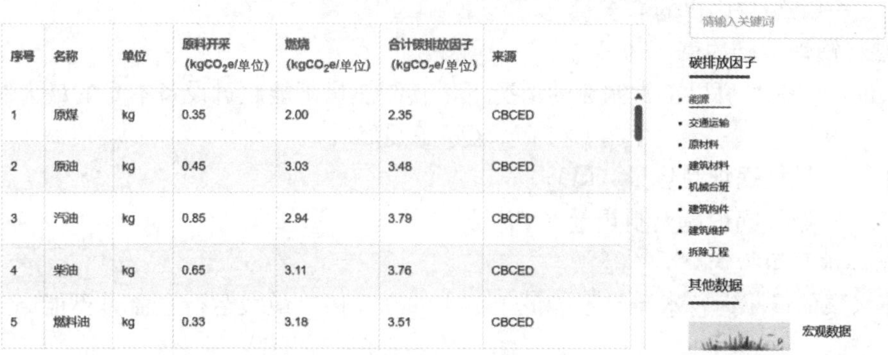

图 7-98　碳排放因子数据库

（2）供暖系统低碳运行优化控制算法

1）供暖系统低碳运行优化函数建立

① 碳成本目标函数

本案例以二氧化碳排放量作为供暖系统的碳成本指标，这里主要考虑燃气锅炉系统和市政供暖系统造成的碳排放，其目标函数如式（7-6）～式（7-8）所示。

$$\min f_2 = C_g + C_d \tag{7-6}$$

$$C_g = \sum_{t=1}^{T} \varepsilon_g Q_g t \tag{7-7}$$

$$C_d = \sum_{t=1}^{T} \varepsilon_d Q_d t \tag{7-8}$$

式中　C_g——燃气锅炉系统产生的 CO_2 量（t）；

ε_g——燃气锅炉系统的 CO_2 排放系数；

Q_g——燃气锅炉系统的制热量（kJ）；

C_d——市政供暖系统产生的 CO_2 量（t）；

ε_d——市政供暖系统的 CO_2 排放系数；

Q_d——市政供暖系统的制热量（kJ）；

t——系统运行时间（h）。

其中，ε_g 和 ε_d 分别取为 0.889kg/(kW·h) 和 0.7246kg/(kW·h)，折算为成本则为 0.03 元/kg。

② 约束条件

在进行多热源供暖系统优化调度研究时,本案例主要考虑供暖系统的热量平衡约束和设备运行约束两个方面。

a. 热量平衡约束

机场多热源供暖系统所提供的热量可以满足用户端的热量需求,即大唐热力系统、中深层地热系统和燃气锅炉系统共同的供热量不小于用户端的热量需求。

$$Q_d + Q_z + Q_g \geqslant Q_{load} \tag{7-9}$$

式中　Q_d——大唐热力系统供热量(kJ);
　　　Q_z——中深层地热系统供热量(kJ);
　　　Q_g——燃气锅炉系统供热量(kJ);
　　　Q_{load}——末端热用户的需求量(kJ)。

b. 燃气锅炉运行约束

在保证燃气锅炉可以正常制热的情况下,其制热量不能超过设备本身的最大制热量。

$$0 \leqslant Q_g \leqslant Q_g^{max} \tag{7-10}$$

式中　Q_g——燃气锅炉制热量(kJ);
　　　Q_g^{max}——燃气锅炉最大制热量(kJ)。

c. 循环水泵运行约束

循环水泵的最小运行水流量不能低于额定的0.5倍,最大运行水流量不能高于额定流量的1.2倍。

$$0.5L' \leqslant L \leqslant 1.2L' \tag{7-11}$$

式中　L——循环水泵的运行水流量(m^3/h);
　　　L'——循环水泵的额定流量(m^3/h)。

2) 供暖系统优化控制算法

机场供暖系统优化控制算法采用计算机仿真技术进行模拟实验,其算法流程图如图7-99所示:

具体优化步骤如下:

第一步:收集相关数据,进行归一化、去除异常值等预处理;

第二步:建立供暖系统各机电设备数学模型及供暖系统热过程方程;

第三步:根据优化目标,构建优化目标函数及运行约束条件;

第四步:导入设计的优化调度模型,并设定算法的初始参数及迭代次数;

第五步:算法进行更新迭代,直至达到最大迭代次数,停止迭代;

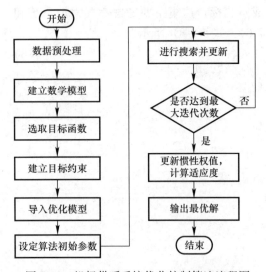

图7-99　机场供暖系统优化控制算法流程图

第六步:更新模型中的惯性权值,并计算适应度;

第七步:输出帕累托最优解,结束程序运行。

通过多次优化实验，可以输出在最优运行时，供暖系统中各类能源分配运行策略，将策略通过模块传输至设备端，即可控制能源站中各设备运行方式，从而使得能源站中的供暖系统能够低碳高效地运行。

3. 供暖系统优化控制结果分析及节能管控平台设计

(1) 供暖系统优化控制结果分析

本案例中的碳成本是以二氧化碳排放量为指标，以碳成本目标优先进行求解，得到三种热源供热量分配方案，如图7-100所示。以二氧化碳排放量作为多热源供暖系统碳成本指标，本书主要考虑燃气锅炉和大唐热力造成的碳排放。由图7-100可看出，中深层地热的热源供给量高于其他两种热源的供给量，尽可能多地使用清洁能源可以减少碳排放；燃气锅炉承担调峰负荷，运行费用较高且碳排放量较大，对环境污染相对严重，其热源分配量低于大唐热力。而且以碳成本目标优先的优化结果，满足机场多热源供暖系统负荷分配的设计理念，大唐热力承担机场的基础负荷，中深层地热承担基础调峰负荷，燃气锅炉承担寒冷天气段的调峰负荷。当碳成本目标优先时，优化后的碳排放量明显降低。因为多热源供暖系统在进行热源调度时，增加了中深层地热系统的热源供给量，减少了大唐热力和燃气锅炉系统的供热量，从而降低了碳成本费用。

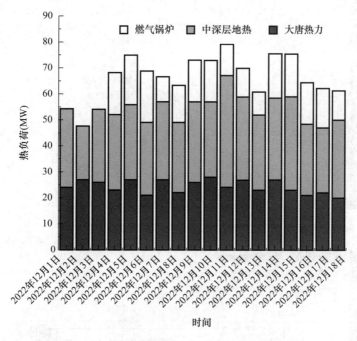

图7-100　碳成本优化目标下三种热源供热量分配方案

同时，为了试验各种算法对供暖系统优化控制的效果，本案例中设置三种算法进行对比，图7-101为三种算法优化后，供暖系统碳排量占比图。由图7-101可看出，改进多目标蜻蜓算法优化后的碳排放量占比最小，蜻蜓算法优化后的碳排放量占比次之，粒子群算法优化后的碳排放量占比最大。从碳成本角度来看，占比越小碳排放量越少，算法的优化效果越好，表明了采用改进多目标蜻蜓算法的优化算法对于此问题的求解是可行且有效的。

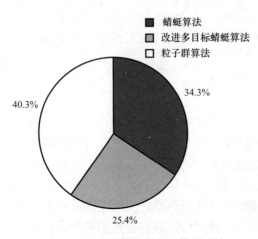

图 7-101 三种算法优化后供暖系统碳排放量占比图

（2）节能管控平台设计及应用

根据前期供暖系统的优化原理及优化控制算法，设计节能管控平台主要包括信息管理、能耗管理、碳排放计算、环境监测、节能分析、节能策略以及设备管理功能，在此主要介绍能耗管理、碳排放计算、节能分析和节能策略。

1) 能耗管理

能耗管理包括能耗监测、能耗统计以及能耗报表三个子功能，能耗监测界面如图 7-102 所示，用户可进行分区、日期及能耗类型选择，绘制出相应能耗趋势图。

能耗统计界面如图 7-103 所示，展示建筑在一定时间范围内的逐日能耗使用情况，主要包括总耗电量、各设备耗电量、一次能源消耗量等参数。

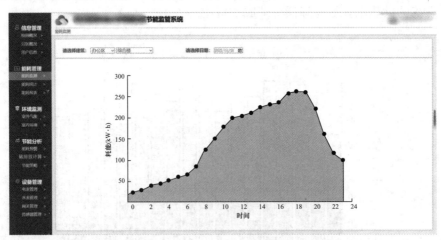

图 7-102 能耗监测界面

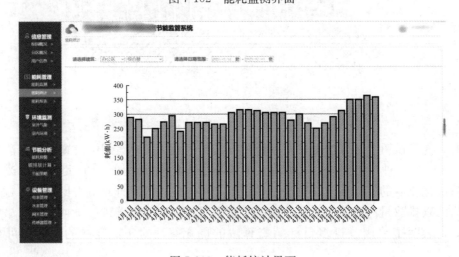

图 7-103 能耗统计界面

能耗报表界面如图 7-104 所示，展示整个建筑区一年的用能数据，包括用电量、用水量、用气量、热力、单位面积耗能及人均耗能。

序号	项目	单位	能耗	费用(万元)
1	用电量	万度	12882.41	730.63
2	用气量	万立方米	79.8	107.74
3	用水量	万吨	113.94	198.29
4	热力	吉焦	165014.90	813.66
5	单位面积耗能	kgce/(m²·年)	12.43	/
6	人均耗能	kgce/(人·年)	295.75	/

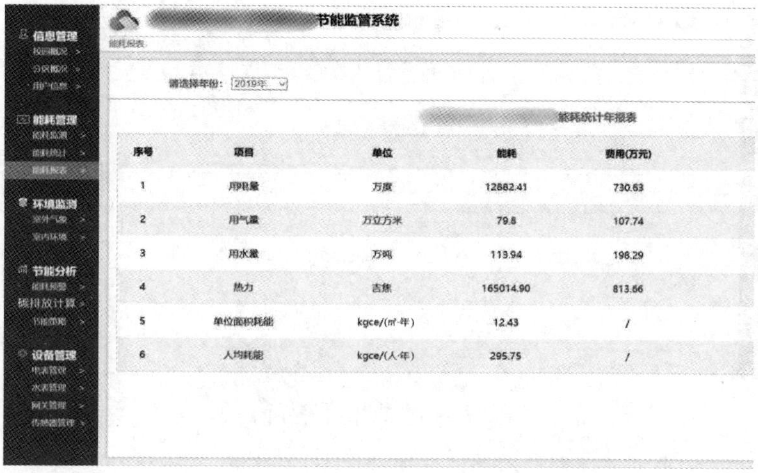

图 7-104　能耗报表界面

2）碳排放计算

碳排放计算界面如图 7-105 所示，该界面从区域层面计算建筑运维阶段碳排放量，用户选择区域、计算类型后，后台调用建立的碳排放计算模型及碳排放因子数据库，对应计算能耗分区模型碳排放量，并对该区域的明日和下个月的用电量、能源分配进行优化，将结果以图表形式展示出来。

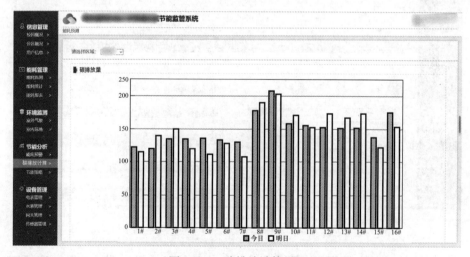

图 7-105　碳排放计算界面

3）节能分析

节能分析主要包括能耗预警、能耗预测及节能策略三部分，图 7-106 为能耗预警界面。左上角为设备报警信息，以百分比形式展示系统物理层设备掉线情况；右上角为本月数据异常情况，以图像化方式展示本月异常数据，包括缺少分类、缺少分项、缺少子项、未加负荷、实时掉线、分项超过总电、分项小于总电等；底部为报警列表，可查询某一天的报警信息，包括报警点位、设备名称以及故障类型等。

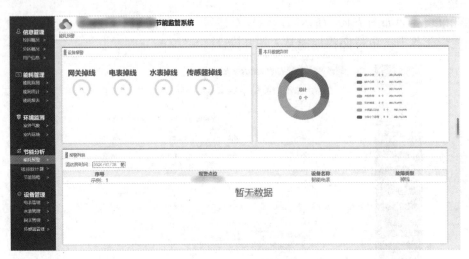

图 7-106　能耗预警界面

4）节能策略

节能策略界面如图 7-107 所示，在该界面进行区域的选择。选定区域后，界面左部分显示当前区域高能耗建筑的电耗和水耗数据预测结果，通过优化结果可以提前进行区域能源调度，并进行节能策略的规划。界面右部分显示针对建筑区域的相关节能策略，以便管理人员更好地进行相关节能工作。

图 7-107　节能策略界面

机场能源站供暖系统低碳节能管控平台，作为建筑能耗优化调度控制研究策略的实施手段，可实现建筑能耗预警、碳排放计算、能耗预测优化及制定节能策略。可为多类型的建筑节能管理提供有效的数据支撑和技术支持，最终实现建筑运行的智能化控制管理，智慧化节能发展。

7.3.3　群智能计算机控制系统

1. 群智能计算机控制系统简介

群智能计算机控制系统是一种扁平化、无中心智能建筑平台技术，该技术以计算机控制技术为基础，应用于建筑智能化解决方案的分布式操作系统，并嵌入了用于空间单元和机电设备控制的智能计算节点 CPN（Computing Process Node）。群智能系统为建筑提供了类似于"迷走神经"的智能监控系统，以一种去中心化、自组织的方式满足对建筑机电系统的监控和管理需求，以达到高效的目的。

（1）系统架构

控制系统是由多个基本空间单元和设备单元构成的去中心化的计算机控制系统。面向建筑机电系统的智能监控需求，将建筑划分为若干基本空间单元和机电设备单元，每个空间或机电设备植入一个带有分布式操作系统（LynkrOS）的智能计算节点（CPN），这些CPN按照空间单元的位置关系和机电设备管网，构建出三维拓扑网络，自动辨识出建筑及其附属机电设备系统的拓扑结构，群智能系统架构如图 7-108 所示。

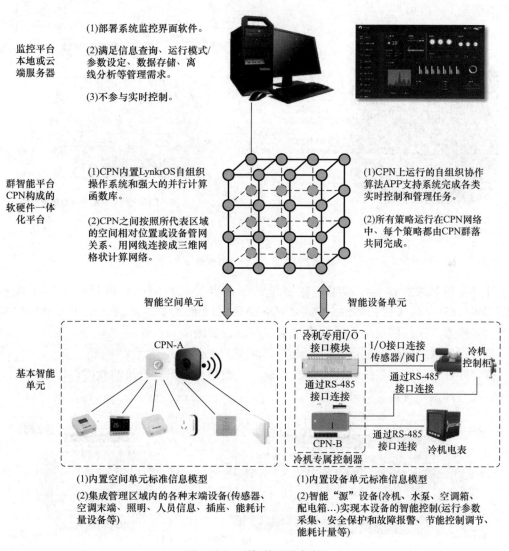

图 7-108　群智能系统架构

在基本单元内，CPN 集成管理所在空间内的各类传感器、末端空调设备、照明开关、插座等设备。在设备单元内,设备监控所需的传感器、执行器、能耗计量装置均纳入设备 CPN 控制。CPN 内置空间和设备单元的标准信息模型,将传统的"空间"和"设备"升级为智能单元,以完成各种本地控制和系统协作控制。

(2) 控制系统硬件

群智能计算机控制系统硬件产品是智能计算节点(CPN),以及用于接入各种机电设备监控信号的专用 IO 模块。每一个 CPN 都是一台微型计算机,内置了 Lynkros 分布式操作系统,具有强大的计算、数据采集和存储能力。CPN 产品包含 CPN-A 和 CPN-B 两个系列,CPN-A 安装在建筑空间单元内,与室内各种传感器、执行器和末端设备交互,用于监测室内环境参数和控制空调末端、灯具、门禁等设备。CPN-B 应用于冷机、水泵、冷却塔、空调等大型机电设备的智能监控和与其他设备的协同控制,CPN-A 节点和 CPN-B 节点如图 7-109 所示。

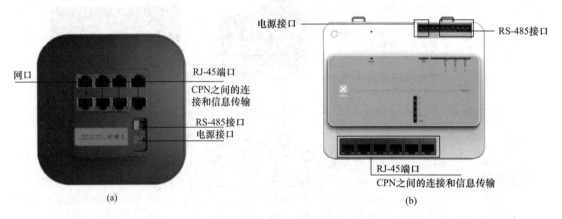

图 7-109　CPN 节点
(a) CPN-A 节点；(b) CPN-B 节点

针对受控对象的各类模拟量、数字量、干接点等监控需求,群智能控制系统提供 CPN-BM42/38/26、CPN-BMA8/D8、CPN-BML4/12 系列扩展模块,用于各类电气控制箱柜、传感器、执行器等信号的数据采集与控制,如图 7-110 所示。

(3) 控制系统软件

群智能计算机控制系统软件由两类组成:一类是自组织运行策略软件,即 APP；另一类是面向管理的系统组态管理软件。

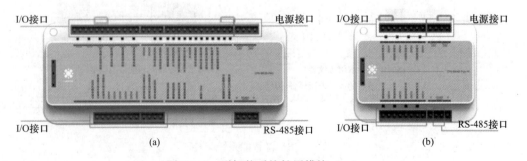

图 7-110　群智能系统扩展模块(一)
(a) CPN-BM42/38/26 通用扩展模块；(b) CPN-BMA8/D8 通用扩展模块

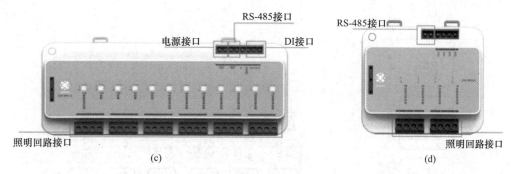

图 7-110　群智能系统扩展模块（二）
(c) CPN-BMA8/D8 通用扩展模块；(d) CPN-BML04 照明扩展模块

运行策略软件 APP 是基于 LynkrOS 操作系统开发的，能在 CPN 上下载即运行的应用程序，本质上是一系列分布式算法。用于设备运行的实时控制，实现设备自动运行、安全保护、动态节能优化控制、能耗计量等。每个 APP 对应一项具体的实时控制功能，可自识别、自适应不同的建筑系统结构形式。根据项目的需求，下载相应功能的 APP 到项目的 CPN 网络中运行，将最终的运行结果下发至 CPN 的 I/O 通道或通信接口，实现对应的监控功能，如图 7-111 所示。

组态管理软件是 B/S 架构的用户管理软件，不参与控制系统的实时控制，主要用于与管理人员交互，提供系统信息查询、运行设置下发、离线数据分析、报表统计、故障报警等模块化功能。可根据用户需求实现定制化功能开发。组态管理软件相关的数据库及前端程序，可根据项目需求部署在云端或本地服务器，也可以将大屏、手机、iPad 作为显示终端，如图 7-112 所示。

2. 群智能计算机控制系统的应用案例

（1）冷冻站群控系统

冷冻站群控系统是暖通空调系统的重要组成部分，特别在自动控制和冷冻站综合效率提升方面发挥着举足轻重的作用。通过冷机群控系统使冷冻站内的各类机电设备相互沟通、协作，共同实现冷冻站整体的安全稳定、节能高效运行的目标，以某典型商业中心冷冻站系统为例，其系统图如图 7-113 所示。

1）控制系统设计

在群智能计算机控制系统中，为冷冻站内冷机、水泵、冷却塔等大型机电设备一对一配置 CPN 节点，将其升级为智能机电设备单元，CPN 网络拓扑图即为冷站设备系统管网结构图。基于一系列标准化的群智能算法 APP，CPN 可自动识别冷冻站系统的拓扑结构完成设备间的运行协作保护，并根据末端负荷的变化自动加减机和搜索最优工作点，实现系统的自动运行、节能优化。

① 智能冷机：如图 7-114 所示，根据监控需求，将每台冷机及其前后的压力传感器、水流开关、联锁电动阀门、在线清洗装置、能量表、电表等划分为一个标准冷机单元，设置一个 CPN-B 及对应扩展模块，升级为智能冷机。

② 智能水泵：如图 7-115 所示，根据监控需求，将每台空调水泵（冷却水循环水泵、冷水循环水泵、热水循环泵）及其前后的压力传感器、变频器、电表划分为一个标准水泵单元，设置一个 CPN-B 及对应扩展模块，升级为智能水泵。

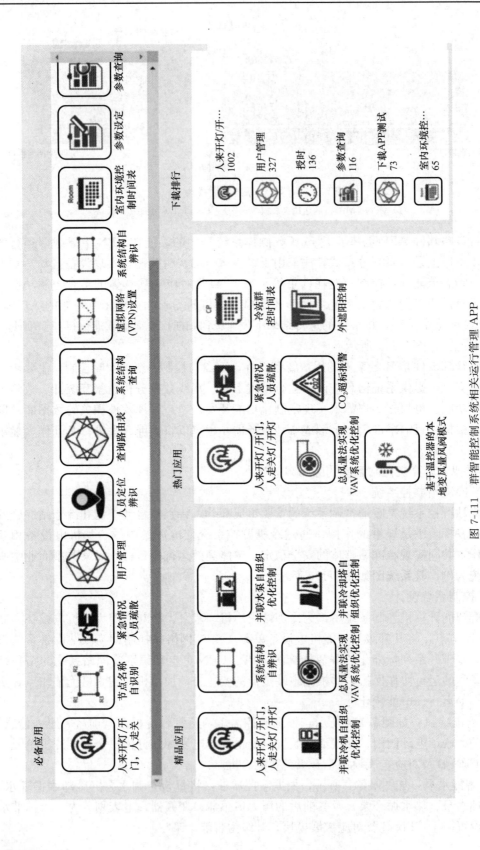

图 7-111 群智能控制系统相关运行管理 APP

第 7 章　建筑智能计算机控制系统设计与应用

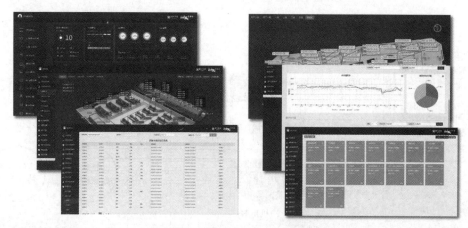

图 7-112　组态管理软件示意图

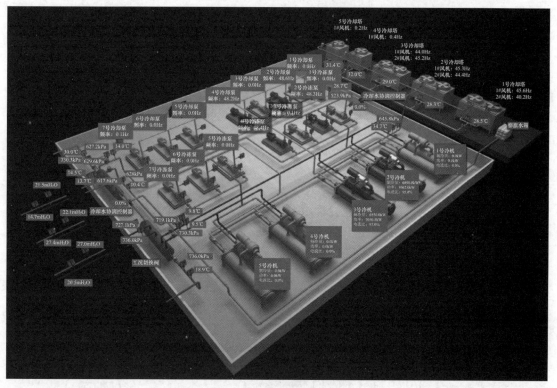

图 7-113　冷冻站系统图

③ 智能冷却塔：如图 7-116 所示，根据监控需求，将每台冷却塔及其前后的温度传感器、变频器、电动开关阀门、电表等划分为一个标准冷却塔单元，设置一个 CPN-B 及对应扩展模块，升级为智能冷却塔。

④ 分集水器：根据监控需求，将冷水、冷却水系统供回水管的温度、压力、能量计、调节阀门、加药装置等划分为一个标准设备单元，设置一个 CPN-B 及对应扩展模块，升级为协调控制器单元。

通过上述方案，可实现各类单元所对应的末端电气控制箱柜、传感器、执行器的基本模拟量、数字量、串口通信数据的输入与输出。

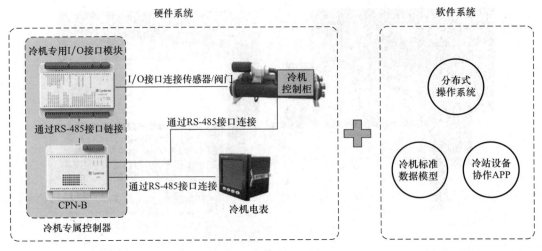

图 7-114 智能冷机单元示意图

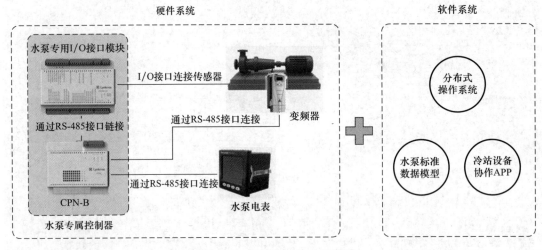

图 7-115 智能水泵单元示意图

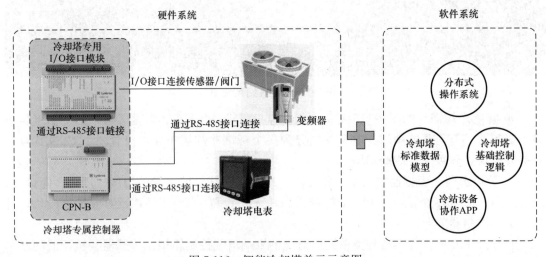

图 7-116 智能冷却塔单元示意图

2) 控制策略

在群智能计算机控制系统的架构下，冷冻站内的各类机电设备都通过 CPN 节点升级为智能设备单元，智能设备单元之间基于通信相互协作，共同实现冷冻站安全稳定、节能高效的运行目标。智能设备协作及优化控制目标通过群智能系统中的各类冷冻站群控 APP 实现，所有冷冻站群控 APP 共同构成了整个冷冻站群控的控制策略程序。

以冷源系统的顺序启停与安全保护 APP 为例，其实质为一个简单的顺序控制。该功能是用户通过时间表或手动设置设备的开关机功能，各个智能机电设备（冷机、水泵、冷却塔）自主协同工作，自动实现冷冻站系统各设备的顺序启动和顺序停机，保障各设备安全稳定运行。

整个冷冻站的顺序启停流程图如图 7-117 所示。

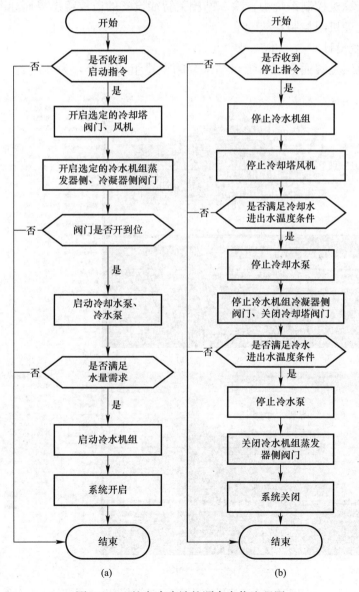

图 7-117 整个冷冻站的顺序启停流程图
(a) 冷冻站的顺序启动流程；(b) 冷冻站的顺序停止流程

系统启动过程：①接收到启动指令；②启动冷却塔阀门、风机；③启动冷水机组蒸发器侧水路阀门、冷凝器侧水路阀门；④启动冷水、冷却水循环泵；⑤判断流量是否达到要求，满足水量要求后启动冷水机组。当系统需要加机时，待开启冷机接收到启动指令后，会自动计算冷机蒸发侧和冷凝侧水流量，进而判断是先开启水泵还是先开启蒸发器侧和冷凝器侧水路水阀，始终保证冷机正常运行的最小安全流量。

系统关机过程：①接收到停止指令；②停止冷水机组；③停止冷却塔风机；④判断进出水温度是否满足条件：当满足冷却水进出口水温条件后，停止冷却水循环泵，关闭冷凝器侧阀门，冷却塔侧阀门；当满足冷水进出口水温条件后，停止冷水泵，关闭蒸发器侧阀门。

3) 系统组态

在群智能计算机控制系统中，冷冻站相关智能设备的监控组态界面如图7-118所示。

(2) 空气处理机组控制系统

1) 控制系统设计

空气处理机组是暖通空调系统末端系统的重要组成部分，为其配置一个CPN-B及空

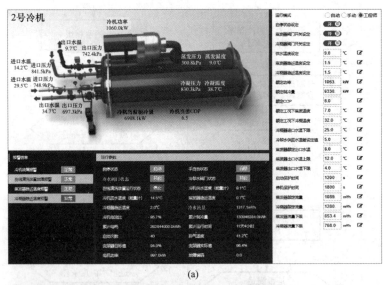

(a)

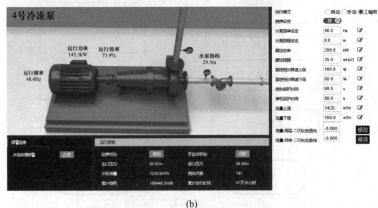

(b)

图7-118 冷冻站相关智能设备的监控组态界面（一）
(a) 冷机监控详情界面；(b) 循环水泵监控详情界面

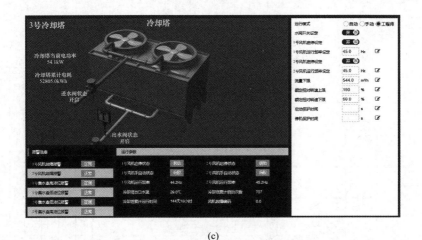

(c)

图 7-118 冷冻站相关智能设备的监控组态界面（二）
(c) 冷却塔监控详情界面

调箱专用 BM38 扩展模块，将其升级为智能设备。升级后，智能新风机组/空调机组可实现参数监测，远程控制，安全保护和故障报警，自动调节等基础功能。同时将每台新风/空调机组设备的变频器接入该设备的 CPN-B 中，根据设备的变频器信息计算设备的用电量，用于监测该设备的运行能耗和为设备/系统的运行诊断提供电能数据，空气处理机组监控原理图如图 7-119 所示。

2）控制策略

以变频空气处理机组为例，其控制策略如下：

① 开机过程

a. 水阀开启 50%，并开启自动调节。

b. 新风阀开至最小新风比开度，回风阀与新风阀开度互补，并开启自动调节。

c. 送风机开启，转速 60%，并开启自动调节。

② 关机过程

a. 送风机关闭，转速为 0，并停止自动调节。

b. 新风阀开度为 0，回风阀开度 100%，并停止自动调节。

c. 水阀关小至开度下限（夏季工况为 0，冬季/新风供冷工况可根据防冻需求设置），并停止自动调节。

③ 夏季供冷/冬季供热调节过程

在自动模式下，空调机组（变频）会综合调节风机频率和水阀开度，使得回风温度（即机组负责区域的空气温度）达到回风温度设定值的要求。风机频率和水阀开度的调节的实质是计算机控制技术中的串级调节过程，如图 7-120 所示为空气处理机组串级控制流程图。根据控制环节热惯性的不同，分别设置不同的调节周期，使得控制过程更加稳定、高效。在手动模式下，送风温度和送风机频率都由用户输入给定，不进行自动调节。调节过程如下：

a. 根据送风温度设定值和送风温度测量值，调节水阀开度。供冷模式，当送风温度小于设定值时，关小水阀，送风温度大于设定值时，开大水阀；供热模式，送风温度小于设定值时，开大水阀，送风温度大于设定值时，关小水阀。

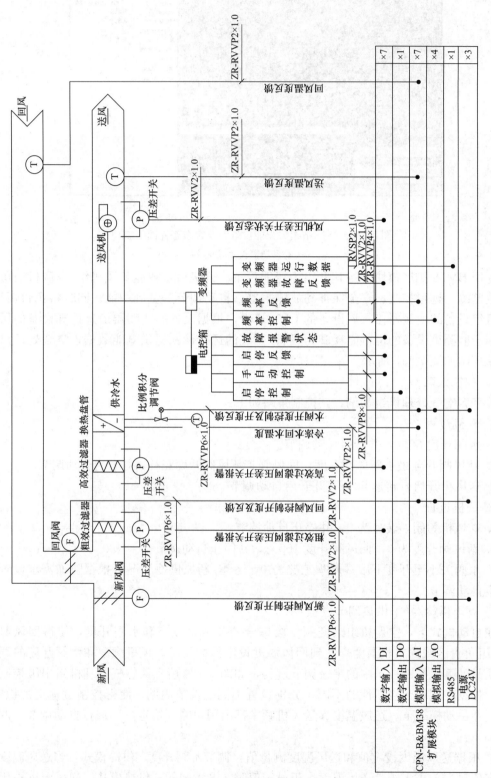

图 7-119 空气处理机组监控原理图

图 7-120 空气处理机组串级控制流程图

b. 根据回风温度和回风温度设定值，调节送风机频率。供冷模式，当回风温度小于设定值时，降低风机频率，当回风温度大于设定值时，增大风机频率；供热模式，当回风温度小于设定值时，增大风机频率，当回风温度大于设定值时，减小风机频率。

c. 根据送风机频率，调节送风温度设定值。供冷模式，当送风机频率降低到给定频率下限且回风温度仍过低，逐渐提高送风温度设定值至送风温度设定值上限（用户可设置）；当送风机频率到达给定频率上限且回风温度仍过高，逐渐降低送风温度设定值至送风温度设定值下限。

3）系统组态

在群智能计算机控制系统中，空气处理机组监控组态界面如图 7-121 所示，包含设备运行模式、各类传感、执行器、控制箱等点位的实时参数。也可以根据系统的监控管理需求，通过组态界面实时调整设定值。

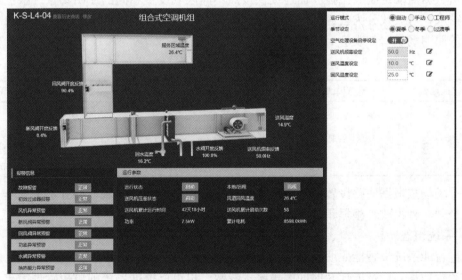

图 7-121 空气处理机组监控组态界面

（3）智能照明控制系统

智能照明控制系统是建筑机电管理系统中，群智能计算机控制系统的重要子系统，根据项目照度及使用需求，监控照明回路的运行时间、运行模式，优化系统运行能耗，从而产生可观的经济与环境效益。

1）控制系统设计

根据区域照明回路的受控数量，配置群智能照明扩展模块 BML04（4 个开关回路）和 BML12（12 个开关回路）模块，群智能照明模块就近接入强电间单元 CPN-B 模块。扩展模块串联至各受控回路，通过通断回路火线实现回路的智能控制，智能照明系统图案例如图 7-122 所示。

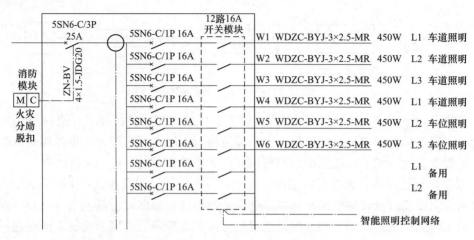

如图 7-122　智能照明系统图案例

2）控制逻辑

根据项目的运营管理需求，可通过监控界面软件提供的时间表功能设置所有或部分照明回路的定时启停功能。管理软件提供日模板、周模板、月模板的时间表编辑功能，方便物业人员根据需求定制。监控界面还提供按照不同区域设置不同的照明场景。根据项目运行管理需求，可大致分为公区、区域、后勤通道、停车场等不同区域。每个区域可分时设置不同的照明场景，如表 7-4 所示。

智能照明系统场景　　　　　　　　　　　表 7-4

功能区域	运营模式	运营场景	开灯时间段
公区	晴天/阴雨天	营业前准备	T_1（如营业前 30min）
		营业（晴天）	T_2（营业至日落）
		营业（夜间）	T_3（日落至营业结束）
		营业结束后保安保洁照明	T_4（营业结束后 30min）

停车场场景根据回路设置情况可考虑分为车道、车位两个区域，并分别设置全关、开 50%、全开 3 种模式，根据车流量实时调整回路开启状态。

3）系统组态

在群智能系统中智能照明系统的监控组态界面如图 7-123 所示，包含照明回路的运行状态、运行功率、运行能耗及时间表策略等参数。也可以根据系统的监控管理需求，实时调整回路运行状态。

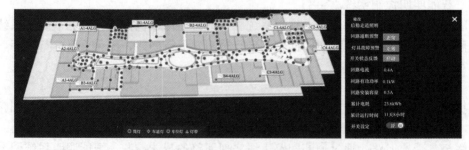

图 7-123　智能照明系统的监控组态界面

思 考 题

7.1 请简要说明计算机控制系统的设计步骤。
7.2 请简单说明组态软件的优势,并在组态软件中建立一个工程应用。
7.3 自选一个建筑设备,设计其计算机控制系统,阐述其工作原理。

附录 常见 Z 变换表

常见 Z 变换表

序号	$X(s)$	$x(t)$	$x(kT)$ 或 $x(k)$	$X(z)$
1	—	—	$\delta_0(k) = \begin{cases} 1 & k=0 \\ 0 & k \neq 0 \end{cases}$	1
2	—	—	$\delta_0(k-n) = \begin{cases} 1 & n=k \\ 0 & n \neq k \end{cases}$	z^{-n}
3	$\dfrac{1}{s}$	$1(t)$	$1(k)$	$\dfrac{1}{1-z^{-1}}$
4	$\dfrac{1}{s+a}$	e^{-at}	e^{-akT}	$\dfrac{1}{1-e^{-aT}z^{-1}}$
5	$\dfrac{1}{s^2}$	t	kT	$\dfrac{Tz^{-1}}{(1-z^{-1})^2}$
6	$\dfrac{2}{s^3}$	t^2	$(kT)^2$	$\dfrac{T^2 z^{-1}(1+z^{-1})}{(1-z^{-1})^3}$
7	$\dfrac{6}{s^4}$	t^3	$(kT)^3$	$\dfrac{T^3 z^{-1}(1+4z^{-1}+z^{-2})}{(1-z^{-1})^4}$
8	$\dfrac{a}{s(s+a)}$	$1-e^{-at}$	$1-e^{-akT}$	$\dfrac{(1-e^{-aT})z^{-1}}{(1-z^{-1})(1-e^{-aT}z^{-1})}$
9	$\dfrac{b-a}{(s+a)(s+b)}$	$e^{-at}-e^{-bt}$	$e^{-akT}-e^{-bkT}$	$\dfrac{(e^{-aT}-e^{-bT})z^{-1}}{(1-e^{-aT}z^{-1})(1-e^{-bT}z^{-1})}$
10	$\dfrac{1}{(s+a)^2}$	te^{-at}	kTe^{-akT}	$\dfrac{Te^{-aT}z^{-1}}{(1-e^{-aT}z^{-1})^2}$
11	$\dfrac{s}{(s+a)^2}$	$(1-at)e^{-at}$	$(1-akT)e^{-akT}$	$\dfrac{1-(1+aT)e^{-aT}z^{-1}}{(1-e^{-aT}z^{-1})^2}$
12	$\dfrac{2}{(s+a)^3}$	$t^2 e^{-at}$	$(kT)^2 e^{-akT}$	$\dfrac{T^2 e^{-aT}(1+e^{-aT}z^{-1})z^{-1}}{(1-e^{-aT}z^{-1})^3}$
13	$\dfrac{a^2}{s^2(s+a)}$	$at-1+e^{-at}$	$akT-1+e^{-akT}$	$\dfrac{[(aT-1+e^{-aT})+(1-e^{-aT}-aTe^{-aT})z^{-1}]z^{-1}}{(1-z^{-1})^2(1-e^{-aT}z^{-1})}$
14	$\dfrac{\omega}{s^2+\omega^2}$	$\sin\omega t$	$\sin k\omega T$	$\dfrac{z^{-1}\sin\omega T}{1-2z^{-1}\cos\omega T+z^{-2}}$
15	$\dfrac{s}{s^2+\omega^2}$	$\cos\omega t$	$\cos k\omega T$	$\dfrac{1-z^{-1}\cos\omega T}{1-2z^{-1}\cos\omega T+z^{-2}}$
16	$\dfrac{\omega}{(s+a)^2+\omega^2}$	$e^{-at}\sin\omega t$	$e^{-akT}\sin k\omega T$	$\dfrac{e^{-aT}z^{-1}\sin\omega T}{1-2e^{-aT}z^{-1}\cos\omega T+e^{-2aT}z^{-2}}$

续表

序号	$X(s)$	$x(t)$	$x(kT)$或$x(k)$	$X(z)$
17	$\dfrac{s+a}{(s+a)^2+\omega^2}$	$e^{-at}\cos\omega t$	$e^{-akT}\cos k\omega T$	$\dfrac{1-e^{-aT}z^{-1}\cos\omega T}{1-2e^{-aT}z^{-1}\cos\omega T+e^{-2aT}z^{-2}}$
18	—	—	a^k	$\dfrac{1}{1-az^{-1}}$
19	—	—	a^{k-1} $k=1,2,\cdots$	$\dfrac{z^{-1}}{1-az^{-1}}$
20	—	—	ka^{k-1}	$\dfrac{z^{-1}}{(1-az^{-1})^2}$
21	—	—	$\dfrac{k(k-1)}{2}a^{k-2}$	$\dfrac{z^{-2}}{(1-az^{-1})^3}$
22	—	—	$k^2 a^{k-1}$	$\dfrac{z^{-1}(1+az^{-1})}{(1-az^{-1})^3}$
23	—	—	$k^3 a^{k-1}$	$\dfrac{z^{-1}(1+4az^{-1}+a^2z^{-2})}{(1-az^{-1})^4}$
24	—	—	$k^4 a^{k-1}$	$\dfrac{z^{-1}(1+11az^{-1}+11a^2z^{-2}+a^3z^{-3})}{(1-az^{-1})^5}$
25	—	—	$a^k\cos k\pi$	$\dfrac{1}{1+az^{-1}}$

参考文献

[1] 席爱民. 计算机控制系统 [M]. 北京：高等教育出版社，2010.
[2] 高金源. 计算机控制系统 [M]. 北京：清华大学出版社，2012.
[3] 于海生. 微型计算机控制技术 [M]. 3版. 北京：清华大学出版社，2017.
[4] 丁建强. 计算机控制技术及其应用 [M]. 2版. 北京：清华大学出版社，2017.
[5] 王锦标. 计算机控制系统 [M]. 3版. 北京：清华大学出版社，2018.
[6] 李擎. 计算机控制系统 [M]. 北京：机械工业出版社，2011.
[7] 范国伟. 楼宇智能化设备运行与控制 [M]. 北京：人民邮电出版社，2010.
[8] 沈晔. 楼宇自动化技术与工程 [M]. 4版. 北京：机械工业出版社，2020.
[9] 席爱民. 模糊控制技术 [M]. 西安：西安电子科技大学出版社，2007.
[10] 张春红. 物联网技术与应用 [M]. 北京：人民邮电出版社，2011.
[11] 韩九强. 现代测控技术与系统 [M]. 北京：清华大学出版社，2007.
[12] 章云，许锦标. 建筑智能化系统 [M]. 2版. 北京：清华大学出版社，2017.
[13] 于军琪. 智能建筑课程设计与项目实例 [M]. 北京：中国电力出版社，2010.
[14] 朱学莉. 智能建筑网络通信系统 [M]. 北京：中国电力出版社，2006.
[15] 董春桥. 智能建筑自控网络 [M]. 北京：清华大学出版社，2008.
[16] 中国建筑节能协会. 2022中国建筑能耗与碳排放研究报告 [R]. 北京：中国建筑节能协会，2023.
[17] 清华大学建筑节能研究中心. 中国建筑节能年度发展研究报告2022（公共建筑专题）[M]. 北京：中国建筑工业出版社，2022.